学科建设工程系列丛书

数据安全概论

卢明欣／石　进／裴　雷·主编

时事出版社

北京

图书在版编目（CIP）数据

数据安全概论／卢明欣，石进，裴雷主编. --北京：时事出版社，2025. 3. --（国家安全学学科建设工程系列丛书）. --ISBN 978-7-5195-0621-6

Ⅰ. TP274

中国国家版本馆 CIP 数据核字第 2024KL1547 号

出版发行：时事出版社

地　　址：北京市海淀区彰化路 138 号西荣阁 B 座 G2 层

邮　　编：100097

发行热线：（010）88869831　88869832

传　　真：（010）88869875

电子邮箱：shishichubanshe@sina.com

印　　刷：北京良义印刷科技有限公司

开本：787×1092　1/16　印张：23.5　字数：393 千字

2025 年 3 月第 1 版　　2025 年 3 月第 1 次印刷

定价：148.00 元

（如有印装质量问题，请与本社发行部联系调换）

国家安全学学科建设工程系列丛书

编委会主任

范维澄　程　琳　傅小强

编　委

唐永胜　唐士其　黄大慧
苏长和　汪　明　肖　晞
张海波　张　建

《数据安全概论》

主　编

卢明欣　石　进　裴　雷

主　审

张海波

出版说明

国家安全是安邦定国的重要基石，是实现“两个一百年”奋斗目标和中华民族伟大复兴中国梦的重要保障。

进入新时代，我国国家安全内涵和外延比历史上任何时候都要丰富，时空领域比历史上任何时候都要宽广，内外因素比历史上任何时候都要复杂。内部安全和外部安全相互叠加，传统安全和非传统安全相互交织，“黑天鹅”“灰犀牛”事件时有发生，维护国家安全的任务更加艰巨。正是在对时代发展大势的科学准确把握中，在对中国特色国家安全道路的不懈探索中，总体国家安全观应运而生，为从党和国家工作全局上认识国家安全、定位国家安全、把握国家安全提供了强大思想武器。

总体国家安全观是系统完整、逻辑严密、相互贯通的科学理论体系，其顺应时代之变、满足理论之需、切合实践之要，科学回答了维护和塑造国家安全所面临的一系列重大问题，是马克思主义国家安全理论中国化的最新成果，是中国共产党和中国人民捍卫国家主权、安全、发展利益百年奋斗实践经验和集体智慧的结晶。总体国家安全观是习近平新时代中国特色社会主义思想的“国家安全篇”，是我们党深刻总结中外历史经验教训，在新时代创立并不断推动完善的中国特色国家安全理论，是新时代国家安全工作的根本遵循和行动指南。

在此背景下，2020 年 12 月国务院学位委员会决定设立交叉学科门类并下设国家安全学一级学科。国家安全学作为服务总体国家安全观的综合性、交叉性核心支撑学科，以统筹国家安全与发展的根本性、全局性重大风险安全问题及应对为研究对象，致力于培养具有宏观、全局和全球战略思维以及具备观大势、察风险、谋远略、控全局能力的国家安全复合型专门人才。国家安全学下设四个二级学科：国家安全思想与理论、国家安全战略、国家安全治理和国家安全技术。

为加强做好推动国家安全学学科建设，国家安全学学科评议组根据国务院学位办相关要求，认真学习贯彻总体国家安全观，为创建具有鲜明中国特色的国家安全学，切实加强和支撑国家安全学学科体系及教材建设，提高人才培养特色、质量和水平的力度，组织首批国家安全学博士和硕士学位授权点单位资深专家学者，集中精力，勠力同心，共同撰写国家安全学学科建设工程系列丛书。

该丛书的编写坚持以总体国家安全观为统领，以“四个二级学科”和国家安全“二十个重大领域”分别为研究撰写对象，从构建学科知识图谱入手，明确学科核心知识点及其演化与逻辑，兼具古今中外时空维度，学理性与实用性并重，理论阐释与实证分析并举，是国家安全学学科体系建设的一项基础性关键性工作，有助于构建好跨门类交叉的国家安全学知识体系和课程体系，探索闯出中国特色国家安全学学科建设新路径，为推进国家安全体系和能力现代化提供学理支撑及人才支持。

本套系列丛书可用于教材及科研、实务工作学习参考。

由于水平有限，书中难免有不当之处，欢迎读者批评指正。

国家安全学学科评议组

前　言

本书得到国家安全学学科评议组的高度重视，被列入国家安全学系列丛书。学科评议组非常关心本书的编写工作，从各方面给予指导。中国工程院范维澄院士做总体指导，中国人民公安大学原校长程琳对本书的编写悉心指导，中国人民公安大学网络安全编写组提供强有力的帮助。全书由卢明欣、石进、裴雷担任主编，张海波主审。参与编写的还有刘千里、宋继伟等老师。陆慧敏、张瑜、李烨、孙鹤、徐宗煌、季炜、朱恩耀、刘昱琪、李本涵、陆小文、霍昕奕、彭宇琪、夏书敏、类沐艺、刘东民、张宇鹏、虞存诗以及陈冰洁等研究生承担了辅助性工作。

大力发展数据安全管理能力，是国家安全学学科发展的迫切需要。希望本书的出版能够促进和推动数据安全管理能力的研究和探讨，并在国家安全学学科建设中发挥作用。由于编者的业务水平有限，在编写过程中不免存在错误和不当之处，希望广大读者和同仁批评指正，以便进一步修订提高。

目　录

绪　论

第一节　数据安全的概念

《中华人民共和国数据安全法》（以下简称《数据安全法》）第三条提出："数据安全，是指通过采取必要措施，确保数据处于有效保护和合法利用的状态，以及具备保障持续安全状态的能力。"

这些能力包括但不限于身份认证、加密、防火墙、防病毒和防恶意软件、访问控制、备份和恢复等技术手段，以及建立安全文化、加强员工安全意识、制定安全政策、定期进行安全漏洞扫描和风险评估等管理手段。

数据安全主要包括以下三个方面：

1. 保密性：保护数据不被未经授权的人或系统访问和使用。

2. 完整性：确保数据在存储、传输和处理过程中不被篡改或损坏。

3. 可用性：保障数据在需要时能够及时、正确、完整地被访问和使用。

数据安全的目的是保护数据的完整性、可用性和保密性，确保数据在存储、传输和处理过程中不受损失或遭到攻击，并且只能被授权的人或机构访问和使用。同时，数据安全也需要遵守相关的法律法规和行业标准，保障数据使用的合法性和合规性。

本节主要探讨数据安全的概念，对数据安全概念的演化以及关于数据安全概念的几种观点进行了具体阐述。

一、数据安全概念的演化

国际标准通常在术语表或注释中对术语进行定义，以便于人们在跨领域、跨国界的交流中对术语进行理解和使用。国际主要的标准化组织有三个：国际标准化组织（ISO）、国际电工委员会（IEC）和国际电信联盟（ITU）。这三大国际标准化组织在国际标准的制定方面具有一定权威性，其所制定的国际标准构成了一个非常有价值的安全网络，得到了广泛的应用。

截至目前，在国际标准化组织、国际电工委员会和国际电信联盟的标准数据库中，含有九个对于数据安全相关术语的定义，相关术语及其来源国际标准如表0－1所示。

表0－1　数据安全相关术语及其来源国际标准

序号	术语	标准号	国际标准题名
1	数据安全	ITU－T E.800（09/2008）	与服务质量相关的术语定义
2	数据安全	ISO/IEC 29182－2：2013	信息技术－传感器网络参考架构－第2部分：词汇与术语
3	数据安全	ISO/IEC 20944－1：2013	信息技术－元数据注册互操作性与绑定－第1部分：框架、通用词汇表和一致性通用规定
4	数据安全	ISO/IEC 2382：2015	信息技术－词汇表
5	数据安全	ISO 5127：2017	信息与文献－基础与词汇
6	数据安全	ITU－T X.1040（10/2017）	电子商务业务数据生命周期管理安全参考框架
7	数据安全	ISO/TR 18307：2001	卫生信息学－信息传递和通信标准的互操作性与兼容性－主要特点
8	数据中心安全	ISO/IEC 22237－1：2021	信息技术－数据中心设施和基础设施－第1部分：一般概念
9	数据系统安全	ISO/TR 80001－2－6：2014	应用于包含医疗设备的信息技术网络的风险管理－第2－6部分：应用指南－责任协议

随着计算机和网络技术的发展，以及数据在社会和经济中重要性的不断提高，数据安全成为了一个独立的研究领域和实践应用，受到越来越多的关注和重视。国际标准中对于数据安全相关术语的定义也进行了一定程度的演化。具体表现为：2008年以前，国际标准中的定义还处于保护数据免遭外部威胁的阶段，相对来说较为被动；2008年，定义开始由被动向主

动保护转变；2013 年，信息技术领域的两条不同的国际标准从两个方面对数据安全进行了定义，一方面是表述了数据安全与计算机安全之间的概念关系，侧重于表现两个概念间的关系；另一方面是体现了从被动抵御外部威胁转变为主动保护内部安全，侧重于表现数据安全本身的含义。2017 年，定义逐渐从表现两概念间的关系变为表现概念本身的含义，且强调了保存数据安全的主动性；到 2021 年，信息技术领域对于数据安全相关概念的定义已经转变成积极主动提供数据安全保护措施，且主要保护数据利用的三个方面，即构成数据安全的三要素：数据的可用性、保密性和完整性。截至目前，数据安全三要素依然被广泛接受，国际标准中对于数据安全相关概念的定义依然注重数据的可用性、保密性和完整性等方面的安全问题，且极其重视为积极主动维护数据安全而提供或采取的一系列保护手段。

综上所述，国际标准对数据安全相关术语的定义演化与所属领域如表 0 –2 所示。

表 0 –2　国际标准对数据安全相关术语的定义演化与所属领域

年份	术语	定义	来源国际标准	所属领域
2001	数据安全	保护数据免遭有意或无意的破坏、修改或披露	ISO/TR 18307：2001	健康信息学
2008	数据安全	对数据完整性和可用性的安全保护	ITU – T E. 800	服务质量
2013	数据安全	数据安全是指应用于数据的计算机安全	ISO/IEC 20944 –1：2013	信息技术
2013	数据安全	保存数据以保证可用性、保密性和数据完整性	ISO/IEC 29182 –2：2013	信息技术
2014	数据系统安全	一种医疗信息技术网络的运行状态，其中信息资产（数据和系统）受到保护，不会降低保密性、完整性和可用性	ISO/TR 80001 –2 –6：2014	医疗
2015	数据安全	应用于数据的计算机安全	ISO/IEC 2382：2015	信息技术
2017	数据安全	为保证数据完整性而采取的数据保护措施	ISO 5127：2017	信息与文献

续表

年份	术语	定义	来源国际标准	所属领域
2017	数据安全	保存数据以保证可用性、保密性和数据完整性	ITU－T X. 1040 (10/2017)	电子商务
2021	数据中心安全	在数据中心入口处和数据中心内提供所需安全级别的必要设施和系统	ISO/IEC 22237－1：2021	信息技术

二、关于数据安全概念的几种观点

数据安全只是信息安全的一个组成部分，它是防止未经授权的访问、使用、破坏、修改或销毁存储和通信中的数据。狭义的数据安全，往往指保护静态存储级的数据以及数据泄露防护等；广义的数据安全，则更强调构建以数据为中心的安全架构，全面涵盖数据分类管理和全生命周期保护，侧重于实现控制目标。

1975 年学者杰罗姆·霍华德·萨尔策和马科斯·德·安德拉德·史洛德在总结当时未经授权泄露、修改、使用数据等法律风险时提出数据安全概念①，至今已近 50 年。随着信息技术的发展，整个社会步入大数据时代，数据中蕴含的价值越来越高，但同时也面临着前所未有的安全威胁。历经演变，当下的数据安全究竟是什么呢？

数字经济时代下的数据存在形式、使用方式和共享模式与过去相比有了极大的变化。与传统数据安全仅涉及自身安全层面的静态风险不同，数字经济时代的数据安全内涵已扩展到对其承载的个人权益和国家利益的安全保护。

1. 从覆盖的具体范围出发，数据安全的相关阐释如下：

从社会管理的角度来讲，数据安全是以“风险—控制”为基础的社会管理模式，模式的核心是对数据进行分类分级并在此基础上建立数据安全认证、风险评估和危机应对等安全制度②。数据安全涉及的不只是安全存储，它关乎数据的全生命周期。数据安全意在整个数字生命周期中保护数字信息免受未经授权的访问、损坏或盗窃。数据安全范围覆盖个人信息在

① Cherdantseva Y，Hilton J.“A Reference Model of Information Assurance & Security”，International Conference on Availability，IEEE Computer Society，2013.

② 翟志勇：《数据安全法的体系定位》，《苏州大学学报》（哲学社会科学版）2021 年第 1 期，第 73—83 页。

内的所有信息资产，通过预防、检测和纠正控制，使其免受各种威胁，如未经授权的访问、不适当的使用或网络攻击。总体而言，数据安全要努力满足保密性、完整性和可用性三方面的要求①。

2. 从数据利用角度出发，数据安全的相关阐释如下：

数据的价值决定了数据安全本身是一种利益平衡的制度设计，也决定了数据安全客体的界定不是以静态的数据概念为标准；在保障数据安全的同时应在数据安全与数据利用之间求得平衡②。

数据安全是数据流通和使用的前提和基础；以维护数据主权为由阻碍数据利用、扩大数据安全审查范围、过分强调数据静态安全，是数据安全与数据利用失衡的重要表现形式；从数据静态安全转变为数据动态安全、强调多元主体共治、实现法律的后置模式到前置模式的转变，是数据安全与数据利用平衡的主要发展动向③。

3. 从与信息安全、网络安全的关系出发，数据安全的相关阐释如下：

早期，信息安全、网络安全和数据安全存在一个由大到小包含的层次，而现在信息安全有狭义化的趋势，多数情况下有被网络空间安全所覆盖的趋势；而数据安全更接近安全的目标，安全体系随着数据的传输而扩展，大部分被网络空间安全覆盖，个别部分如“长臂管辖”权除外。数据安全不同于网络安全，它是基于数据自身内容、使用价值和侵害风险所进行的独立规范评价④。

4. 从国家层面而言，数据安全的相关阐释如下：

作为一种非传统安全，数据安全的内涵除了个人数据权益的安全保障之外，还应包含有关数据活动的社会利益、公共安全和国家安全⑤。数据安全是国家安全的重要内容，重要敏感数据泄露或被恶意利用，将对国家

---

① “The Difference between Data Privacy and Data Security”, ISACA, Feb. 28, 2023, https://www.isaca.org/resources/news-and-trends/industry-news/2023/the-difference-between data privacy-and-data-security.

② 范明志：《论数据安全的客体》，《法学杂志》2023年第2期，第71—84页。

③ 郑智航：《数据安全与数据利用平衡的法治保障》，《学术前沿》2023年第6期，第79—87页。

④ 张勇、张春雨：《数字安全视角下国家秘密的刑法保护》，《河北法学》2023年第6期，第70—89页。

⑤ 杨志琼：《我国数据犯罪的司法困境与出路：以数据安全法益为中心》，《环球法律评论》2019年第6期，第151—171页。

安全造成重大危害。

2021年颁布的《数据安全法》第二条指出："在中华人民共和国境内开展数据处理活动及其安全监管，适用本法。在中华人民共和国境外开展数据处理活动，损害中华人民共和国国家安全、公共利益或者公民、组织合法权益的，依法追究法律责任。"其中，数据处理包括数据的收集、存储、使用、加工、传输、提供、公开等；数据安全是指通过采取必要措施，确保数据处于有效保护和合法利用的状态，以及具备保障持续安全状态的能力。

由此看出，数据安全涉及数据的全生命周期，针对数据的安全保障应覆盖从收集、存储、使用、加工、传输、提供、公开等的全生命周期，并不局限于采用各种技术和管理措施保障数据的可用性、完整性和保密性。

总而言之，数据安全概念发展至今，其具体内容关乎个人安全亦关乎国家安全，覆盖数据全生命周期，实操过程中应在数据安全与数据利用间求得平衡。

第二节　数据安全与数据主权

一、数据主权的概念与沿革

在数字经济时代，国家主权和网络空间同时发展，互相影响，社会网络化和网络现实化，国家和国家之间的关系也从有形走向了有形与无形的双重层次性关系，国际体系和国际的格局也在虚拟空间中萌发了新的博弈方向，从而给国家内部的治理和国家与国家之间的关系带来了许多前所未有的机遇与挑战。新的技术和经济力量的崛起引发了各国之间的政治管理和司法管辖之间的矛盾，数据主权在国家内部和各国之间针对数据的合作、竞争与冲突中应运而生。

2015年7月联合国信息通信领域发展政府专家组发布《关于从国际安全的角度来看信息和电信领域的发展政府专家组的报告》认为，由国家主权产生的国际准则和原则适用于国家开展与信息和通信技术有关的活动，以及国家在其领土内对信息和通信技术基础设施的管辖权[①]。可以说，数据主权源于国家主权的观点在联合国专家报告中获得肯定[②]。

数据主权是国家安全和国家权威与权能在网络空间的第一体现。在数字经济时代，数据可以是卫星收集的全球数据，也可以是网络自动收集的数据，如网络通信、数据库信息、网页浏览记录、网银交易记录、音视频资料等。数据的范畴涉及政治、经济、文化等各领域的应用价值，也可以是未加工的原始数据。顾名思义，数据主权是指数据信息的主体权益，其产生的前提是跨境数据流通（TDF）[③]。1978 年，政府间信息局国际会议发表报告认为，数据跨境流动“将国家置于危险境地”[④]。近年来，有不少学者着重研究数据的司法管辖以及跨境隐私安全，如安德鲁·基恩·伍兹曾提出如何在冲突的情景下解决数据司法争端[⑤]，保罗·罗森茨韦格提出需要建立一个网络空间的国际治理框架[⑥]，丽贝卡·A. 索西建议构建“本土数据主权”从而进行数据治理和数据保护[⑦]。

我国也有不少专家围绕着跨境数据流通、国家数据安全等相关数据主权话题进行探究。譬如，冉从敬、蔡翠红等学者基于国家战略高度，对美国的网络空间政策、数据主权全球态势等进行了解读[⑧]；方滨兴等学者也基于国际关系、法律、技术等多重视角为我国捍卫数据主权和参与全球网

---

① 许可：《数据安全法：定位、立场与制度构造》，《经贸法律评论》2019 年第 3 期，第 52—66 页。

② 朱雅妮：《数据主权及其在〈数据安全法〉的体现》，《浙江工业大学学报》（社会科学版）2021 年第 4 期，第 418—424 页。

③ 蔡翠红：《云时代数据主权概念及其运用前景》，《现代国际关系》2013 年第 12 期，第 58—65 页。

④ 程卫东：《跨境数据流动对国家主权的影响与对策》，《法学杂志》1998 年第 2 期，第 23—24 页。

⑤ Woods A K，“Litigating Data Sovereignty”，Yale Law Journal，No. 128，2018，pp. 328 – 406.

⑥ Paul R，Praeger，“Cyber Warfare：How Conflicts in Cyberspace are Challenging America and Changing the World”，Praeger，2012.

⑦ Tsosie R A，“Tribal Data Governance and Informational Privacy：Constructing ‘Indigenous Data Sovereignty’”，Montana Law Review，No. 2，2019.

⑧ 冉从敬：《数据主权治理的全球态势与中国应对》，《人民论坛》2022 年第 4 期，第 24—27 页。蔡翠红、郭威：《中美跨境数据流动政策比较分析》，《太平洋学报》2022 年第 3 期，第 28—40 页。

络治理提出了应对之策①。但现有的部分研究对数据主权概念的提出、使用以及冲突的理论认识不足，无法达到法律的预期，从而使国家数据主权得不到一定程度的彰显，国与国之间的数据主权冲突也得不到实质性的解决。因此，对于数据主权的来源、本质和基本内容还需要进一步的认识。

（一）数据主权的缘起：网络空间主权

数据主权缘起于网络空间主权，是国家主权对于本国境内的网络设施、数据主体、数据资源及其相关数据产品所享有的最高权威，对保障数据资源发展利益，维护网络空间中人民安全与国家安全有着重要意义。

网络主权问题，是当前空间治理中的一个重大问题，它不仅关涉国家在网络空间的地位和作用，也与网络空间国际秩序和国家法律制度的构建有着紧密的联系，因此备受国内外关注。

网络起源于1969年的美国阿帕网。在其发展初期，网络空间“自由放任”和“去主权化”的观念曾经盛行一时。1996年美国网络活动家约翰·巴洛发表了《网络空间独立宣言》，宣布“网络是一个独立的世界，不受任何政治力量的管辖”。以美国为代表的一些国家也曾大力推行“网络自由”战略，主张网络空间是一个类似外层空间和公海、不受主权国家管辖的“全球公域”。② 但事实上，随着网络的普及而带来的安全威胁不断涌现。20世纪90年代中后期以来，越来越多的国家通过各种措施对网络空间采取了规制和管理，网络空间“去主权化”的观念早已被打破。进入21世纪，各国对于网络主权的争夺日益激烈③。但美国摆出了所谓的“全球公域”理论作为网络自由主张的理论基础。美国认为“全球公域安全问题”主要有海上安全、外太空安全、网络安全和航空安全，但显然这些领域都是美国霸权战略的优先方向，而并非完整意义上的全球公域，比如其内容并未包含地球生态环境系统。中国及国际社会其他国家一直呼吁确立

---

① 方滨兴：《定义网络空间安全》，《网络与信息安全学报》2018年第4期，第1—5页。

② BARLOW'S J P，“Declaration of Independence for Cyberspace”，1996.

③ 黄志雄：《筑牢网络空间治理的主权基石》，《中国信息安全》2021年第11期，第66—68页。

网络空间主权。2010 年 6 月《中国互联网状况》白皮书提出了“互联网主权”的概念[①]。2011 年 9 月，中俄等国在第 66 届联合国大会上提交了“信息安全国际行为准则”，再次重申了与互联网相关的公共政策问题的决策权是各国的主权[②]。

2013 年的，“斯诺登事件”暴露了美国所谓主张网络安全、反对网络主权的真正目的是监听全世界，从而进一步实行霸权世界的丑陋行为[③]。“斯诺登事件”不仅唤起了世界各国的网络主权意识，加速了各国就网络主权斗争达成共识，而且迫使美国承认了“网络主权”和“数据主权”。2013 年 6 月 24 日，第六次联合国大会通过了联合国“从国际安全的角度来看信息和电信领域发展政府专家组”所形成的决议，规定了“国家主权和源自主权的国际规范和原则适用于国家进行的通信技术活动，以及国家在其领土内对信息通信技术基础设施的管辖权”，该条款实质包含了对国家“网络主权”的承认[④]。2015 年 7 月，我国修订了《中华人民共和国国家安全法》（以下简称《国家安全法》），第二十五条正式提出了“网络空间主权”的概念。从此“网络空间主权”正式入法并得到法律的确认和保障。2017 年，《网络行动国际法塔林手册 2.0 版》的第 1 条明确否定了网络空间的“全球公域”概念，并提出“位于一个特定国家领土上的网络基础设施连接到网络空间，不能解释为该国放弃其主权”。从此“网络主权”概念在国际法上得到了认可。

（二）数据主权的确立：双重空间概念

如果说网络主权是寄生于物理空间自成的虚拟空间，那么数据主权则跨越并存于物理空间和虚拟空间，拥有了更加广泛的内涵及外延。信息技术突破了地理空间既定领域，从某种意义上实现了“脱域化”。传统领土

---

① 《〈中国互联网状况〉白皮书（全文）》，中华人民共和国国务院新闻办公室，2010 年 6 月 8 日，http：//www. scio. gov. cn/ttbd/202206/t20220623_115699. html。

② 《中俄等国向联合国提交“信息安全国际行为准则”》，中华人民共和国中央人民政府网，2011 年 9 月 13 日，http：//www. gov. cn/govweb/gzdt/2011 – 09/13/content_1946267. htm。

③ 万涛：《“斯诺登事件”持续发酵——网络强国建设之警示》，《中国信息安全》2015 年第 1 期，第 34—35 页。

④ 徐凤：《网络主权与数据主权的确立与维护》，《北京社会科学》2022 年第 7 期，第 55—64 页。

主权也由领陆、领水、领空和底土，被拓展到信息空间，主权概念也从实体的物理空间延伸到网络虚拟空间。网络空间是一种人造的电磁空间，用户可以通过对数据进行存储、传输、使用等操作实现特定的活动。在网络的发展阶段其主要的基本功能是信息交换。各国在网络空间中交换及分享利益时，也在域名等网络资源的管辖权和数据权利的归属等问题上出现矛盾，网络主权是为了保障国家在网络时代的权益和主权而发展起来的。

数据主权跨越了双重空间且涵盖内容宽于网络主权。从概念上来说，《中华人民共和国网络安全法》（以下简称《网络安全法》）第七十六条第四款所称的网络数据“是指通过网络收集、存储、传输、处理和产生的各类电子数据”，但《数据安全法》中的第三条所指数据“是指任何以电子或者其他方式对信息的记录”。这里所指的信息记录不局限于网络内的数据，还可以通过电报、卫星传播等途径实现，因此网络不能完全覆盖数据主权的形式区域。此外，大数据时代下的数据来源包含了传统的信息系统、传感器、网络数据和 3D 打印等数字化制造产生的实体数据。所以用“数据主权”代指网络空间中的主权更为贴切。数据主体是指在网络空间生产、传输、处理数据信号的人或组织。数据活动是数据主体借助网络基础设施生产数据、传输数据、消费数据等表达人类意志的行为。因此，数据主权是针对网络基础设施、数据本体、数据活动等的主权。

二、数据主权安全的基础理论与实践路径

（一）基本特征：数据主权的“软、硬”二元性

数据主权是指一国基于国家主权和本国领土内的网络设施、数据主体、数据行为和数据资源以及相关数据产品等所拥有的最高权威，主要包含硬数据主权与软数据主权两大类别，具有一定的弹性、双重性和复合性等基本特征。

1. 数据主权的弹性

国家总是基于客观世界的变化而对主权产生着不同向度的新认识。在数据跨境流动方面，数据的属性决定了主权理论不能脱离有形领土，却也不能囿于有形领土。有弹性的数据主权就是强调对数据的管辖主张不仅要立足于领土，也需要结合国家的需求适度扩张。强调前者是因为威斯特伐利亚体系将主权与领土相结合的观念在可预见的相当长的时期

内不会被动摇[1]，强调后者则是因为在全球化时代，以有形国界为限的管辖已无力应对信息通信技术变革带来的挑战。概言之，有弹性的数据主权理论既不会因一律禁止或限制数据跨境流动而导致数据失活，也不会完全松懈对数据的规制而埋下危害国家安全的隐患。具体说来，一国应在尊重威斯特伐利亚体系确立的主权观念之上，以安全有序、开放合作为导向，制定不同的治理规则，以调整不同主体之间的，主要是国家与国家之间的数据冲突。从纵向关系上看，数据主权的弹性要求主权国家保持高度克制。这意味着国家要对数据进行有效控制，但不应当追求绝对控制。实现有效控制，重点是对关键信息基础设施的控制。关键信息基础设施紧密对接国家安全基本面向，是涉国家安全数据的根本载体。从横向关系上看，数据主权的弹性要求主权国家推动多元共治。多元共治是国家在数据治理领域保持高度克制的必然结果。一方面，从治理逻辑层面看，处于流动状态的数据总是占据数据整体的大多数；另一方面，当新的技术变革与旧的社会理论发生冲突时，总是需要后者作出转变。弹性主权的提出正是对传统主权理论内核和数据自身特性的一种妥协，多元共治便是妥协下的产物。最后，保持高度克制、推动多元共治确立了对数据沙文主义的反对立场。保持克制不仅要求国家对内以分级治理为核心思路，还要求对外摒弃单边主义的霸权思维。数据始终以开放一体、互联互通的网络为载体，数据的特性应当得到维护而不是破坏，主张数据主权也并非要使数据治理碎片化、孤立化，而是要在不触及国家安全与稳定的前提下，最大限度拉近国家之间的技术鸿沟，尽可能地推动数据资源平等分配。这一过程就体现了多元共治的价值。当越来越多带着私域治理思维的国家开始结合公域治理思维治理数据时，数据和谐作为人类的共同价值追求才能逐步与数据霸权分庭抗礼。

2. 数据主权的双重性

数据主权兼具国内法属性与国际法属性，数据主权问题并非简单的国内法问题，而是全球性问题，其国际权能的行使有赖他国的合理协作。我们有必要区分两种数据主权：第一种数据主权是领土主权在数据领域的体现，领土主权试图在领土范围内对数据进行有效的管控，但由于数据本身

① 王玫黎、陈雨：《中国数据主权的法律意涵与体系构建》，《情报杂志》2022年第6期，第92—98页。

天然的跨境性，这种数据主权往往会主张突破领土范围的管辖权，各国的数据本地化立法、欧盟的《通用数据保护条例》（GDPR）以及美国的《澄清境外数据的合法使用法案》中的数据主权都属于此种数据主权。这种数据主权实际上是某种稍作修正的领土主权，但由于其主张超越领土范围的管辖权，会引发主权国家之间的法律冲突。第二种数据主权是完全从对数据的实际占取来界定的数据主权，在这种数据主权中，参与竞争的主权者不仅包含主权国家，还有跨国网络公司，甚至可以说跨国网络公司凭借强大的技术能力，在此竞争中占据优势。如果我们仅从赛博空间或数据世界来看数据主权，这些大数据公司才是真正的主权者，他们在事实上主宰着整个数据世界。因此，数据主权实际上具有双重的属性，既可以视为领土主权在数据领域的延伸，也可以视为数据世界的独立主权。但无论是哪种属性的数据主权，在这场数据主权的大混战中，超领土的主权是最明显的趋向，传统的以领土为基础的主权理论面临着新的挑战，这需要我们进一步思考传统主权理论所主张的绝对性、最高性和不可分割性如何应对大数据的挑战，并做出相应的理论回应。

3. 数据主权的复合性

数据主权也是权利的复合体，是经济力量和政治力量的重要组成部分。数据主权存在于政治、经济、文化等方面。数据主权是经济性质的，在数字经济时代的经济安全需要国家对内部的商品进行生产、分配、交换、消费等线上交易秩序加以维护；同时数据主权也具有政治性质，政治安全需要的是国家具有在国际社会主导与自身利益相关的政治制度与意识形态的至高无上的排他性权力；数据主权同时还是文化性质的，尊重网络空间主权是保障网络空间多元文化的重要途径，打击网络恐怖主义、极端宗教思想，保证网络空间文化的民族独特性、多样性和正向性是数据主权的内在文化功能；数据主权也和军事安全、生态安全、技术、道德等息息相关。数据主权权能亦是复合的，如防止军用网络攻击，制定国际贸易和全球电信争端解决规则，揭露或制止政府暴行，促进某些跨国性民族的认同意识或者干脆主张其作为同一民族的自决权利。

（二）实践路径：数据保护与数据自由之争

数据自由与数据保护两种价值理念成为当今世界数据主权实践领域的两大范式。前者以美国为代表，需要获取世界各国的各种数据，为其政治、经济、安全等决策与制度设计提供支持。后者以欧盟为典型，更强调数据保护的重要意义，以保障其数据保护措施的正当性。在数据主权领域，需要平衡数据自由与数据保护之间的关系。这两种要素没有孰优孰劣之分，都是数据主权发展的核心要素，构建全球化数据主权规则本质上需要在这二者之间寻求平衡。

1. 数据主权的欧盟模式：以数据保护为核心

“隐私护盾”制度是对“安全港”制度的升级。欧盟 1995 年的数据保护指令鼓励数据在得到当地法律或与外国公司合同安排的保护下，可以自由地传输到国外。随后，欧盟发现美国并没有为欧盟公民的个人数据隐私提供足够的保护，所以欧盟禁止个人数据传输到美国。考虑到与美国信息交换涉及的庞大体量，2000 年，欧盟与美国同意建立数据的“安全港”制度：在美国遵守数据保护标准，并接受联邦贸易委员会监督的条件下，欧盟允许数据传输到美国的公司。该制度允许欧盟的个人数据在美国公司或组织满足通知、安全、数据完整性等方面要求的情况下传输到美国。

2015 年，欧洲法院认为“安全港”制度缺乏对欧盟公民数据基本权利保护的法律补救措施。同时，对于美国是否遵守信息保护标准，该制度缺乏合适的执行机制和问责机制，所以欧盟开始寻求对数据保护制度的改革。随后，欧盟数据保护机构宣布，不再依据“安全港”制度规制美国与欧盟之间的数据传输。

2016 年，欧盟委员会宣布“隐私护盾”制度将替代之前的“安全港”制度。相比于“安全港”制度，“隐私护盾”制度对透明度和规则遵守的监督有着更高的要求。其一，对公司的保护义务要求更趋严格。该制度包含了有效的监管机制，以确保公司遵守数据保护的相关义务。其二，对美国政府获取数据的防御和透明度要求更高。在“隐私护盾”制度中，美国政府首次书面承诺，“任何以国家安全为目的获取欧盟公共机构数据或个人数据都必须有清晰的限制、防卫和监管机制”。同时，美国承诺通过独立的监察专员机制为欧盟建立一个国家数据领域的救济机构。其三，构建了数据保护争议解决机制。该制度要求数据保护争议应在 45 天之内解决。同时，当数据保护争议未得到合理有效解决时，欧盟公民有权要求本国的数据保护机构与美国商务部和联邦贸易委员会一起解决争议。其四，设置年度联合审查机制。欧盟委员会将联合美国商务部一起评估审核“隐私护盾”制度的执行情况。从“隐私护盾”制度的内容可以发现，欧盟数据主权制度设计总体上是围绕着如何实现数据保护进行的，尤其强调对欧盟个人数据主权的捍卫，这也体现了欧盟维护公民数据“尊严”的基本理念。“隐私护盾”制度可以说是“安全港”制度在数据保护基础上的升级，进一步维护了欧盟数据主权，强化了美国对欧盟数据主权的尊重。

2. 数据主权的美国模式：以数据自由为核心

《澄清境外数据的合法使用法案》是对数据自由的支撑。2013 年，美国纽约南区地方法院签发搜查令，搜查了微软公司电子邮件账户储存的数据。但是，该搜查令涉及的用户数据并没有储存在美国境内，而是储存在位于爱尔兰的数据中心。微软公司认为，美国的《存储通信法案》作为《电子通信隐私法》的一部分，并没有域外适用的效力，所以美国法院无权签发该搜查令。2014 年，美国联邦地方法院支持了纽约南区地方法院的判决。微软公司将此案上诉至联邦第二巡回上诉法院，该法院支持了微软公司的主张，认为《存储通信法案》并没有明确规定该法可以适用于境外。此案推动了美国修改《存储通信法案》和《电子通信隐私法》的进程。

2018 年，美国通过了《澄清境外数据的合法使用法案》（以下简称“云法案”）。为解决“美国政府诉微软公司案”中所体现的获取域外数据合法性问题，“云法案”扩大了美国法律的适用范围。“云法案”要求电子通信服务或远程计算服务的供应商遵守本法关于保留、备份、公开电子通信内容、记录以及其他与消费者相关的信息的规定，无论该信息是在美国境内还是美国境外。美国这种单边的、缺乏与其他国家公平合作的数据安排，也许难以实现真正的主权平等和数据主权规则的公正合理。

在“云法案”中，美国调取域外数据与外国调取美国数据相比，无论是规则的严苛程度，还是自由裁量权的程度等都存在着极大的差异。一方面，美国获取域外数据与外国获取美国数据在难易程度上存在差异。“云法案”以美国获取域外数据为原则，以限制美国获取域外数据为例外，仅有三类情况可以限制美国获取域外数据。但是，外国想要获取美国数据却要满足 11 项条件，任何国家恐怕都很难同时满足如此繁复的条件。并且，外国想要调取美国的数据在对象上也有严格的限制，若想要调取美国人的数据，更是难上加难。另一方面，无论是限制美国获取域外数据，或是限制外国获取美国数据，“云法案”都授予了美国极大的自由裁量权。这体现了对其他国家数据主权的不尊重，是单边主义和以美国为中心的表现。

三、主权视角下的数据安全治理

随着云计算、区块链、大数据、人工智能等新技术的变革性发展，以保护数据内容为主的传统数据安全治理模式，已无法适应数据流动性带来的动态风险规制问题。此外，由于数据价值的战略性、敏感性凸显，以及主权国家围绕数据权利之争展开的数据垄断和霸权主义，数据安全治理成为大国竞争和博弈的前沿领域。

（一）数据安全治理的风险与挑战

1. 数据跨境流通对数据主权的威胁

《数据安全法》第十一条提出“促进数据跨境安全、自由流通”的原则，体现出了中国对于数据跨境流动的两个价值导向：自由和安全。安全流通是维护国家网络主权和国家安全、公民和组织数据安全的现实需要，自由流动是促进数字经济增长、发展数据相关产业的必要条件。欧盟的《通用数据保护条例》也把公共利益、数据控制者利益、数据控制者法律职责作为衡量个人数据权利的标准，赋予数据一定的公共性。因此数据控制的前提是数据分享。数据在多种渠道和方式下呈现流动复杂、利用场景多元的局面，数据安全威胁也动摇了数据自由流动的诉求。

2. 重新审视数据安全风险

在现有的网络基础设施上，数据会进行传输、共享、交易和使用。在这个过程中既存在数据财产流通，又存在用户个人信息的反复收集、使用，从而引发以下三个方面的问题：一是公民个人数据信息泄露造成不当的使用；二是数据共享和使用的实质依旧是个人信息的传输和收集，按照《网络安全法》第四十一条确立的“知情同意”规则，需要当事人的同意，但传输过程完全脱离使用者的控制，因此数据流通已经无法获取权利人的征求同意。三是《网络安全法》和《数据安全法》等法律的设定是为国家和网络运营者提供服务，但本质上相关主体却无法落实监管的措施。以上三点若长期无法采取严格管控的措施，必然导致数据以跨境流通的方式逃离监管，从而削减了主体的监管能力。

3. 数据主权的管辖权的弱化

国际法学专家莱特认为网络主权是指网络空间内创建和实施规则的能力，或者是指网络空间中实施法律的权利，即司法管辖权[①]。在传统的国际法中，国家属地管辖内行使的权利为管辖权，但网络虚拟空间的活动超越地理边界。

（二）主权国家数据安全治理模式

主权国家在全球数据安全治理方面日益呈现出“新数字孤立主义”的倾向。虽然主权国家普遍意识到全球数据安全治理以及合作的重要性和紧迫性，但不断颁布单边限制数据流动的法规。无论是欧盟的《通用数据保护条例》对个人数据保护的规制，还是美国出台的“云法案”，抑或是部分发展中国家推行的数据本地化监管政策，皆是出于自身的利益诉求、价值理念以及经济需求的考量，并试图在全球层面输出“本国模式”，以期扩大自身数据安全治理模式的影响力。但实际上，主权国家的数据安全治理模式存在一定的不兼容性，这在不同程度上阻滞了全球数据安全治理的发展。按照主权国家对数据安全保护的程度，大致可以分为宽松型、严格型和折中型的数据安全治理模式。[②]

第一，以维护国家数字竞争优势为核心，实施数据“宽松保护”安全治理战略。采用这类数据安全治理模式的国家通常拥有数字竞争优势以及良好的数据市场规模，因此更加强调数据的经济利益。以美国为例，美国凭借强大的数字技术以及市场优势，对数据的自由流动实施宽松保护治理，以“事后问责”的方式来规范数据跨境流动行为，即仅在数据安全事件发生之后，依托“云法案”对相关数据控制主体进行问责。美国在数据安全领域建立“宽松型模式”主要出于两方面考虑：一方面以经济利益为导向，依托“长臂管辖”治理，以多边合作建立“数据盟友”，不断扩大治理范围；另一方面为谋求全球数据霸权，试图在全球数据领域掌控规则主导权。长期以来，美国虽然对外一直倡导数据应“无国界”自由流动，但常以国家安全为由，借“安全化”策略作为提升其国际数据竞争力的重

---

① “A Snapshot from a Field in Motion”, LEITER A, Apr. , 2020, https: //harvard-ilj. org/2020/04/cyber - sovereignty - a - snapshot - from - a - field - in - motion/#_ftn1.

② 阙天舒、王子玥：《数字经济时代的全球数据安全治理与中国策略》，《国际安全研究》2022 年第 1 期，第 130—154、158 页。

要手段，同时通过政府介入，为美国网络企业的全球扩张提供强有力的支撑。因此，美国推行数据“宽松保护”治理战略，不仅能使数据的高效流动汇聚于本国，支持其鼓吹的数据自由流动规则，还可以减少国际贸易规则对本土网络产业的限制，保障美国企业对全球数据的掌控，提升美国在全球数据安全治理领域内的主导地位。

第二，以强调个人数据隐私为核心，实施数据“严格保护”安全治理战略。采用该类数据安全治理模式的国家往往处于数字技术和市场规模刚刚起步的状态，更加注重保护个人隐私、企业发展以及减缓外部对国家安全影响等因素，并要求在对数据实行高标准的保护下，推行数据的自由流动。以欧盟为例，欧盟《通用数据保护条例》被称为“世界上最严苛的隐私安全法”，该机制对任何涉及欧盟公民数据的地区或国家皆施加了数据权利和义务。虽然《通用数据保护条例》是由欧盟发起并制定的新规则，但其带来的影响是全球性的。截至 2021 年 7 月，已经有 16 个国家建立了类似《通用数据保护条例》的数据隐私治理机制。以欧盟为代表的该类“严格型”安全治理战略可以概括为三个方面：一是建立以“白名单”制度为核心的数据保护机制。与美国“事后问责”形成鲜明对比的是，欧盟以“事前规制”的方式来提前考察数据接受国是否达到欧盟的充分性认定原则，符合欧盟数据保护标准的国家或地区则被列入“白名单”。二是所有涉及个人相关信息的数据活动都应提前取得当事人同意。三是在确保数据安全的环境下，鼓励数据在欧盟内部自由流动，实施“内松外严”的治理政策。

第三，以利益均衡为核心，实施数据“折中保护”安全治理战略。相较于上述两种以“针对性”的方式来规制数据安全问题，数据“折中保护”型战略形成了一条介于两者之间的数据安全治理思路，其所对应的治理目标也是介于上述两种治理战略之间。该战略理念在尊重和保障数据主体主权的前提下，试图寻找介于数据自由流动与数据安全之间的平衡路径。根据罗伯特·亚历克西的“权衡法则”，“一个原则的未被满足程度或受限程度越高，另外一个原则在运用过程中能被满足的重要性就越大”。因此，基于该法则，需要在全球数据安全治理实践中对“数据自由流动原则”和“数据安全原则”的运用进行权衡比较。具体可以分为三个步骤：第一步，确定“数据自由流动原则”在运用过程中未被满足的程度或受到限制的程度；第二步，确定与“数据自由流动原则”相冲突的“数据安全原则”在运用过程中能被满足的重要性程度；第三步，将第一步所确立的未被满足的程度与第二步所确立的被满足的重要性程度进行比较，从而判断出“数据安全原则”在运用过程中的被满足重要性程度是否能证明“数据自由流动原则”的未被满足的程度。从当前跨境数据流动治理的实践来看，由于受数据类型的多样化、数据治理多元的利益诉求以及地缘政治规制角力等复杂因素影响，数据自由流动与数据安全之间的二元平衡在短期内难以实现，因此该战略是在一个理想化的设定下，各国亟待达成的全球数据安全治理规则的新秩序、新规则。

第三节　数据生命周期安全

一、数据生命周期的定义

“生命周期”源于生物学领域，是指一个生物体从出生到死亡所经历的生命全程。随着其在社会科学领域的广泛应用，“生命周期”也逐渐被用于指代自然界和人类社会各种客观事物的阶段性变化及发展规律。在 20 世纪 80 年代，信息管理领域引入生命周期理论，用以阐明信息（数据）的资源属性。数据生命周期理论将数据视为有机体，研究数据在生命周期中的阶段、状态以及规律。

数据生命周期是一个动态循环运动，以此为指导的数据治理即对数据资源的收集、处理、转换和应用的全过程的计划、组织、领导和控制①。基于生命周期视角开展数据治理，有助于在数据生命周期的不同阶段，通过相应的管理活动，实现数据资源从无到有、从不可用到可用、从低可用到高可用、从低价值到高价值的治理目标②。数据生命周期能够以形象和可视化方式定义和阐明数据管理的复杂流程，将数据管理过程分解为不同阶段，识别和阐释不同阶段的参与者角色、管理活动职责、流程重要事件和其他关键成分，是数据管理活动和优化数据服务的关键。

---

① 赖茂生、李爱新、梅培培：《信息生命周期管理理论与政府信息资源管理创新研究》，《图书情报工作》2014 年第 6 期，第 6—11 页。

② 朱晓峰：《论政府信息资源生命周期管理》，《中国图书馆学报》2006 年第 3 期，第 69—72 页。

二、数据生命周期的内涵

（一）数据生命周期模型

大数据时代，数据多源异构的特点愈加明显，对于数据生命周期的划分也难以达成统一，特定的数据所经历的生命周期往往由实际的业务场景决定。这就衍生出了众多不同的描述数据生命周期的模型。根据模型结构的不同，可分为链式模型、矩阵模型、循环模型和层次模型①；根据数据类型的差异，可分为政府开放数据生命周期模型、公共数据生命周期模型、科学数据生命周期模型等；根据看待问题视角的不同，则可以分为静态模型和动态模型两类。

不同模型存在一定的差异，但总的来说数据计划、收集、共享与使用等阶段是通用的。如表 0 – 3 展示了一些国际经典的数据生命周期模型。

表 0 – 3　国外数据生命周期管理模型

模型名称	机构	模型结构及要素
生命周期模型（DDI 3.0）	英国数据档案项目联盟	模型采用链型结构：研究概念→数据收集→数据处理→数据存档→数据发布→数据发现→数据分析→数据再利用
数据生命周期模型②（Data One）	美国新墨西哥大学图书馆；美国国家自然科学基金会	模型采用环型循环结构：规划→收集→控制→描述→保存→发现→整合→分析
理想化科研活动生命周期模型（I2S2）	英国结构化科学整合基础设施项目	模型采用矩阵型结构，描述了一个典型的物理学实验项目过程，基础阶段包括：提出研究计划→同行评议→进行实验→数据处理、分析和解释→最终报告研究成果；理想化阶段包括：评估和质量控制→元数据和上下文信息的文件→存储、归档、保存和管理→知识产权、禁止和访问控制

① 李伟绵、崔宇红：《研究数据管理生命周期模型及在服务评估中的应用》，《情报理论与实践》2015 年第 9 期，第 38—41 页。

② "Data Life Cycle", Data One, May. 5, 2023, https://old.Dataone.org/data-life-cycle.

续表

模型名称	机构	模型结构及要素
社会科学数据存档生命周期模型①（ICPSR）	美国政治与社会科学研究校际联盟	模型基本流程：制定数据管理计划→构建项目→数据收集、创建→数据分析→数据共享利用→数据存储
数据生命周期模型（UCSD）	美国加州大学圣地亚哥分校	模型为封闭的环型循环结构，基本流程：数据提出→数据收集、创建→数据描述→数据分析→数据发布→数据利用、保存

国内学者也提出了多种数据生命周期模型。如管理计划制定、数据收集管理、数据描述及归档管理、数据处理与分析管理、数据保存管理、数据共享及使用管理六个阶段[②]的科研数据生命周期管理模型。相较于国外，我国数据生命周期管理尚处于初期探索阶段，并未形成体系化的数据生命周期管理实践。

（二）数据生命周期各个阶段分析

《数据安全法》第三条指出，数据处理的具体步骤是“收集、存储、使用、加工、传输、提供、公开等”。参考《数据安全法》的内容，可以从数据治理视角进行数据生命周期各个阶段的划分。

数据收集是生命周期的“源头”，是数据生成与持续更新的最重要保障，也是保持数据生命力的基础，包括提取、导入、导出、迁移等实际操作，以实现数据分类、数据源鉴别等具体目标[③]。《网络安全法》第四十一条明确要求网络运营者收集、使用个人信息时明示使用信息的目的、方式与范围，并必须征得被收集者同意。数据收集是生命周期中后续环节的法律基础，具有重要意义。

数据存储是数据安全的底层保障。根据《网络安全法》的要求，涉及公共通信、能源、交通、金融等关键信息基础设施运营者在我国境内运营

---

① “Guide to Social Science Data Preparation and Archiving：Introduction”，ICPSR，May. 1，2023，http：//www. icpsr. umich. edu/.

② 丁宁、马浩琴：《国外高校科学数据生命周期管理模型比较研究及借鉴》，《图书情报工作》2013 年第 6 期，第 18—22 页。

③ 罗文华：《基于生命周期的数据跨境流动程序性与实质性监管》，《中国政法大学学报》2021 年第 5 期，第 142—154 页。

中，收集、产生的个人信息和重要数据应当在境内存储。对于非关键信息基础设施的运营商，我国也鼓励其自愿参与关键信息基础设施保护体系，促进网络运营者、专业机构和政府有关部门之间的网络安全信息共享，并加强对这些信息的保护。

数据使用与加工是激发数据潜能、提升数据价值的必然举措，也是集中体现企业、行业乃至国家数据实力的关键所在。数据使用与加工涵盖整合、更新、编辑、脱敏、清洗、转换、转型、引用、汇总、挖掘、报告、检索等诸多操作。在数据使用与加工阶段①，数据从正式的数据库系统中释放出来，因而可以有效应用的一系列控制措施就可能发生变化，数据风险也随之发生演变。使用数据的主体可能性质各异，既有企业，也有个人，还有其他政府机构或研究机构，而这些使用者处理数据的目的也不尽相同，使用数据有可能违背政府最初收集数据时所宣示的目的。例如，包含个人信息的医疗保健数据，其最初处理目的可能在于改进与个人相关的医疗保健服务，但如果保险公司获得这些数据，那么这些数据就很有可能被用来改进和支撑保险公司的市场营销策略②。《数据安全法》第三十二条第二款也对数据使用作出了规定："法律、行政法规对收集、使用数据的目的、范围有规定的，应当在法律、行政法规规定的目的和范围内收集、使用数据。"

数据传输根据传输对象和范围的不同，可以分为组织外部的数据传输和组织内部的数据交换。组织外部的数据传输要确保组织经济目标的实现，获得数据经济附加价值，尤其需要关注发布、共享、接口等方面的安全措施，必要时可针对关键信息采用加密方式，包括通道加密、内容加密、签名校验等。组织内部的数据交换主要目的是实现对于数据的全面、深入与充分利用，服务于数据产品的生产与组织内部的自我管理。

数据公开是政府数据开放的核心阶段，在某种意义上也可以称为狭义的政府数据开放，这也是研究政府数据开放的学者最为关注的阶段，如数据标准、数据质量、数据门户等问题都与数据公开有关。对此，《数据安

---

① 张涛：《政府数据开放中个人信息保护的范式转变》，《现代法学》2022 年第 1 期，第 125—143 页。

② 《检察机关个人信息保护公益诉讼典型案例》，最高人民检察院网，2021 年 4 月 22 日，https：//www. spp. gov. cn/spp/xwfbh/wsfbt/202104/t20210422_516357. shtml#2。

全法》第四十一条规定“国家机关应当遵循公正、公平、便民的原则，按照规定及时、准确地公开政务数据。依法不予公开的除外”；第四十二条规定“国家制定政务数据开放目录，构建统一规范、互联互通、安全可控的政务数据开放平台，推动政务数据开放利用”。

数据销毁是数据生命周期的最终阶段，指操作数据及数据存储介质，使数据彻底删除且无法复原的行为①。数据销毁通常被视为数据安全业务流程的最后环节，直接目的是避免第三人通过数据复原、存储介质窃取等方式重新复原业已销毁的数据②。

三、数据生命周期安全管理

数据生命周期安全管理的目的是确保数据生命周期中各个环节的安全，从而实现全流程的安全保障。安全管理需要面向具体的安全问题，因地制宜地运用合适的技术并提出解决方法。数据生命周期各个环节的具体安全问题如下：

（一）在数据创建与采集阶段存在的突出问题

1. 政府和公众的数据安全意识不足。在政府数据安全建设中，部分公职人员数据安全意识淡薄，对数据敏感性、个人信息隐私合规等缺乏足够的安全认识，出现弱口令、明文存储高敏信息、随意转发数据等问题，导致数据泄露事件频发。公众往往对数据安全与隐私保护也不加以重视，时常在网络空间泄露自身敏感信息而被不法分子利用。

2. 数据被越权或非法创建、采集。现实生活中，越权甚至非法采集他人数据的案例时有发生。

3. 内部工作人员危害数据安全和隐私。政府创建或采集的原始数据对国家安全具有战略意义，很可能会遭受内部违规泄露或外部恶意攻击窃取，遭到非法删除、篡改、加工、传播和利用，危及国家利益并引发社会恐慌。

4. 隐私权属法律缺失致使数据创建采集边界不明。我国法律体系缺乏

---

① 张红：《我国法律文本中的“数据”：语义、规范及其谱系》，《比较法研究》2022 年第 5 期，第 61—74 页。

② 赵精武：《从保密到安全：数据销毁义务的理论逻辑与制度建构》，《交大法学》2022 年第 2 期，第 28—41 页。

对隐私权的立法，尤其缺乏对隐私泄露与保护的立法，导致在开放政府数据的发布阶段没有明确针对数据权利保护作出说明。

（二）在数据存储阶段，泄露与黑客攻击的威胁尤其严重

1. 缺乏隐私泄露风险评估系统。《数据安全法》第二十条规定“重要数据的处理者应当按照规定对其数据处理活动定期开展风险评估，并向有关主管部门报送风险评估报告”。然而在实际中存在着可操作性不强，缺乏可用的评估工具，相关人员水平参差不齐等问题。

2. 数据传输接口安全风险较高。数据管理平台需要和数据开放平台进行数据传输，在此过程中平台间的身份认证、数据传输安全需要面临不可信的第三方环境。如果接口间不能进行完善的认证，数据传输过程中的数据被恶意截取、读取、篡改、污染等，将对国家安全产生巨大影响。

（三）在数据组织与处理阶段，缺乏统一、有效的标准

为了提高数据安全性、促进隐私保护，需要针对数据的安全和隐私敏感性分类分级、实现开放数据的安全性和隐私泄露风险评估、完善信息系统平台的安全性等级评估和监测，以综合手段保证安全计算与隐私加密。2015 年 8 月国务院印发《促进大数据发展行动纲要》提出“完善法规制度和标准体系，科学规范利用大数据，切实保障数据安全”，全国信息安全标准化技术委员会发布了《信息安全技术—个人信息安全规范》《信息安全技术—大数据服务安全能力要求》两项标准。然而由于发布时间尚短，地方上关于数据安全和个人隐私的标准很少，大多是宏观笼统的管理型规范，缺乏可操作的技术性规范，法律法规亟须进一步完善。

（四）在数据发布阶段，需要面临法律和技术平台问题

1. 数据开放相关法律问题不明确。我国政府在发展战略层面提出促进政府数据开放的规划和要求，但在司法层面，还缺乏个人隐私界定、应用范围、应用数据的权益归属等相关法律条例，个人隐私保护法律未能及时跟进，数据开放与隐私保护各方利益相互冲突的问题难以平衡。

2. 数据平台安全面临风险。数据开放平台为了更加便捷地进行数据开放，让更多机构和公众使用政府数据，必须保持与电子政务外网的业务数据平台、网络信息系统等长时间连接，这就使得数据开放平台直接面临网络的各类攻击和恶意程序感染等风险。一旦数据开放平台的安全强度不够，建立的安全体系不完善，平台被攻破的概率大大提升，会对数据安全

产生巨大威胁。

（五）数据生命周期安全管理技术

1. 全过程监管安全技术

全过程监管安全技术的作用是对数据生命周期中的各个过程进行监控管理，可以对数据流转过程进行溯源，合理地验证各参与方的行为，全局管理数据安全治理形势。数据溯源[①]包含系统和应用层面的数据操作历史，可以了解数据产生及演变过程，为监管工作提供帮助。其代表性技术有零知识证明、态势感知等。

2. 数据使用安全技术

不需要直接接触原始数据就可以完成数据计算的相关技术是确保数据使用安全、对抗计算的不可信问题和防范数据窃取行为的有效方法。其代表性技术有联邦学习、同态加密、安全多方计算和可信执行环境等。

3. 数据存储安全技术

针对数据存储中的泄露风险，数据分类分级、数据安全隔离和访问控制技术是重要手段。数据分类分级可以指导不同类别、级别数据的差异化存储，规范数据存储行为，提高非常规访问的门槛。数据安全隔离用于数据防泄密，通过磁盘、网络等多重隔离手段保证密级数据在安全区域内可控，外发审核可记录、可查询。访问控制技术[②]通过角色和策略组来控制用户的访问权限，但常见的访问控制粒度较粗，常常会泄露意料之外的数据。细粒度的访问控制技术可以实现某个字段、某个值的访问控制，真正落实分类分级的相关理念。此外，数据存储的代表性技术还有基于密码学的加密技术、安全审计等。

4. 数据准备安全技术

数据准备安全技术的核心是保护数据隐私的同时尽可能地减少因为隐私保护带来的数据质量下降、传输报文膨胀等问题。其中数据匿名化和数据脱敏以模糊处理和删除敏感信息的方式防止隐私泄露，但往往会降低数

---

① Alam M，Wang Weichao，“A Comprehensive Survey on the State - of - the - Art Data Provenance Approaches for Security Enforcement”，Journal of Computer Security，Vol. 29，No. 4，2021，pp. 423 - 446.

② Zhang P，Liu J K，Yu F R，et al，“A Survey on Access Control in Fog Computing”，IEEE Communications Magazine，Vol. 56，No. 2，2018，pp. 144 - 149.

据的可用性。数据分类分级能够指导不同的数据采用不同的处理方式，对数据隐私保护也非常有利。

5. 数据销毁安全技术

数据销毁是指采用各种技术手段将计算机存储设备中的数据予以彻底删除，避免非授权用户利用残留数据恢复原始数据信息，以达到保护关键数据的目的。数据销毁方法可分为物理销毁和逻辑销毁两类，其中物理销毁是最直接、最保险的方法。

6. 系统防护安全技术

系统防护安全技术的主要目的是保护所有数据应用系统的安全，是信息安全中的常用技术，主要用于保护计算机硬件、软件、数据等不因偶然意外和恶意攻击而遭到破坏和泄露。系统防护安全技术是数据安全治理的底层技术，对于优化数据治理环境有重大意义。其代表技术有防火墙技术、入侵检测、入侵防御、恶意代码检测等。

第四节　数据安全发展历程

如果根据创新技术进行时代划分，数据安全的发展历程可以大致划分为计算机时代的数据安全、网络时代的数据安全、大数据时代的数据安全、人工智能时代的数据安全，以及可能的量子时代的数据安全等阶段。计算机时代的数据安全主要关注计算机硬件、操作系统、应用软件和存储设备的安全保护。物理安全、访问控制和权限管理成为数据安全的重要组成部分。此阶段的数据安全措施强调数据备份和恢复、防病毒，以防止数据丢失或损坏。网络时代的数据安全开始关注网络安全，包括防火墙、入侵检测系统、加密技术等。此时期的数据安全主要着重于保护企业内部网络和数据，防止未经授权的访问、泄露和篡改。大数据时代的数据安全关注数据的整个生命周期管理，包括数据的产生、采集、传输、存储、使用、分享和销毁等环节。人工智能时代的数据主权归属、数据隐私保护和合规性成为关键议题，相关技术如数据脱敏、数据分级分类和数据安全平台等得到广泛应用。

一、计算机时代的数据安全

计算机时代的数据安全主要包括计算机硬件结构、操作系统以及数据存储介质的安全保护。由于计算机硬件价格昂贵且易受物理损坏，物理安全对于数据安全保护起着重要作用，保护计算机设备免受恶意破坏、盗窃和灾难性事件的影响成为关键。此外，访问控制和权限管理成为数据安全的重要组成部分，通过用户名和密码认证、角色分配等方式实现访问控制，确保只有授权用户能够访问特定的计算机系统和数据。同时，数据安全措施也强调数据备份和恢复，以防止数据丢失或损坏。

计算机时代的数据安全风险①的主要来源包括：（1）内部威胁：内部威胁可能源于个人恶意行为，例如故意泄露公司机密以谋取私利，或者源于员工疏忽和误操作，如不小心将敏感数据泄露给无关人员。（2）系统漏洞：在早期的计算机系统和操作系统中，安全漏洞较为常见。由于软件开发和硬件技术的不成熟，这些系统往往没有经过充分的安全测试和审查，从而导致了潜在的安全风险。（3）物理破坏：在计算机时代，计算机硬件往往昂贵且容易受到物理损坏。恶意破坏者可能通过物理手段来破坏计算机硬件，进而导致数据丢失或系统故障。（4）灾难性事件：自然灾害、火灾、电力故障等灾难性事件可能导致计算机硬件损坏和数据丢失。同时，数据备份和恢复技术相对较弱，使得灾难性事件对数据安全的影响可能更为严重。（5）无意识的数据泄露：早期的数据存储设备，如磁带、磁盘等，在处理和处置时可能会泄露数据。无意识的数据泄露可能导致敏感信息面临风险。

计算机时代数据安全保护的主要措施包括：（1）访问控制：实施严格的访问控制策略，以确保只有授权的用户才能访问特定的计算机系统和数据。访问控制可以通过用户名和密码认证、角色分配等方式实现②。（2）数据备份和恢复：定期对关键数据进行备份，并将备份数据存储在安全的位置，以防止数据丢失或损坏。在数据受损时，可以通过备份来恢复数据，

---

① 沈昌祥、张焕国、冯登国等：《信息安全综述》，《中国科学（E辑：信息科学）》2007年第2期，第129—150页。

② ［美］斯坦普著，张戈译：《信息安全原理与实践》（第2版），清华大学出版社2013版，第199—201页。

确保业务连续性。(3) 物理安全：保护计算机硬件免受物理破坏。这包括将计算机设备存放在安全的机房、设置门禁系统、配置防火和防水设施等。(4) 系统更新和维护：及时更新操作系统和应用程序，修补已知的安全漏洞，降低被攻击的风险。同时，进行定期的系统维护，确保系统的稳定性和性能。(5) 安全意识培训：为员工提供安全意识培训，教导他们如何正确操作计算机系统，遵守公司的安全政策，防范内部威胁和误操作。(6) 安全审计和监控：通过安全审计和监控，检查系统是否存在安全漏洞，评估数据安全风险，并采取相应的措施进行修复。此外，对用户活动进行监控，以便及时发现和应对潜在的安全威胁。(7) 加密技术：虽然在计算机时代，加密技术尚未广泛应用，但某些情况下，使用加密技术来保护关键数据是一种有效的安全措施。加密技术可以确保数据在传输和存储过程中不被未经授权的用户访问。

二、网络时代的数据安全

网络时代，数据安全的重点从单一的计算机系统转向复杂的网络环境。由于网络环境的不可信性，黑客攻击、病毒、恶意软件、网络钓鱼等网络安全问题成为数据安全的关键挑战。与此同时，用户的在线活动、个人信息和敏感数据也带来了隐私数据泄露和滥用等新的安全问题[①]。为了应对这些安全挑战，加密技术在这一时期得到广泛应用。通过对数据进行加密，可以确保数据在传输和存储过程中不被未经授权的用户访问。政府和企业开始制定更严格的数据安全策略和法规，企业和个人的安全意识不断提高，并积极通过培训等方式更好地识别潜在的安全风险。

在这一时期，数据安全风险的主要来源有两个。其一，恶意代码呈现出更多样化的组合形式，具有更强的破坏性[②]。例如，“熊猫烧香”病毒通过 U 盘和蠕虫两种传播手段在网络中迅速传播。该恶意代码的破坏组件能够改写和破坏目标的可执行文件，导致应用程序受损无法使用。该病毒的破坏范围最终蔓延到全国范围，导致数百万台计算机终端受到破坏。当时还有一些其他的恶意代码，如冲击波和震荡波。其二，随着网络技术的发

---

① 《中国网络安全产业白皮书》，中国信息通信研究院，2020 年 9 月 16 日，http：//www. caict. ac. cn/kxyj/qwfb/bps/202009/P020200916482039993423. pdf。

② 司徒凌云：《物联网软件漏洞检测技术》，光明日报出版社 2022 年版。

展，网络速度和性能显著提升，基于网络的应用方式和攻击形式日益多样化。在这一时期，除了传统的网站篡改和破坏，还出现了针对网络通信和网络服务供应的攻击。其中有代表性的是拒绝服务攻击（DOS）和分布式拒绝服务攻击（DDOS）等网络攻击模式。这些攻击模式通过各种手段使大量数据流量通过网络投递到特定目标（通常是网站或基于网络的服务），最终导致目标无法正常响应合法请求。

随着网络架构的演变和数据场景的扩展，数据安全面临着更加复杂和多样化的挑战。在这一阶段，数据不再局限于传统的数据库存储，而是延伸到云计算、大数据、物联网和移动设备等其他场景。因此，数据安全的重心从过去单一系统的保护转向对数据整个生命周期的综合治理。为了应对这一挑战，数据安全领域的产品和技术迅速发展，强调综合应用各种技术手段来保护数据的安全。加密技术在数据安全中扮演着重要的角色。对称加密算法如高级加密标准（AES）、数据加密标准（DES）、三重数据加密算法（3DES）等被广泛使用，用于保护数据在存储和传输过程中的机密性。非对称加密算法如 RSA 加密算法、椭圆曲线密码算法（ECC）、数字签名算法（DSA）用于实现加密和数字签名等安全功能。安全套接层/安全传输层（SSL/TLS）协议常用于保护网络通信的安全，确保数据传输的机密性和完整性。访问控制技术也起着重要的作用。多因素认证（MFA）和单点登录（SSO）等认证技术可以增强用户身份验证的安全性。访问控制列表（ACL）和基于角色的访问控制（RBAC）等授权技术用于确保只有授权用户能够访问特定的数据和资源。防火墙和入侵检测技术用于监控和阻止未经授权的访问和恶意攻击。备份和恢复技术如 Rsync、Bacula、A-manda 等用于定期备份数据并确保数据的可恢复性。

为了保护敏感数据的隐私，数据脱敏和隐私保护技术得到了广泛应用。数据掩码和数据伪装等技术可以对敏感数据进行处理，使其在非授权访问下无法识别和还原。隐私保护技术如差分隐私和同态加密等可以在保护数据隐私的同时，允许对数据进行分析和处理。

三、大数据时代的数据安全

大数据的“5V”特性（大量性、多样性、快速性、价值、真实）以及新的技术架构深刻改变了传统的数据管理方式，带来了革命性的变化，并给大数据安全防护带来了巨大的挑战。大数据的安全问题不仅涉及大数据平台本身的安全，而且更关注以数据为核心的全生命周期安全管理①。大数据的生命周期涵盖了数据的产生、采集、传输、存储、使用、分享和销毁等环节，每个环节都面临着特定的安全威胁和挑战，需要采取相应的安全措施来保护数据的完整性、机密性和可用性。数据采集是大数据处理的重要环节，涉及从用户终端、智能设备和传感器等源头采集数据并进行记录和预处理的过程。一旦真实数据被采集，用户的隐私保护便完全离开了用户自身的控制，因此，数据采集成为数据安全和隐私保护的首要屏障。根据场景需求，可以选择采用安全多方计算等密码学方法，或采用本地差分隐私（LDP）等隐私保护技术。数据传输是指将采集到的大数据从用户端、智能设备和传感器等终端传输至大型集中式数据中心的过程。数据传输阶段的主要安全目标是保障数据的安全性。为确保数据在传输过程中不被恶意攻击者收集或破坏，采取安全措施以保证数据的机密性和完整性至关重要。目前，已有成熟的密码技术，如广泛应用的 SSL 通信加密协议、专用加密机、虚拟专用网络技术等解决方案。大数据的采集、传输和存储主要目的是进行数据分析和使用，通过数据挖掘、机器学习等算法处理，提取所需的知识。在这一阶段，关注点主要是如何实现数据挖掘中的隐私保护，降低多源异构数据集成中的隐私泄露风险。其目标包括防止数据使用者通过挖掘得出用户有意隐藏的信息，以及防止分析者在进行统计分析时获取具体用户的隐私信息。在此过程中，隐私保护技术、访问控制和安全审计等措施可以确保数据在分析和使用过程中的安全性。大数据被采集后常汇集存储于大型数据中心，而大量集中存储的有价值数据无疑容易成为高水平黑客团体的攻击目标。大数据存储面临的安全风险是多方面的，不仅包括来自外部黑客的攻击、来自内部人员的信息窃取，还包括不同利益方对数据的超权限使用等。该阶段集中体现了数据安全、平台安全、用户隐私保护等多种安全需求。

大数据安全威胁广泛渗透于大数据产业链的各个环节，包括数据生产、采集、处理和共享等环节，风险成因错综复杂。这些威胁既包括来自外部的攻击，也涉及内部的泄露；既涉及技术漏洞，也涉及管理缺陷；既包括由新技术和新模式引发的新风险，也持续存在传统安全问题。随着大

① 冯登国、张敏、李昊：《大数据安全与隐私保护》，《计算机学报》2014 年第 1 期，第 246—258 页。

数据安全问题引起人们的越来越多的关注，包括美国、欧盟和中国在内的许多国家、地区和组织都制定了大数据安全相关的法律法规和政策，以推动大数据应用和数据保护。例如，美国于2012年发布了《网络环境下消费者数据的隐私保护——在全球数字经济背景下保护隐私和促进创新的政策框架》，提出了《加州消费者稳私法》，旨在规范大数据时代的隐私保护措施。欧盟在1995年发布了“数据保护指令”，为欧盟成员国确立了个人数据保护的最低标准。而2018年发布的《通用数据保护条例》进一步加强了对欧盟居民个人信息的保护标准和水平。

四、人工智能时代的数据安全

人工智能时代，数据安全问题呈现出复杂多样的特点，数据安全不仅需要关注传统的网络安全和物联网安全，还需要应对由人工智能技术带来的新挑战。人工智能数据安全风险包含人工智能自身面临的数据安全风险，人工智能应用导致的数据安全风险，以及人工智能应用加剧的数据安全治理挑战[①]。

首先，人工智能自身面临的数据安全风险。训练数据污染可导致人工智能决策错误。数据投毒通过在训练数据里加入伪装数据、恶意样本等破坏数据的完整性，进而导致训练的算法模型决策出现偏差。数据投毒主要有两种攻击方式：一种是采用模型偏斜方式，主要攻击目标是训练数据样本，通过污染训练数据达到改变分类器分类边界的目的；另一种是采用反馈误导方式，主要攻击目标是人工智能的学习模型本身，利用模型的用户反馈机制发起攻击，直接向模型“注入”伪装的数据或信息，误导人工智能作出错误判断。随着人工智能与实体经济深度融合，医疗、交通、金融等行业训练数据集建设需求迫切，这就为恶意样本、伪装数据的注入提供了机会，使得从训练样本环节发动网络攻击成为最直接有效的方法，潜在危害巨大。人工智能算法模型的训练过程依托训练数据，并且在运行过程中会进一步采集数据进行模型优化，相关数据可能涉及隐私或敏感信息，所以算法模型的机密性非常重要。但是，算法模型在部署应用中需要将公共访问接口发布给用户使用，攻击者可通过公共访问接口对算法模型进行

---

① 《中国网络安全产业白皮书》，中国信息通信研究院，2020年9月16日，http：//www. caict. ac. cn/kxyj/qwfb/bps/202009/P020200916482039993423. pdf。

黑盒访问，依据输入信息和输出信息映射关系，在没有算法模型任何先验知识（训练数据、模型参数等）情况下，构造出与目标模型相似度非常高的模型，实现对算法模型的窃取，进而还原出模型训练和运行过程中的数据以及相关隐私信息。

其次，人工智能应用导致的数据安全风险也是一个重要问题。人工智能应用可能导致个人数据过度采集，加剧隐私泄露的风险。随着各类智能设备（如智能手环、智能音箱）和智能系统（如生物特征识别系统、智能医疗系统）的普及，人工智能设备和系统对个人信息的采集变得更加直接和全面。相较于网络对用户上网习惯、消费记录等信息的采集，人工智能应用能够采集到用户的人脸、指纹、声纹、虹膜、心跳、基因等具有强个人属性的生物特征信息。这些信息具有唯一性和不变性，一旦被泄露或滥用，将对公民权益造成严重影响。举例来说，在 2018 年 8 月，腾讯安全团队发现了亚马逊智能音箱的后门问题：可以实现远程窃听并录音。而在 2019 年 2 月，我国人脸识别公司深网视界科技有限公司曝出了数据泄露事件，超过 250 万人的数据可被获取和 680 万条记录被泄露，其中包括身份证信息、人脸识别图像和 GPS 位置记录等敏感信息。由于对个人隐私获取的担忧，智能安防应用在欧美国家存在较大争议。鉴于这些事件对个人隐私产生的担忧，人工智能应用的数据采集和隐私保护面临着巨大挑战。

最后，人工智能技术的数据深度挖掘分析加剧数据资源滥用，加大社会治理和国家安全挑战。通过获取用户的地理位置、消费偏好、行为模式等碎片化数据，再利用人工智能技术进行深度挖掘分析，能够预测用户的喜好和习惯，进而对用户进行分类，可实现更加精准的信息推送。基于数据分析的智能推荐可带来用户便利、企业盈利和社会福利，但也加剧了数据滥用问题。一是在社会消费领域，可带来差异化定价。“大数据杀熟”实现对部分消费者的过高定价，甚至进行恶意欺诈或误导性宣传，导致消费者的知情权、公平交易权等权利受损。2018 年，我国滴滴出行、携程旅行网等均爆出类似事件，根据用户特征实现对不同客户的区别定价，社会负面影响巨大。二是在信息传播领域，可引发“信息茧房”效应。人们更多接收满足自己偏好的信息和内容，限于对世界的片面认知，导致社会不同群体的认知鸿沟拉大，个人意志的自由选择受到影响，甚至威胁到社会稳定和国家安全。基于人工智能技术的数据深度伪造将威胁网络安全、社会安全和国家安全。人工智能可利用收集的训练数据进行特征学习，生成逼真的虚假信息内容。特别是近年来基于生成对抗网络（GAN）的深度伪造技术应用，使得“换脸”虚假视频的制作门槛不断降低，大量深度伪造数据内容开始涌现。深度伪造数据内容的大量生成和传播，将给网络安全、社会安全和国家安全带来严重风险。

为了确保人工智能时代的数据安全，各国纷纷根据本国国情和人工智能发展情况制定了相关的战略和建议。美国于2019年6月发布了新版《国家人工智能研究和发展战略计划》，要求各机构负责人审查联邦数据和模型，并注重保护数据安全、隐私和机密性。欧盟于2018年12月发布了《人工智能协调计划》，旨在落实欧盟的人工智能战略。该计划强调在关键领域加强数据提供，并确保数据的可信性，同时必须遵守《通用数据保护条例》的关键原则。英国于2018年4月发布了《产业战略：人工智能领域行动》，提出改进现有的数据基础设施，包括发布更高质量的公共数据，设立地理空间委员会以改善地理空间数据的访问，并通过法律保障来促进数据共享和使用。中国的《新一代人工智能发展规划》在推动人工智能发展的同时，也关注人工智能数据安全风险。该规划强调强化数据安全与隐私保护，为人工智能研发和广泛应用提供海量数据支持，督促人工智能行业和企业自律，加强管理，并加大对数据滥用、侵犯个人隐私、违背道德伦理等行为的惩戒力度。通过加强数据管理、提供更高质量的公共数据、建立监管机制和法律保障，各国都在努力应对人工智能时代带来的数据安全挑战。这些举措有助于为人工智能的研发和应用提供安全可靠的数据基础，同时维护公众对人工智能技术的信任。

第五节　总体国家安全观视域下的数据安全

总体国家安全观是习近平总书记于2014年主持召开的中央国家安全委员会第一次会议上提出的内容丰富、开放包容和不断发展的思想体系，其核心要义可以概括为五大要素和五对关系①。五大要素是指以人民安全为宗旨，以政治安全为根本，以经济安全为基础，以军事、科技、文化、社

① 《全面贯彻落实总体国家安全观》，人民网，2022年9月20日，http：//politics. people. com. cn/n1/2022/0920/c1001－32529652. html。

会安全为保障，以促进国际安全为依托。五对关系是指既重视发展问题，又重视安全问题；既重视外部安全，又重视内部安全；既重视国土安全，又重视国民安全；既重视传统安全，又重视非传统安全；既重视自身安全，又重视共同安全。总体国家安全观涵盖政治、军事、经济和国土等16个领域，其外延与内涵比历史任何时期都要丰富，是时代发展新形势下维护和塑造中国特色国家安全的行动指南。

党的十八大以来，以习近平同志为核心的党中央高度重视网络安全与信息化工作，习近平同志亲自担任中央网络安全和信息化领导小组组长，并先后在不同的场合阐述了关于网络安全、网上舆情与宣传、数字经济、网络空间治理、大数据应用的若干思想，提出了网络精神家园、网络空间命运共同体、以人民为中心发展网络事业等重大命题，提出了网络强国战略的“五个明确”，形成了内涵丰富、博大精深、科学系统的网络空间治理与数据安全理论①。数据作为推动时代进步、发展科技创新的基本要素，又无时无刻牵动着其他领域的基础安全问题。网络强国与数据安全治理思想是习近平总书记针对我国网络发展治理实践，提出的一系列新理念新思想新战略。习近平总书记的网络强国战略思想对中国特色社会主义治网之道进行了科学总结和理论升华，是新的历史条件下马克思主义基本原理与我国网络发展治理实践相结合的产物，是党中央治国理政新理念新思想新战略的重要组成部分。

在数字时代，各安全领域的发展和进步都离不开数据的驱动，意味着数据安全是各安全领域的核心要素，与政治安全、国防安全、社会安全、经济安全等有着密不可分的联系。随着全要素数字化时代的来临，全面提升数字资源的安全成为国家政治、国民经济和社会发展的重要任务，从总体国家安全观视域下厘清数据安全的内涵、时代意义和实施路径，有助于推动领导者制定数据安全政策条文、企事业单位规范使用收集数据的战略实施。

一、数据安全的内涵与时代意义

习近平总书记强调，“从社会发展史看，人类经历了农业革命、工业

---

① 陈宗章、黄英燕：《习近平网络强国战略思想及其意义》，《南京邮电大学学报》（社会科学版）2018年第2期，第1—8页。

革命，正在经历信息革命”①。而信息化为中华民族带来了千载难逢的机遇，自主创新推进网络强国建设，为决胜全面建成小康社会、夺取新时代中国特色社会主义伟大胜利、实现中华民族伟大复兴的中国梦作出新的贡献②。

数据安全的内涵主要包含数据防护安全和数据利用安全。前者主要是指数据保密性、完整性和可用性，保证数据不会被外部人员非法获取和篡改；后者是指在数据用于生产、流通和利用的过程中，运用相关制度和技术手段保障数据自身的安全状态。

数据安全的保障是需要多元主体共同协作、贯穿“跨地域、跨时域、跨领域”的跨域难题。因此，数据空间的安全有序和国与国之间围绕数据资源的竞争成为当代世界关系的重要议题。一方面，大数据发展日新月异，全球数据呈现爆发增长、海量集聚的特点，推动了信息化向新的发展阶段的跃迁，带来了数据管理问题的日益复杂；另一方面，世界网络领域发展不平衡、规则不健全、秩序不合理等问题日益凸显，国家在数据开放共享、数据隐私保护、数据安全保障以及风清气朗的网络空间营造方面与广大人民群众的更高需求也存在一定差距。所以，党和国家需要进一步重视国际数据秩序与有序共建，进一步重视国家数据安全与有效开发，进一步重视国家数据服务能力的更好实现，进一步重视大数据与民生保障、国家治理的更好融合。

数据安全问题时刻影响着经济社会发展和国民生活稳定。从全局出发，保障数据安全不仅可以维系人民生活中的数字财产利益，同时也是保障国家整体效能、擘画未来战略蓝图的推手，具有“护隐私、保稳定、促发展、稳全局”的时代意义。具体细分为：(1) 保障数据安全就是保护个人隐私。在数字化智能化纵横的当下，绝大多数的平台或者软件为验证用户身份或构建用户画像，都会收集用户信息作为后期精准推荐、提供个性化方案的依据，但伴随而来的是数据聚集所滋生的个人隐私数据泄露威胁问题，这对企业单位的技术手段和管理人员的信息素养都有极高的要求。

---

① 《习近平总书记在网络安全和信息化工作座谈会上的讲话》，国家互联网信息办公室，2016 年 4 月 25 日，http：//www. cac. gov. cn/2016 - 04/25/c_1118731366. htm。

② 王杰：《习近平网络强国思想的辩证智慧》，《人民论坛》2018 年第 13 期，第 10—14 页。

(2) 保障数据安全就是稳定社会和谐。数据现如今作为企业核心竞争力的保证、国家推动产业革命的战略要素，占据着“牵一发而动全身”的战略地位，如若数据安全管理全过程中的任何一环出现问题，都会催生经济不定期下行、网络舆情激增等社会不安定因素。(3) 保障数据安全就是促进经济发展。总体国家安全观中提及的重视发展与安全问题的关系，二者并不属于相互排斥的张力关系，而是协同进步的共生关系。数字经济时代的核心基础要素就是数据，数据的完整性、可用性和安全性是经济形势整体向好、创新效能平稳提升的基础保障。(4) 保障数据安全就是稳固国家安全。大数据时代模糊了涉密数据和非涉密数据的绝对界线，碎片化、模糊化的数据在传统意义上被认为是安全的数据，现如今将这类碎片的、模糊化数据汇聚在一起，即使这类数据在公开前经过精心的脱密技术处理，但是通过大数据关联分析仍然可以洞察出表象背后的重要情报。例如美国在海湾战争前夕广泛收集相关数据进行信息化模拟作战，最终获得了压倒性胜利。

总而言之，数据安全是国家安全的基础保障，国家安全是数据安全的航标指向。数据作为国家发展的基础性战略资源，在重塑经济结构和改变竞争格局中起着至关重要的作用，只有保障前行过程中数据的安全，才能稳固政治、经济、社会等领域的和谐发展，进一步稳定全局的国家安全体系。数据安全与国家安全相辅相成，互为发展进步前提，是国家健全安全体系和增强安全能力必须迈出的强劲步伐。

二、总体国家安全观视域下数据安全的实现路径

在数字时代，各安全领域的发展和进步都离不开数据的驱动，意味着数据安全是各安全领域的核心要素，是国家安全体系中不可或缺的组成部分。数据安全作为总体国家安全观的重要组成部分，需要从总体国家安全观视域下厘清数据安全的实施路径，使总体国家安全观在实际工作中得以落实。

从数据安全和国家战略的角度来说，需要明晰国家安全、数据安全与数据主权之间密不可分的关系。数据主权是国家主权在网络空间的核心表现，包括国家对本国数据与本国国民数据的所有权、控制权、管辖权与使用权，直接关系到数字鸿沟、个人隐私等一系列数据安全问题，对内体现了国家对数据的最高管辖权，对外体现了国家在网络数据上的独立自主权

与合作权，是国家安全和发展的核心利益所在[①]。数据安全的实施需要进一步完善数据主权原则，《数据安全法》第三章“数据安全制度”主要从分级分类保护、数据安全风险评估、报告、信息共享、监测预警机制、应急处置机制、安全审查制度、出口管制、反制措施等方面进行制度建设，但是缺乏以个人数据和国家数据保护为类别的分类治理机制，对“数据自由”前提下的“长臂管辖”规制不足……我国可以汲取欧盟与美国数据主权规则建设的经验，进一步完善符合我国国情及国家利益的数据主权规则。

数据安全技术既包括以密码技术、访问控制技术、现代密码算法对数据本身安全进行保护，又包括磁盘阵列、数据备份、异地容灾等现代信息存储手段保护数据存储安全，还包含区块链数据安全、物联网数据安全、隐私计算数据安全等新兴技术数据安全。首先，数据安全的实施需要从技术层面提升应对数据攻击的安全防范能力：（1）巩固加强计算机硬件支撑，提升防火墙技术，性能优越的多核平台架构能够为计算机搭建安全架构提供很大的帮助；（2）提升主动防御性能，加强访问控制管理，制定网络安全管理策略，防范于未然，提升计算机系统的安全性能；（3）不断突破安全技术的研发应用，鼓励高校、科研院所以及企业之间进行技术研发深度交流，合力推进数据加密、数据匿名化、数据防泄露等方面的研究，并及时开展测试，加快技术应用落地。

其次，数据安全的实施需要制度与法律的规范以及具体措施来保障实行。目前，我国已经形成以《国家安全法》（2015）为统领，以《网络安全法》（2017）、《数据安全法》（2021）为主体，以国务院各部门所颁布的《网络安全审查办法》（2020）、《网络产品安全漏洞管理规定》等规章为躯干的企业数据安全保障法律法规体系[②]。但是目前的体系无法与其他法律保持融通，且对于新兴领域适用性不足。比如《数据安全法》对于刑事司法中数据安全保护问题的规定较为粗疏，仅有的原则性要求远不能满足实践的需要，仍需进一步深入研究并对相关制度加以完善[③]；《数据安全

① 梅傲、李梓鸿：《总体国家安全观下的企业数据安全研究》，《中国刑警学院学报》2022 年第 4 期，第 110—117 页。

② 郑曦：《刑事司法中的数据安全保护问题研究》，《东方法学》2021 年第 5 期，第 80—92 页。

③ 高志宏：《隐私、个人信息、数据三元分治的法理逻辑与优化路径》，《法制与社会发展》2022 年第 2 期，第 207—224 页。

法》虽然对网络直播、即时通信、搜索引擎等典型数字经济新业态中的个人信息保护问题作出了规定，但对于自动驾驶、公共数据、人工智能等问题，尚显规制不足①。完善数据安全执法体系是保障数据安全的重要举措之一，国家应当制定和完善相应的法律法规，加强对数据安全的监管和审查力度，确保数据安全的合法性和规范性。一方面，应该加快建设一批不同层级的数据安全执法机构②，并建立配套的管理制度和专业的执法队伍，明确这些数据安全执法机构的职责和权限，以便有效地履行执法职责。另一方面，应该建立综合性的国家级数据安全监测管理平台来辅助数据安全执法③，监测数据的采集、存储、传输和处理等全过程，以及发现和应对数据安全风险和威胁，加强对关键领域和重点部门的数据安全保障，进一步加强数据的保护和管理。

最后，数据安全的实施离不开国际化的视野。数据安全是全球性的挑战，需要全球范围内的合作和共同应对。第一，应该积极建立国际合作机制，为各国之间的合作提供平台和框架，加强数据安全领域的对话和合作④，利用政治、经济和技术手段共同应对数据安全挑战。例如针对网络攻击和网络犯罪等问题，各国可以开展联合行动和信息共享。第二，应该制定全球数据安全标准和规范，加强各国间的数据安全合作和协调。例如国际标准化组织可以制定全球统一的数据安全标准，使各国在数据安全方面达成共识。第三，应该在全球范围内加强数据安全领域的人才培养和交流，提高各国在数据安全治理方面的能力和水平。例如各国可以共同开展数据安全培训和研究，建立数据安全领域的人才交流机制。中国已于 2020 年 9 月 8 日发起《全球数据安全倡议》，提出在相互尊重基础上，加强沟通交流，深化对话与合作，平衡处理技术进步、经济发展与保护国家安全和社会公共利益的关系，这体现了中国对全球数字治理的积极态度和构建

① 赛迪智库：《我国数据安全治理情况分析》，《软件和集成电路》2022 年第 6 期，第 84—90 页。

② 李爱君、张珺：《数据安全与监管》，《金融创新法律评论》2018 年第 14 期。

③ 《数字辽宁发展规划（2.0 版）的通知》，《辽宁省人民政府公报》，2021 年 10 月 15 日，https：//www. ln. gov. cn/eportal/fileDir/data/lngov/P020211025559692013333. pdf。

④ 崔宏伟：《“数字技术政治化”与中欧关系未来发展》，《国际关系研究》2020 年第 5 期，第 21—40、155 页。

和平、安全、开放、合作、有序网络空间命运共同体的理念[①]。总而言之，各国应该通过多边合作和对话，携手共建全球数据安全治理体系[②]，提升国际话语权。

思考题

1. 阐述数据安全与数据主权的关系。
2. 阐述数据全生命周期的安全问题。
3. 阐述总体国家安全观视域下数据安全面临的主要问题。

---

① 《全球数据安全倡议（全文）》，中华人民共和国人民政府网，2020 年 9 月 8 日，http：//www. gov. cn/xinwen/2020 – 09/08/content_5541579. html。

② 阙天舒、王子玥：《数字经济时代的全球数据安全治理与中国策略》，《国际安全研究》2022 年第 1 期，第 130—154、158 页。

第一章　数据安全与国家安全

随着数字经济发展和大数据、人工智能技术的广泛应用，数据要素已经成为不可或缺的战略性资源。数据安全同政治安全、国土安全、军事安全、经济安全、文化安全、科技安全等共同成为我国总体国家安全观的重要组成部分，关系着国家安全和经济社会发展，关系着重要民生和重大公共利益。因此，党的二十大作出“推进国家安全体系和能力现代化”重大战略部署，在健全国家安全体系方面，明确提出强化数据安全保障体系建设[①]。此外，伴随着国际发展格局的演变和科学技术的深刻变革，西方国家将数据安全上升到国家安全的战略高度，数据主权管理能力已成为衡量国家和地区国际竞争力、现代化水平、综合国力和经济增长机会的重要指标，数据共享与利用过程中涉及的数据跨境流动与主权管辖，深刻影响着国家治理结构和治理模式的演化。全面把握世界之变、时代之变、历史之变的时代大势，习近平总书记提出了全球发展倡议、全球安全倡议、全球文明倡议、《全球人工智能治理倡议》等中国方案，为我们理解数据空间的国家安全治理的历史逻辑、理论内涵和实践路径提供了认识论遵循和方法论指导。本章试图从法律、政策、国家安全战略层面的宏观制度治理，针对数据资源的收集、存储、利用，以及数据确权、数据共享、数据安全保护等核心内容的微观机制治理等两个层面，论述国家安全与数据主权的逻辑关系，提出国家数据主权治理的基本框架与实施策略，阐释国家安全视域下的数据共享、利用、跨境流动的模式及安全治理机制。

---

① 习近平：《高举中国特色社会主义伟大旗帜为全面建设社会主义现代化国家而团结奋斗——在中国共产党第二十次全国代表大会上的报告》，求是网，2022 年 11 月 1 日，http：//www. qstheory. cn/dukan/qs/2022 - 11/01/c_1129089160. htm。

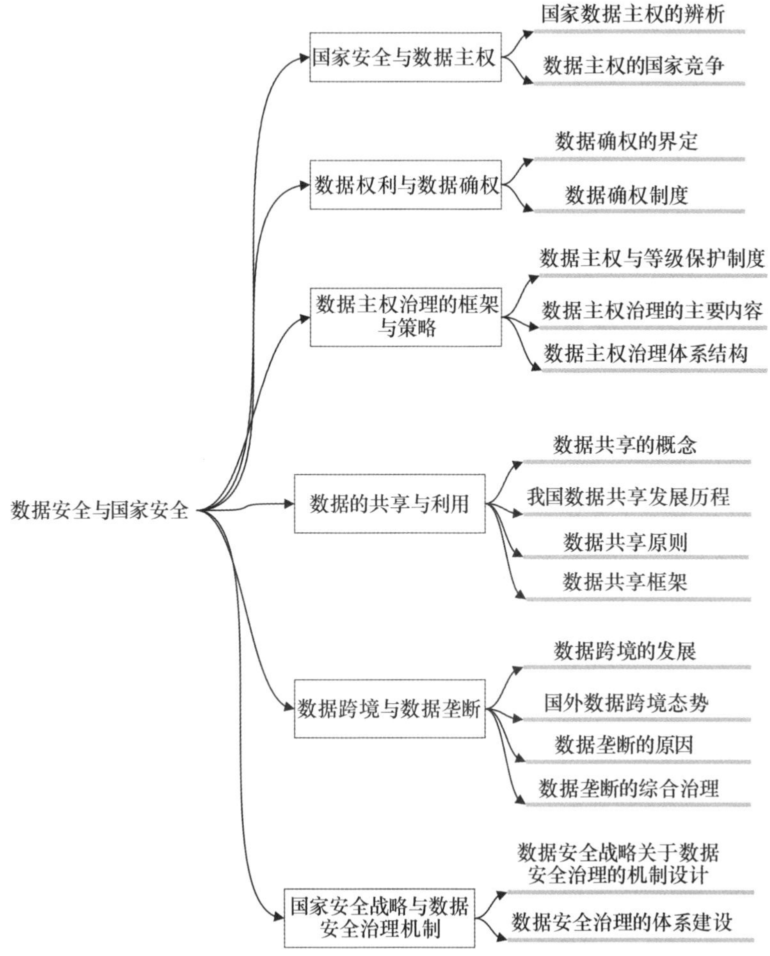

图1－1　国家安全视域下数据安全研究框架

第一节　国家安全与数据主权

一、国家数据主权的辨析

传统国际关系理论认为，主权是国家的主要特征和最高的内外独立的权利，其最重要的内容和特征是政治独立、领土完整和经济自主①。一般

① ［英］约翰·霍夫曼著，陆彬译：《主权》，吉林人民出版社2005年版，第11—16页。

来说，主权是通过划分一个国家的国界来实现的，国界是不可剥夺、不可分割、不可限制的。然而，随着信息技术的快速发展，网络在一定程度上削弱了传统主权和领土管辖权，催生了网络空间主权理论。

2003年，联合国信息社会世界高峰会议上首次提出网络空间主权相关概念，国际社会高度重视网络空间治理问题，多国将网络空间纳入主权治理范畴，制定了适当的治理计划[①]。2016年我国颁布的《网络安全法》，从维护国家网络空间安全和国家利益出发，首次在法律层面提出网络空间主权。网络空间主权一般是指一国不受别国干涉，独立从事网络活动、开展网络事务、在互联网上行使一定自卫权的能力，包括对本国网络系统的管辖权和网络间的监视权，边境数据流动、和平平等享有网络资源的权利，防范和反击网络攻击的权利[②]。

在信息技术发展的过程中，出现了许多否认网络空间主权的声音。以全球域论、网络自治论为代表的观点认为，数据流通的域与公海这样的公共空间是一致的，任何国家都不能拥有独立主权，国家不应该涉足网络空间，网络空间是相对自由的领域[③]。上述观点并不能直接否定网络空间主权的存在，因为就其现实意义而言，主权本质上是一种弹性张力，或者说是一种更符合发展趋势的描述权力和权威行使的模式[④]。

随着数字化、网络化、智能化的发展，数据主权通过吸收国家主权、网络空间主权等理论内涵，并融合数字时代的发展特点，将国家主权延伸到数字空间。数据主权概念分为广义的数据主权和狭义的数据主权[⑤]。广义的数据主权是指国家数据主权和个人数据主权，狭义的数据主权仅指国家数据主权。目前，学术界对数据主权的看法较为狭隘，认为数据主权是指以符合数据所在国法律、惯例和习惯的方式管理数据。一个国家采用一

---

① 牛博文：《信息主权论》，《西南政法大学》2020年第2期。

② 王舒毅：《网络空间国家主权初探》，《保密工作》2019年第9期，第48—49页。

③ ［美］约翰·P. 巴洛：《网络/赛博空间独立宣言》，2004年6月27日，http：//www. ideobook. com/38/declaration - independence - cyber - space/。

④ Vatanparast R，“Data Governance and the Elasticity of Sovereignty”，Brooklyn Journal of International Law，Vol. 46，No. 1，2020，pp. 1 - 38.

⑤ Trachtman J P，“Cyberspace，Modernism，Jurisdiction and Sovereignty”，Indiana Journal of Global Legal Studies，Vol. 5，No. 2，1995，pp. 561 - 581.

系列方法来控制在其互联网基础设施上或通过其互联网基础设施生成的数据以及流入其国家管辖范围的主体数据。

总体而言，数据主权是一国监管和保护本国数据的独立权利。基于主权，一国有权规范本国产生的数据，不受其他国家的干扰和侵犯。数据主权对其他国家的影响并不改变该国的所有权、控制权和使用权①。在此基础上，数据主权可分为硬数据主权和软数据主权，硬数据主权是指主权独立、不可侵犯、对内政独立管辖；软数据主权是指在国际事务中主权平等、不可侵犯、共同治理，两者都包括积极捍卫和规范国内、国际数字空间事务的能力，以及被动阻止他国干预本国国内数字空间事务的能力②。

二、数据主权的国家竞争

为了赢得更多的数字资源、占领更广阔的数字市场、寻求更大的数字红利，各个国家和商业主体通过修改法律或市场规则来争夺数字领域的话语权，数据主权治理面临政治、法律和技术等方面的新挑战。

国家之间、国家与企业、企业与企业之间的数据争议，拓宽了以往主权治理需要考虑的主体维度。国家数据主权面临物理边界明确的民族国家和遍布全球的跨国国际巨头的制约，存在很大的干预风险。

一方面，管辖权的集中化使得各国在数据主权方面的合作变得更加困难。各国面临数据控制的不确定性，导致了数据的激烈竞争。电子邮件、社交网络等内容往往存储在不同国家的数据管辖区，导致刑事调查需要跨境取证。欧盟委员会2018年的一份报告指出，85%的刑事调查需要电子证据，其中2/3需要来自其他司法管辖区的在线服务提供商的电子证据③。但是，各国的法律不对称性和政策差异性导致难以达成一致协商。除此之外，数据的无限性也使得数据被多方拥有，所有权难以明确。因此，为了维护自身的数据管辖权，各国通过法律要求公司将数据存储在本国，以便

---

① 高富平:《大数据知识图谱—数据经济的基础概念和制度》，法律出版社2020年版，第1—10页。

② 冉从敬、刘妍:《数据主权的理论谱系》，《武汉大学学报》（哲学社会科学版）2022年第6期，第19—29页。

③ “Commission Staff Working Document Impact Assessment”, European Commission, Aug. 14, 2023, https://eur-lex.europa.eu/legal-content/EN/TXT/?uri=CELEX:52020SC0176.

对网络实施域外控制。另一方面，信息富国通过信息鸿沟打压信息贫国，引发信息入侵[①]，严重危害他国数字经济发展和国家安全利益。一些国家谈论数据主权，就是谈论国家网络空间利益的安全和发展。然而，也有一些国家利用数据主权作为在新领土上建立权力的武器，以网络空间霸权方式对这些国家实施制裁。

随着全球数据流动，数字经济催生了依赖数据运营的企业。这些企业积极开展跨国业务，通过数据采集、分析和处理能力获得强大的数据力量。非国家行为体权力的扩张使得大数据资源日益复杂化、规模化，引发数据主权争议。因此，数据巨头引发的权力和数据竞争的加剧，使得数据主权治理面临更大挑战。

一方面，数据巨头通过制定数据标准和相应的技术要求，影响数据治理和法律框架。特别是它们在数据市场上的主导地位削弱了国家在网络空间的权力。以美国互联网公司为例，优步的市场干预直接影响了美国出租车行业，并引发了《减税与就业法案》规范平台用工法律风波；推特在 2021 年直接宣布永久屏蔽时任美国总统特朗普的个人账户，公共权力制衡和国家法律限制的缺失，影响了人们在公共场合的发言权[②]。更为极端的情况是，数据巨头甚至反对国家联盟，从而对绝对国家主权的传统观念产生重大影响。2019 年，Meta 宣布推出 Libra 数字货币，这将直接冲击国家机构的货币发行权，如果一家公司接管了本应属于国家的政治职能，将直接损害国家主权。另一方面，数据巨头在诉讼中与国家的对抗也提高了主权的限度。2017 年，微软拒绝了美国司法部检索存储数据的请求，理由是这些数据存储在爱尔兰的服务器上，而当时美国的《存储通信法案》在国外没有效力。即使美国颁布的“云法案”解决了其中一些问题，但该法案没有解释美国数据公司如何回应外国政府的合法数据请求。

此外，国际数据主权和数据治理战略的制定尚无统一标准。各国数据主权政策和标准的多样化，增加了国际数据主权治理和援助的难度。各国

---

① 彭前卫：《面向信息网络空间的国家主权探析》，《情报杂志》2022 年第 5 期，第 98—100 页。

② 宫云牧：《欧盟的数字主权建构：内涵、动因与前景》，《国际研究参考》2021 年第 10 期，第 8—16 页。

也出台了不同的数据政策，争夺互联网监管权力。比如，美国单方面实施互联网限制政策，势必会对其他司法管辖区及其监管框架产生溢出效应，从而引发主权监管冲突。

第二节　数据权利与数据确权

一、数据确权的界定

数据主权之争的首要任务在于数据权利的确定。数据确权是指确定数据的权利属性，主要包括两个方面：一是确定数据的权利主体，即谁对该数据拥有权利；二是权利属性，即享有哪些权利①。一切与数据权利相关的制度安排均应纳入数据权利确权范围。明确数据相关权利的界定和分配，是大数据时代多源数据主体公平竞争和自由交易制度的前提。需要创建关于市场配置、使用方法、交易成本和对数据元素有直接影响的保护范式②。大数据时代，数据作为重要的生产要素也得到了我国法律法规的确认，并日益受到公众的关注，也引发了公众对数据交易安全、管理标准和数据安全的关注和担忧。对此，学术界就数据的法律属性、交易安全、权利归属等热点问题进行了热烈讨论。

1. 数据的法律属性问题。该方向的研究主要集中在数据是否具有法律属性。有学者认为数据不属于民法客体③，应属于个人权利④；有些学者则认为数据是无形资产⑤，必须创造适当的数据属性⑥。

---

① 王申、许恒：《构建数据基础制度进程中的数据确权问题研究》，《理论探索》2023 年第 2 期，第 120—128 页。

② 赵鑫：《数据要素市场面临的数据确权困境及其化解方案》，《上海金融》2022 年第 4 期，第 59—68 页。

③ 梅夏英、罗英：《数据的法律属性及其民法定位》，《中国社会科学》（英文版）2019 年第 1 期，第 82—99 页。

④ 张里安、韩旭至：《大数据时代下个人信息权的私法属性》，《法学论坛》2016 年第 3 期，第 119—129 页。

⑤ 李爱君：《数据权利属性与法律特征》，《东方法学》2018 年第 3 期，第 64—74 页。

⑥ 龙卫球：《再论企业数据保护的财产权化路径》，《东方法学》2018 年第 3 期，第 50—63 页。

2. 数据所有权分配问题。从权益保护的角度来看，个人数据离开信息主体后就没有任何价值[①]；从权力持有者的角度来看，数据控制者在数据获取过程中投入了一定的资本，本着“谁投资，谁拥有”的原则，数据权利应属于数据控制者[②]。

3. 数据所有权定义问题。有学者认为算法是数据的核心[③]；有学者提出应采用“共享 + 控制”的一体化理论结构，建立基于公法的数据公共秩序[④]。

大数据时代，数据确权虽然受到学术界的特别关注，但尚未形成成熟的理论体系。因此，深入探索数据确权的价值含义、风险挑战和实践路径对于推动当前数据治理和数据安全至关重要。

二、数据确权制度

大数据时代，数据已经渗透到人们生活的方方面面，数据资源具有巨大的经济价值，被誉为“21 世纪的石油”[⑤]，是数字经济发展的动力源。在参与数字经济或数字化的过程中[⑥]，数据产生的价值在各个实体之间进行着分配，从这个角度来看，数据权利主张是保障数据主体的合法权益的保证。

数据确权亦是社会公众的利益。在人们的日常生活中，数据收集无处不在，比如人脸识别支付、电子定位等。这些信息有些是在用户许可的情况下收集的，有些是在用户不知情的情况下收集的。这些数据很容易被收集该数据的第三方二次使用。这种行为严重侵犯了公民的隐私权和其他合法权益。

---

① 丁道勤：《基础数据与增值数据的二元划分》，《财经法学》2017 年第 2 期，第 5—10 页。

② 王玉林、高富平：《大数据的财产属性研究》，《图书与情报》2016 年第 1 期，第 29—35 页。

③ 韩旭至：《数据确权的困境及破解之道》，《东方法学》2020 年第 11 期，第 97—107 页。

④ 梅夏英：《在分享和控制之间数据保护的私法局限和公共秩序构建》，《中外法学》2019 年第 4 期，第 845—870 页。

⑤ 程啸：《论数据安全保护义务》，《比较法研究》2023 年第 2 期，第 60—73 页。

⑥ 郭哲：《大数据国际追逃追赃的法治治理》，《当代法学》2023 年第 2 期，第 136—147 页。

实施数据确权，可以尽可能避免公民个人信息权利受到侵犯；数据确权也符合公司作为市场交易主体的利益。随着人工智能的不断发展，在数据输入阶段，人工智能技术需要大量的原始数据，但分散的数据无法满足人工智能展示的需求，因此企业会利用算法来组织、处理和存储数据，并最大限度地发挥数据的优势。在这一过程中，企业需要付出一定的财务和人力成本，而数据确权是企业投资后获得补偿的条件，因此，数据确权满足了市场监管识别数据泄露的要求。

挖掘数据的潜在价值并合理分配给公众是数字经济时代实现共享的重要前提。一旦数据被法律规定为生产要素，价值就会基于该数据而产生，利益分配也会遵循传统的分配理论，即所有者根据其所拥有的份额来分享数据创造的新价值①。数据不同于其他资源，具有不可替代的特性，主要体现在其所承载的信息的唯一性。《中华人民共和国个人信息保护法》（以下简称《个人信息保护法》）第四十四条、第四十五条确立了个人决定、转让自己信息的权利。

从上述两项权利可以看出，我国赋予了个人控制和处理自己信息的权利。然而，在当前的企业数据交易过程中，个人并没有从数据中获得应有的利益，其结果也没有与个人共享，这严重违背了马克思主义政治经济学的核心分配理论。人们并没有得到与生产过程中的地位和权利相称的利益回报②。

数据的流通和共享是创造数据价值的关键③。虽然数据权利的主张符合对企业和网络平台利益的保护，但并不意味着该数据构成企业和网络平台经过处理和分析后获得的商业结果④，也不意味着企业或网络平台必然拥有这些数据。针对企业通过垄断数据和市场来提高竞争力的问题，各国也采取了相应措施。美国通过减少或消除不公平竞争行为，消除了对网络

---

① 吴宣恭：《关于“生产要素按贡献分配”的理论》，《当代经济研究》2003 年第 12 期，第 13—19 页。

② 张雷声：《马克思分配理论及其中国化的创新成果》，《政治经济学评论》2022 年第 1 期，第 59—73 页。

③ 裴超、范东媛、倪明鉴：《一种改进的大数据流通共享安全方案》，《网络空间安全》2020 年第 10 期，第 12—17 页。

④ 宋冬林、孙尚斌、范欣：《数据在我国当代经济领城发挥作用的政治经济学分析》，《学术交流》2021 年第 10 期，第 60—77 页。

平台之间竞争的限制。日本通过限制不公平竞争行为来鼓励数据的流通和共享[①]，我国利用数据确权方式将数据作为生产要素之一，直接将生产利益分配给数据主体，从而促进数据利益的公平分配和数据共享。

传统数据确权体系基于所有权或专有权等权利集合来实现，包括但不限于使用权、收益权、经营权等。当上述权力应用于特定场景时，将获得新的权利。因此，传统数据确权确定的权利内容具有多样性特征，不同类型的权利与数据密切相关。上述情况的出现，也给数据权的设定范围带来了不确定性，引发了学术界的激烈争论，其中以信息权和数据权的讨论最为激烈。对于是否有必要区分个人数据和个人信息的问题，学术界也有三种意见。

第一，大数据时代，个人信息问题的核心是个人数据问题，区分个人信息问题和数据问题是没有意义的，个人数据权利问题包含在个人信息权利问题中[②]。

第二，个人信息和个人数据要区分开来，但从保护的角度来看，个人信息的保护是第一位的，只有在确保个人信息得到充分保护的前提下，才需要考虑其他方面的数据保护[③]。

第三，个人信息保护的客体是个人属性，而个人数据保护的客体是以电子形式记录的个人信息的客观存在，两者必须明确区分，在隐私权和数据利用之间达到平衡。[④]。

以上三个视角体现了信息权与数据权关系的模糊性和复杂性。大数据时代，数据量大、价值稀疏、数据种类繁多，使得数据确权变得更加困难。

从数据总量来看，根据《中国互联网络发展状况统计报告》，截至2022年12月，我国网络普及率已达75.6%，网民规模已达10.67亿。准

---

① 李扬：《日本保护数据的不正当竞争法模式及其检视》，《政法论丛》2021年第4期，第69—80页。

② 程啸：《论大数据时代的个人数据权利》，《中国社会科学》2018年第3期，第102—122页。

③ 纪海龙：《数据的私法定位与保护》，《法学研究》2018年第6期，第72—91页。

④ 申卫星：《论数据用益权》，《中国社会科学》2020年第11期，第110—131页。

确划分有效数据和无效数据是非常困难的，也不利于现实生活中数据确权的具体实施。从数据价值来看，由于数据的碎片性，大部分原始数据的经济价值微乎其微。一般来说，数据价值是指通过技术手段对信息进行处理而衍生出反映在一定现象中并相互传递的数据。但现实中，大部分原始数据并未经过处理，从而直接减少了大规模数据确权的需要。从数据类型来看，大量数据按照不同的分类标准被定义为各种类型的数据，按照产生原始数据的主体，数据可以分为个人数据、企业数据和政府数据；根据二次数据处理方式可分为出行数据、学习数据、金融数据等。但我国目前并没有统一的数据分类标准，从而增加了数据确权的难度。

大数据时代，数据确权是维护市场主体权益的重要要求，是促进数据共享和利益分配的重要保障，是实现数据安全的重要步骤。然而，随着大数据和人工智能技术的不断发展，传统的数据确权必然会带来一系列的数据安全风险，直接对公民、市场及国家的数据权造成威胁。建立一个既维护数据安全又鼓励数据流通、共享和发展的数据验证体系是一个迫切需要解决的问题。在应对技术发展带来的数据问题时，我们需要保持谨慎的态度，详细分析风险和挑战，有针对性地采取行动，明确权利和内容边界，明确数据谱系和数据权利，加强数据主权的治理。

第三节　数据主权治理的框架与策略

随着数据变得越来越重要，数据资源的竞争也越来越激烈。数据主权成为各方博弈焦点，各国之间争夺数据信息主导权的竞争日益加剧。多个国家相继推出数据治理战略，高度重视数据管理和数据控制权[①]，不断强化国家数据保护措施，避免数据面临被篡改、窃取、泄露等威胁。

一、数据主权与等级保护制度

我国推出《国家网络空间安全战略》，提出建立并实施关键信息基础

---

① Wyld D C，“Moving to the Cloud：An Introduction to Cloud Computing in Government”，IBM Center for the Business of Government，2009，http：//www. Businessfgovernment. org/sites/default/filed/Cloud Computing Report. pdf.

设施保护制度、网络安全审查制度、大数据安全管理制度等相关制度。中国工程院院士沈昌祥在“2015 贵阳国际大数据产业博览会暨全球大数据时代贵阳峰会”上表示大数据时代必须进行更高水平的信息安全防护。如果国家关键信息基础设施的数据泄露、毁坏或丧失功能，将会危及国家安全和公共利益。因此，需要采取必要的保护措施，确保关键信息基础设施及其中的关键数据免遭攻击和破坏。

为了提高行政效率，我国正在逐步将公共数字资产迁移到云计算服务上运行。云服务具有虚拟性、动态性和可扩展性，这给数据主权的保护带来了更大的挑战[①]。等级防护体系进入 2.0 时代，更加注重主动防御和动态感知，需要构建“重大漏洞管控”一体化的综合网络安全防控体系。公安部信息安全等级保护评估中心设计制定了《信息安全技术　网络安全等级保护基本要求第 2 部分：云计算安全扩展要求》《信息安全技术 网络安全等级保护测评要求第 2 部分：云计算安全扩展要求》和《信息安全技术 网络安全等级保护设计技术要求第 2 部分：云计算安全扩展要求》，是我国在云计算信息安全领域保障用户数据的安全和隐私的重要举措。

数据主权根据其安全性可以分为五个级别[②]。第一级别，数据损坏会对公民、法人和其他组织的合法权益造成损害，但不会危害国家安全、社会秩序和公共利益；第二级别，数据损坏会对公民、法人和其他组织的合法权益，或者对社会秩序和公共利益造成损害，但不会损害国家安全；第三级别，数据损坏将会对社会秩序和公共利益造成严重损害，或者危害国家安全；第四级别，数据损坏将对社会秩序和公共利益造成非常严重损害，或者对国家安全造成严重损害；第五级别，数据损坏将对国家安全造成特别严重的损害。

二、数据主权治理的主要内容

大数据时代的数据概念不同于信息时代的数据，具有更高的价值[③]。

---

① 胡水晶、李伟：《政治公共云服务中的数据主权及其保障策略探讨》，《情报杂志》2013 年第 9 期，第 157—162 页。

② 王永刚：《专家观点：完善立法，明确网络主权、控制数据主权》，人民网，2015 年 2 月 5 日，http：//opinion. people. com. cn/n/2015/0205/c1003 – 26511363. html。

③ 沈国麟：《大数据时代的数据主权和国家数据战略》，《南京社会科学》2014 年第 6 期，第 113—119 页。

数据主权治理是广泛的信息治理计划的一部分，涉及数据优化、隐私保护和数据货币化相关政策的制定[①]。数据主权治理是数据治理的重要内容之一，涉及数据主权的界定、保护和行使等方面，需要政府、企业和个人等多方共同参与，协同推动。

在数据主权治理中，首先要明确界定数据主权的范围和内涵，确定国家对哪些数据拥有主权，以及主权的行使方式和程度。在界定数据主权时，需要综合考虑数据的来源、使用目的、处理方式、涉及的利益相关方等多个因素，并遵循合法性、正当性、必要性等原则。

数据主权作为一种国家权力，需要得到有效的保护，包括采取措施防止数据被非法获取、篡改、破坏等，以及防止数据主权受到侵犯。在数据的收集、存储、使用、加工、传输及公开等环节，需确保数据主体对其数据的控制力；数据主权保护需要关注数据跨境流动的合法性和安全性，防止数据被非法获取、篡改、滥用等。政府和相关机构需要制定数据流动的规则和标准，实施相应的法律法规和技术手段，确保数据合法、安全和可控。

数据主权的行使是指数据主体对其数据所拥有的管理权和控制权两个方面的排他性权力。国家通过管理和控制本国数据，实现国家利益和国家安全。政府和相关机构需要采取措施，促进数据的合理流动和利用，保障数据的合法权益，同时防止数据被滥用或不当利用。在行使数据主权的过程中，需要平衡国家利益和个人权益的关系，确保个人隐私和合法权益得到尊重和保护。

三、数据主权治理体系结构

网络空间、数据空间存在物理层面的脆弱性，数据安全和数据主权持续受到威胁[②]。数据主权治理首先要发展自主可控的数据安全战略，立足国情，认清所需，切实了解技术现实，充分发挥科技创新能力，提高识别风险、预防风险和控制风险的能力。在数据安全战略上，充分配合法律法

---

① 程广明：《大数据治理模型与治理成熟度评估研究》，《科技与创新》2016 年第 9 期，第 6—7 页。

② 吴天水、赵刚、王喆等：《考虑控制措施关联性的信息安全风险评估模型》，《小型微型计算机系统》2013 年第 10 期，第 2324—2328 页。

规，明确各方的责权；加强大数据产品、服务的管理，建立网络安全纵深防御体系，建立自主可控的信息技术生态体系，从全局数据治理的高度，规划制定数据治理体系，其框架如图 1－2 所示。

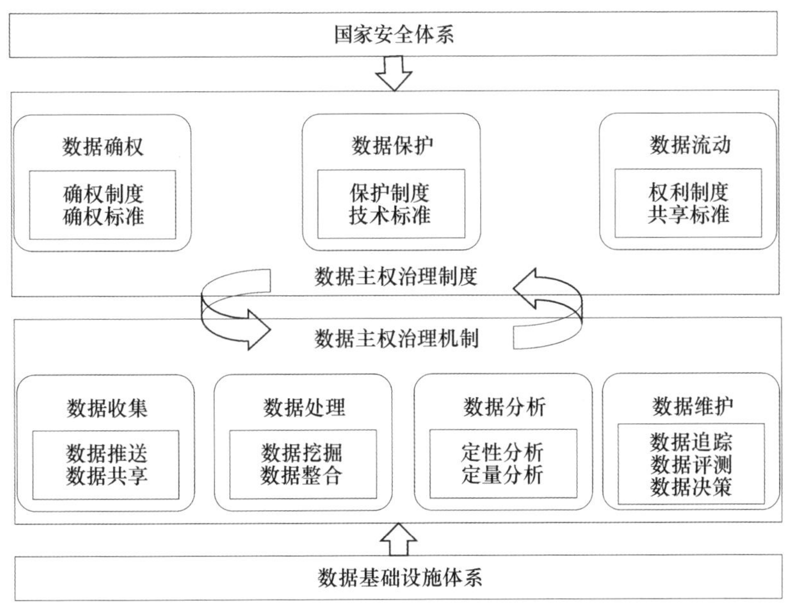

图 1－2　全域数据主权治理体系

多数国家根据国情、法律体系和政策导向，采取了不同的数据主权治理模式和措施，设置了各自独特的数据主权治理制度。一些国家注重数据的自由流动和利用，以促进经济发展和创新；另一些国家则采取严格的数据管控措施，限制数据跨境流动，以维护国家安全和社会公共利益。本部分将对典型的数据治理制度体系进行梳理和评述。

（一）美国数据主权治理制度

美国学者认为："数据治理的宗旨是有效地使用组织机构的结构化或非结构化的数据资产，进行组织设置和法律政策实施、监管流程、制定实施标准的实践活动。"简言之，数据治理是通过有效的组织架构、有效的数据安全治理，保障数据资产经济价值和社会价值的实现。

美国的数据经济发展迅速，且处于数据技术的创新前沿，因此数据技术创新生态较为完善，在数据技术的研发实力、数据产业链条的布局、数据安全监管等领域都处于世界领先地位。此外，美国在数据技术应用方面的创新优势也较为明显[①]。

美国数据安全监管机构较早意识到数据是互联网平台的重要生产要素，数据开发共享对经济社会发展，促进科技创新，保障美国在数据行业领域的领先地位都具有重要价值。美国数据安全治理的基本理念是国家设计数据产业和数据安全治理的法律制度和规则体系，同时根据数据产业的发展进行调整。

数据安全监管机构依靠传统单向行政管制，无法真正实现数据安全治理的效果，因此美国注重多元主体的协同共治。这种监管方式一方面防止数据安全问题对国家安全、社会安全及个人隐私产生负面影响，另一方面又避免出现因过度严厉的监管措施而损害数据产业的发展。

美国数据开放的治理制度框架主要包括三个方面：数据开放的法律依据、数据开放的基本制度、数据开放的主要监管机构[②]。美国是数据开放领域的全球领导者之一，其治理制度的设计为许多国家所效仿。美国数据安全治理主要包括数据开放、个人数据隐私保护、政府信息公开、数据资源管理等领域。由于涉及的领域不同，各自的治理重点和治理组织机构、治理手段和方式也存在较大差异，相互之间又有一定的交叉融合。

（二）欧盟数据主权治理制度

欧盟对于数据经济和数据治理也非常重视，陆续颁布系统的法律规范，以促进数据治理体系的逐步完善，用比较完善的法律制度规范个人隐私保护、数据安全保护的同时，保障数据合理合法的流通和利用。相较于美国的行业自律模式，欧盟数据治理采取统一立法模式，即通过制定统一的法律，对数据治理的数据收集、存储、应用流转等各个环节进行规范，并且明确规定相关数据的权利、义务和相关关系[③]。欧盟数据安全治理模式对统一数据安全治理的立法政策非常有利，在数据治理的某个议题上的法律政策，通常由欧盟拟定重要法律法规草案，然后成员国根据本国情况进行补充，再经过各欧盟成员国的充分讨论，最后由成员国或其国家机构

---

① 李睿深、线珊珊、梁智昊：《美国大数据治理的中国启示》，《科技中国》2017年第10期，第23—29页。

② 黄璜：《美国联邦政府数据治理：政策与结构》，《中国行政管理》2017年第8期，第49—58页。

③ 李春华、冯中威：《欧盟与美国个人数据保护模式之比较及其启示》，《社科纵横》2017年第8期，第89页。

发布。

（三）英国数据主权治理制度

英国数据安全治理具备完善的法律法规体系，在数据开放、个人数据保护、国家关键信息基础设施建设等领域取得了较好的成果，获得世界各国的高度评价。英国数据安全治理包括七大政策领域①。英国政府对数据实行分类管理制度，根据不同内容对数据进行分类管理，从而能够针对数据的不同类型采取不同的技术或者管理措施，确保数据共享的效果及数据安全。英国政府机关及地方政府公共机构收集整理公共数据，在政府数据公开的门户网站 Data. gov. uk 公开发布，方便公众和社会组织等进行查询、下载和使用。为了对个人隐私实行强有力的保护，英国政府通过法律制度框架、个人数据权利体系，为个人数据权利行使提供帮助，强化数据使用者的数据保密责任，实现个人数据隐私保护与数字经济时代的技术创新之间的平衡。英国逐步开放政府的管理数据，通过公私合作推动管理数据的分析和研究，建立网络平台，为开放管理数据提供研究、共享的便利条件。

（四）德国数据主权治理制度

德国颁布了数据安全治理的综合性法律《联邦数据保护法》，并根据实践需要进行了多次修订，从而确定了数据安全治理的整体框架。此外，德国还颁布了“数字德国 2015”战略和《数字化战略 2025》等数字经济发展战略。德国历来对网络安全和个人隐私数据保护高度重视，通过建立并完善数据安全管理的组织机构，制定实施数据安全领域的法律法规，同时结合《德意志联邦共和国基本法》及《德国民法典》等法律法规，对个人数据隐私进行综合保障，形成了较为完善的数据安全治理的法律政策体系。在数据开放领域，德国政府主要通过《信息自由和传播服务法》和《社交媒体管理法》等法律法规来进行监管②。此外，为了完善数据保护工作，德国联邦政府设立了联邦数据保护特派员。联邦数据保护特派员的法律地位比较独立，由议会选举产生后总统任命，承担联邦的数据安全保

---

① 李重照、黄璜：《英国政府数据治理的政策与治理结构》，《电子政务》2019 年第 1 期，第 20—31 页。

② 陈美：《德国政府开放数据分析及其对我国的启示》，《图书馆》2019 年第 1 期，第 52—57 页。

护、促进数据流通、提高信息自由等数据安全治理领域工作，负责对德国联邦公共机构数据保护政策的执行情况进行全方位监督。联邦数据保护特派员运用数据技术和数据治理领域的专业知识技能，独立做出数据治理的相关决策，不受任何机构、个人的干涉。同时，德国各州也设立数据保护特派员，对本州的数据治理工作进行监督。个人数据与人的隐私和尊严等权益密切相关，因此个人隐私权的保护机构为联邦隐私保护和信息自由委员会①。

第四节　数据的共享与利用

一、数据共享的概念

研究显示，政府掌握了 80% 的社会信息资源②。因此，广义上讲，数据开放共享包含政府与企业之间的数据开放共享，以及企业与企业之间的数据开放共享。而在狭义上，数据共享指的就是政府数据的开放共享。学者们认为，政府数据开放共享的概念经历了三个发展阶段的演变③。

第一个阶段的理念是“政府信息公开”。1996 年，美国克林顿政府颁布的《信息自由法》修正案提出了政府公开信息的概念。这一概念很快成为学术界关注的焦点，世界上许多国家也颁布了类似的法律法规。如英国 2000 年颁布了《信息公开法》，日本 2001 年颁布了《信息公开法》，中国 2007 年颁布了《中华人民共和国政府信息公开条例》等。这些法规都强调了公民获取政府信息的权利和政府依法公开行政信息的义务。

第二个阶段的理念是“开放政府数据”。2009 年，美国奥巴马政府签署了《透明开放政府备忘录》。同时，政府门户网站 Data. gov 上线，标志着美国政府数据开放运动的开始。随后，英国政府推出了政府门户网站 Data. gov. uk，澳大利亚政府也推出了政府门户网站 Data. gov. au，开放政府

---

① 黄志雄、刘碧琦：《德国互联网监管：立法、机构设置及启示》，《德国研究》2015 年第 3 期，第 54—71、126—127 页。

② 李克强：《信息数据“深藏闺中”是极大浪费》，《北京日报》，2016 年 5 月 13 日，https：//www. gov. cn/xinwen/2016 - 05/13/content_5073036. htm。

③ 黄如花、李白杨、周力虹：《2005—2015 年国内外政府数据开放共享研究述评》，《情报学报》2016 年第 12 期，第 1323—1334 页。

数据已成为全球的趋势。2011 年，美国、挪威、英国、巴西等八个国家共同签署了《开放数据声明》，并成立了开放政府伙伴关系。2013 年，八国集团领导人签署了《开放数据宪章》，强调需要公开共享政府数据，提高政府透明度和运作效率，为各国公民提供更好的公共服务。

第三个阶段的理念是“政府数据开放共享”。随着越来越多的国家和机构参与政府数据开放，开放数据共享问题已成为新的热点话题。中国在政府文件《促进大数据发展行动纲要》中明确了政府数据开放共享的概念。因此，从概念上看，政府数据开放与政府信息开放密切相关又有所不同。政府数据开放强调政府数据资源的开放性、可及性和可用性。八国集团和经济合作与发展组织对于开放政府数据都有定义和界定，但对于政府数据开放共享的定义目前还未出现。

因此，从理论上讲，虽然政府数据开放与政府信息公开以及政府数据共享存在密切联系，但它们仍各有区别。这些概念代表了政府信息资源进化的现代化，并特别着重于政府数据资源的透明度、易获取性以及实用性。在《开放数据宪章》中，八国集团国家对政府数据开放作出了明确定义，同时经济合作与发展组织亦提供了对政府数据开放的详细解释。尽管如此，关于政府数据公开共享的具体定义目前还尚未形成统一共识。

二、我国数据共享发展历程

近年来，我国在数据的开放性与共享性方面的应用和管理日渐成为数据治理领域的关键议题。国家及地方政府不断推进这一领域的战略规划和政策框架，以实现更为精细和全面的制度构建。

2015 年 9 月 5 日，国务院发布《促进大数据发展行动纲要》。该文件指出，尽管我国在大数据发展方面拥有一定的基础、市场潜力和技术实力，但政府数据开放共享的能力不足、行业基础尚显薄弱、缺乏系统规划等问题依然存在。综合规划和法律法规的发展相对落后，跨领域的执行也未达预期效果。因此，我国把数据资源的开放共享定位为核心工作，确立了发展的主导思想和目标，界定了数据工具的权限和应用范围。该文件还明确了各个部门在数据管理和共享方面的责任，强调了依托政府共享平台，实现国家关键数据资源，如人口、法人单位、自然资源和地理信息的跨部门和跨区域共享。通过这种方式，促进不同部门、地区和企业间的信息互联互通，扩展面向公众的信息服务，提升政府服务和监管效能。我国还着重推动公共数据资源的开放，明确政府和相关公共机构数据资源目录，强化国家对各政府部门数据的统一管理，加快建立国家政府数据统一开放平台；要求公共机构制定数据开放计划，提升政府数据开放共享的标准化水平；以及建立政府与社会互动的大数据收集和形成机制，制定政府数据开放共享目录。

2016 年 9 月 19 日，国务院颁布了《政务信息资源共享管理暂行办法》，该办法主张政务信息资源的配置应遵循共享原则，除特定情形外，应免费使用，响应需求，遵循统一标准和建设规划，并确立了保障信息安全的机制。

紧接着在 2016 年 9 月 25 日，国务院发布了《关于加快推进“互联网＋政务服务”工作的指导意见》，该意见鼓励政府之间的信息交流，要求国务院相关部门加速整合公共服务平台，支持政务信息资源在不同地区、层级和部门间的互通共享。通过在全国 80 个试点城市推广“网上办理”，建立了可复制、可推广的服务模式。

三、数据共享原则

在信息技术迅猛发展的国家中，领先的国家常常位于大数据开发和应用的尖端，推动相关产业的增长，数据共享已经成为这些国家的一种标准做法。例如，欧盟有《通用数据保护条例》，美国制定了“云法案”，而日本则有《官民数据利用推进基本法》等，这些都是它们在数据安全领域实施的专门立法。

在国际科技数据委员会支持下，针对发展中国家保存和共享科学数据的工作组普遍同意，数据应当是开放的。他们认为，最终用户应能免费访问数据，且数据记录应保持完整；数据的发布应及时，保证数据获取的连续性和便利性；数据之间应具备互操作性；知识传播过程中应当认可数据的原创者；所有用户都应享有平等的数据共享权利；如果有合理的理由，数据访问可以在一定时间内受到限制。这些原则被称为“内罗毕数据共享原则”，是指导发展中国家在数据共享方面的基本原则①。

---

① 国际科学技术数据委员会发展中国家科学技术数据保藏与开放共享任务组，《发展中国家数据共享原则（内罗毕数据共享原则）》，《全球变化数据学报》2017 年第 1 期，第 12—15 页。

四、数据共享框架

数据交换与共享框架主要涉及对数据的分级、参与者角色的明确以及数据交换的具体途径。根据数据的产生或储存主体的不同，数据可以归类为政府持有数据、商业实体数据以及个人信息数据。所谓政府数据，是指在法定职责执行的过程中，由民众政府及其行政部门产生或收集的，并以特定方式记录和保存的广泛数据资源①。企业数据是指反映企业基本状况的数据资源，包括但不限于财务数据、运营数据、人力资源数据以及直接或间接收集的个人数据。而个人信息数据指的是通过电子方式或者其他手段获得的，能够独立或结合其他资料来识别某一特定个体的各类信息，例如姓名、生日、身份证件号码、生物识别信息、居住地址、联系电话等。上述提到的数据种类经常彼此交织且相互关联。当政府机构与商业组织在进行数据共享时，涉及个人信息的情形在所难免。因而，在共享数据过程中，保障国家机密和企业机密是必要的，同时对个体的隐私信息提供保护也是至关重要的②。

为了提升数据共享的安全性，必须加强对数据安全法规的完善，提升数据安全管理的效能，制定并更新数据安全的标准和规范，促进数据保护技术的创新与普及，并确保数据安全防护措施得到有效实施，设计全面的数据安全顶级规划。数据共享安全框架从上到下分为四个层次：法律法规、数据安全管理体系、标准体系、安全技术。③

在我国，信息技术、互联网的广泛应用以及大数据的迅猛增长要求我们的立法进程保持与技术发展同步，确保能够支撑国家的大数据战略目标。这意味着必须遵循现行的法律和条例，并根据国情对其进行定期的评估和更新。我们需要在两者间找到平衡点。一方面，必须严格遵守数据保护的规定，增强法律执行力度和处罚力度，以保护国家安全和公共利益。另一方面，要促进产业发展，同时保证数据的有效共享、流通、开发和应

---

① 罗海宁：《政务信息共享数据安全国家标准的应用实践研究》，《信息安全与通信保密》2021 年第 6 期，第 2—10 页。

② 王岩、叶明：《人工智能时代个人数据共享与隐私保护之间的冲突与平衡》，《理论导刊》2019 年第 1 期，第 99—106 页。

③ 李涛：《以公共数据开放共享助推国家治理现代化》，《光明日报》2022 年 11 月 11 日。

用，这是至关重要的。此外，我们应积极借鉴国际上的先进经验，与国际法规对接，以打造健康有序的数据交换环境。目前，我国的法律主要关注个人信息的保护、数据资产的权属确认、跨境数据的监管以及数据交易的管理四个关键领域。

第五节 数据跨境与数据垄断

一、数据跨境的发展

“数据跨境”的概念最早于1980年在个人数据保护国际方案文件《关于隐私保护与个人数据跨境流动的指南》中首次提出。近年来，随着各国跨境数据流转体系的建立以及各项国际公约的颁布，跨境数据流转不再局限于数据的跨国界处理和传递，那些存储在境内的、可以被机构使用的，其他国家或个人使用的数据也属于跨境数据流通的范畴。

早在1978年，国际政府间信息会议在报告中发出警告称，国际间的数据流动正处于国家安全的边缘。雷蒙德·弗农在其著作《主权的困境》中，探讨了跨国企业如何对国家主权造成影响。他指出：“这些企业在全球产业布局中占据的位置，对国家的独立性构成了显著的挑战。它们迫使国家采取特定的行动方式，同样的情况也适用于数据的国际流动及其主权问题。”国际数据流动阻碍了国家对本土数据的掌控，尤其数据在国家间传输过程中缺乏适当保护措施时，数据极易被截获、复制、篡改或泄露，这对数据主权构成了实质性的挑战。

在实际情况中，数据的跨国流转给保护数据主权带来了广泛的挑战。数据的流通是一个涉及多重利益相关者和不同情境的复杂过程，包括数据所有者、接收者和使用者，源头的信息基础设施，数据的传输路径和终点，以及服务供应商的国际和本土营运位置等①。不过，一旦数据跨国界流转，相关国可能会宣称对该数据拥有主权，这种状况很快就可能引发权利的叠加和争议。再者，国际社会至今还未形成关于数据跨境流动的法律体系和标准。在国际法的范畴内，数据主权概念尚未得到明确，这也意味

① 程卫东：《跨境数据流动对国家主权的影响与对策》，《法学杂志》1998年第2期，第23—24页。

着跨国数据争议缺乏法律支持与解决机制①。

当前，国际社会对数据跨境流动的看法分歧较大，众多商业实体正大力推进数据的跨国界传递。例如，国际移动通信标准化组织在其发布的《2017 年数字经济报告》中指出，为跨国数据传输建立健全的个人隐私保护制度是至关重要的。另外，二十国集团商界领导人在《二十国集团数字经济发展与合作倡议》中提到，对于数据的跨境流动应持开放态度。

二、国外对于数据跨境的态度

美国一直在推动跨境数据自由流动。奥巴马执政期间，美国还鼓励并主导了《跨太平洋伙伴关系协定》的形成。该协议的核心原则是支持数据的自由流动，反对其他国家限制跨境数据自由流动。不过，特朗普上台后宣布退出《跨太平洋伙伴关系协定》，其政策走向还有待观察。

欧盟坚持将高标准的数据保护作为跨国数据交换的核心先决条件。为了实现与欧盟的数据无阻碍交换，国外公司必须确保它们符合欧盟的数据安全认证标准，这一过程可能涉及欧盟委员会或其成员国的审查。在推动数据跨境的同时，欧盟致力于在严格的个人数据保障法律框架和促进数据自由流动的愿望之间找到一个道德与经济利益并重的“中庸之道”。

俄罗斯则倾向于在国内进行数据存储，同时对数据的迅速流动施加限制。根据其法律规定，互联网信息传播组织应在 6 个月内存储所有接收、传递、发送或处理的语音、文本、图像、声音或其他电子信息，包括俄罗斯国内用户的个人数据。此外，数据的拥有者和系统运营商被要求在俄罗斯境内维护数据库，以收集、记录、整理、存储、核实以及提取俄罗斯公民的个人信息。

虽然跨国界的数据流动潜藏着风险，但世界各国正采取多项措施来对冲这些风险，在数据跨境之前进行安全评估是减少这些风险的关键做法②。

三、数据垄断的深层原因

在数字经济时代，竞争的速度明显提升。市场参与者及其商业活动越

① 黄家宇：《多元价值视角下跨境数据流动的法律规制模式与中国因应研究》，浙江财经大学硕士学位论文，2019 年。

② 冯镇波：《多重风险下数据跨境流动的法律规制》，《法治论坛》2021 年第 3 期，第 16 页。

来越多地依赖于数字智能，他们获取数据反馈的速度极大加快[①]。众多新兴公司正日益倾向于利用数据驱动的方式来评估各种策略，依据初期数据的反馈来作出决策。这种对数据生产和分销策略的快速优化，已经导致市场竞争步伐的明显提速。尽管这有助于企业更为迅速地实现有效创新，加速淘汰那些效率不高的市场参与者，并加快资源配置的优化，但也潜藏着企业可能过分追求短期收益，市场参与者之间的差距快速拉大，以及市场总体可能沦为低效平衡状态的风险。通过执行《中华人民共和国反垄断法》（以下简称《反垄断法》）和其他相关政策，可以指导企业在短期收益与长期发展之间找到合理的平衡点，适度控制市场参与者规模的分化速度，以促进市场在更高效率的均衡状态中稳定发展[②]。

争夺数据资源往往导致强者恒强的局面。数据这一要素由于其固有的非竞争性和规模性，其流通和汇聚能够带来巨大的经济效益。在确保合规性的前提下，促进数据的合理流通和有效汇聚，有助于最大化地释放数据潜力。数据市场的成熟以及以数据为驱动的活动的上升，都反映了市场机制在推动数据流动与集中方面的作用[③]。在同一时间，数据的无限制流动性与集中化，不仅不能增强经济效率，反而可能损害消费者权益及公共利益。例如，数据驱动的互联网领域中，一些企业会通过收购手段来消除市场竞争，这类行为通常导致那些拥有创新技术或商业模式的中小型新兴企业被并购。这种趋势削弱了竞争，早期压制了创新，并可能导致创业者以被大公司并购为目标，继而损害了经济的效率以及消费者的利益。对于数据垄断的管理，可以通过执行《反垄断法》及相关政策来实现，在推动经济效率、保护消费者和公共利益的同时，确保数据的合法流动和集中。

数字技术同样为构建信息屏障提供了手段。数据流动的效率与数据处理的技术复杂性并不相互冲突。一方面，企业内部可以实现高效、廉价的数据分享，有时甚至可以形成限制竞争的协同效应；另一方面，企业可以有效地隐藏其数据处理的关键信息，尤其是那些涉及法律分析和技术细节

---

① 费方域、闫自信、陈永伟等：《数字经济时代数据性质、产权和竞争》，《财经问题研究》2018 年第 2 期，第 3—21 页。

② 刘佳明：《大数据背景下数据垄断的反垄断规制研究》，《华东交通大学》2020 年第 3 期。

③ 梁继、苑春芸：《数据生产要素的市场化配置研究》，《情报杂志》2022 年第 4 期，第 8 页。

的部分，从而构建选择性信息障碍。不管是数据流动还是数据隔离，都可能导致违法活动的发生。利用数据和复杂算法进行的算法串谋可能构成垄断，而隐藏关键数据处理信息，比如定价算法，可以便于实行基于大数据的价格歧视[①]。对于数据垄断的管控，可以通过法律手段，规范企业的数据流动，有效应对算法串谋和基于大数据的不公平竞争行为。

四、数据垄断的综合治理

建立健全的数据交易规则和市场架构至关重要。目前，数据交易领域规则的不完善及市场的不成熟常常导致数据资源孤立，这阻碍了数据的长期价值实现和合法的集中使用。通过完善数据交易和市场规则，能够促进数据的长期价值挖掘和合法交易，这将有效指导市场参与者制定兼顾短期与长期利益的商业战略，遏制通过排斥竞争等不正当手段进行的恶性竞争行为。因此，必须构建综合的数据管理体系，包含数据等级分类、授权机制、交易流通、收益分配以及安全保障等规则，以此为基础推动数据市场参与者的成长、供需匹配、价格确定和健康运营。一个高效运行的数据市场应当能够满足市场参与者的合法商业和竞争需求，同时限制和消除非法行为在市场主体的生存空间。

第一，增强在整个流程中对数据的监督和法律执行力度。为了更有效地将数据整合于生产、分销和消费等经济活动的各个领域，必须拓展数据垄断治理能力，使之遍及经济活动的各个方面。数据驱动导致的非法集中行为和并购行为，要求从早期阶段就开始对数据垄断进行管控。数据建立的信息障碍以及由此产生的串谋和价格歧视等行为，也要求将数据垄断的治理深入到具体的数据处理活动中。因此，迫切需要构建监管框架，以动态追踪数据交易市场的流动趋势，严格遵守《反垄断法》的界限；针对反垄断的关键区域和主要参与者，应通过法定合作进行协同监管，并实施数据连接、监管沙盒、实验性监管等有效的监督和执法手段。

第二，将数据的使用考量纳入到垄断行为的评估中。《反垄断法》的修订，已明确规定企业不得通过数据形成垄断协议，不得滥用市场主导地位，也不得通过数据实现特定的集中。算法串谋、利用大数据进行价格歧

---

① 朱佳佳：《算法默示共谋的反垄断法规制研究》，西南政法大学硕士学位论文，2021 年。

视以及极端的集中并购等限制或排除竞争的行为，已经明确被纳入到《反垄断法》的规制范围内。未来，需要进一步深入研究将数据纳入垄断行为分析的方法[①]。首先，明确利用数据形成垄断协议的关键要素，正确判定不同企业使用数据和算法产生的相关价格和交易条件是否构成垄断协议。其次，具体化在数据经济中滥用市场支配地位的分析方法，把数据作为重要的质量维度，评估企业是否拥有市场支配地位。最后，在审查企业集中时，将数据因素纳入，运用经济学分析方法，清晰阐述数据集中对市场控制力、市场进入及技术发展等方面的影响[②]。

实施《反垄断法》与其他数据相关法律时，应该寻求规定之间的协同效应。根据《个人信息保护法》第四十五条第三款规定，如满足国家网信部门的特定条件，信息处理者需要为个人提供将其个人信息迁移到指定处理者的途径，这一条款鼓励数据在不同实体间的流动，提升了市场竞争力。同时，《个人信息保护法》的第二十四条第三款授予个人权利，要求个人信息处理者对自动化决策方式予以说明。《互联网信息服务算法推荐管理规定》第二十四条，为某些算法服务的提供者设立了备案系统。这些法规共同促使相关营业主体消除数据孤岛，向监管部门和用户透明化其数据处理活动的更多细节。这就为在数字经济范畴内，进一步扩展更多算法的必要性与可行性研究打下了基础。展望未来，要进一步利用《反垄断法》及其他数据治理相关法规的联动作用，鼓励数据流通，同时治理数据垄断问题，并解决法规之间的潜在冲突，从而构建在网络、数据、信息和算法各个层面上都协调一致的法律体系[③]。

第六节　数据安全战略与数据安全治理机制

一、数据安全战略关于数据安全治理机制的设计

目前，世界各国都已将数据安全提升至国家安全层面，不仅仅局限

---

① 袁波：《大数据领域的反垄断问题研究》，上海交通大学博士学位论文，2019 年。

② 潘旭东：《大数据经营者滥用市场支配地位认定研究》，华南理工大学硕士学位论文，2021 年。

③ 杨东：《论反垄断法的重构：应对数字经济的挑战》，《中国法学》2020 年第 3 期，第 17 页。

于对个人隐私的保护。例如，加拿大、澳大利亚和印度尼西亚等国家均已推出新的数据保护法规，而美国、韩国、新加坡以及日本等则对现有的个人信息保护法进行了广泛的修订。此外，欧盟也发布了多份指导文件，旨在进一步阐释和细化《通用数据保护条例》的实施细则。在此背景下，美国及西方盟友却逐渐增强其“顺我者昌，逆我者亡”的数据霸权主义立场。美国一边倡导数据自由流动，以便在其影响范围内促进数据向美国集中；一边对其竞争者实施全面的数据隔离政策。近期，美国政府频繁实施以网络战术取代传统战术的策略。特朗普执政期间发布了《国家网络安全战略》，该战略在网络安全领域明确提出了“美国优先”的方针[①]。

美国“云法案”以国家安全的名义对其他国家的数据施加了持久的管控，并对数据主权采取了一套不一致的标准。美国官方出于维护国家安全和打击包括恐怖主义在内的犯罪活动的目的，访问和检索存储在海外服务器上的数据。然而，其他国家若想访问位于美国服务器上的数据，必须符合美国所规定的外国政府审查流程，这一审查过程涵盖了一些与数据保护和人权无直接关联的准则[②]。美国所拥有的数据中心的数量显著领先，比其他国家多出 40%。在数字化的今天，这种数据的集中控制权比经济产值的优势更加引人注目。通过控制数据资源，美国有能力对其他国家实施战略性打击，从而确保自己的战略主动地位。

在这种背景下，多个国家开始采取预防措施，以对抗美国及西方的数据霸权。我国早已意识到网络与数据安全的重要性，并将其提升为国家级战略。《国家安全法》已经明文规定了对关键基础设施、信息系统和敏感数据领域的安全与管控。《网络安全法》填补了国家网络信息安全法律体系的空白，并再次突出了数据安全的重要性。数据安全已经成为国家战略层面着力关注的核心议题。《网络安全审查办法》为网络安全审查工作提供了坚实的法律和制度支撑。2021 年《数据安全法》颁布实施，标志着我国首部专门的数据安全法律的诞生，这也是国家安全法律体系中的一个关

---

① 沈文辉、王梦帆：《美国网络战略的调整与霸权护持模式的转型——兼论特朗普政府的网络战略》，《美国研究》2022 年第 2 期，第 28 页。

② 梁坤：《美国〈澄清合法使用境外数据法〉背景阐释》，《国家检察官学院学报》2018 年第 5 期，第 20 页。

键组成部分。《数据安全法》为我国的数据安全提供了框架性的法律指导，为后续的法律制定、执法和司法实施奠定了基础，有效提升了国家抵御数据安全风险威胁的能力[①]。

二、数据安全治理的体系建设

数据安全治理是基于数据安全合规要求、用户的业务发展需要和风险承受能力等多重因素，以数据安全管理和技术能力为依托，实现业务与安全融合发展的安全建设机制[②]。数据安全治理的体系以身份和数据为中心，从决策层到技术层，从管理制度到技术支撑，通过构建自上而下、全流程、可闭环的完整链条，确保数据资产可视、数据威胁可管、数据风险可控、数据来源可回溯[③]。数据安全治理工作通常围绕以下五个方面进行能力建设。

（一）数据安全统一规划和统筹管理

按照国家及行业的数据保护法规、标准和规范的要求，结合公司的数据保护现况，设计和实现全面的数据安全管理框架，该框架涵盖数据保护政策、组织结构、制度框架、安全策略、运营流程和能力发展。具体实施可根据安全基础和预算等要素分步骤展开。

第一个阶段，制定安全策略、搭建组织结构、设计流程规则、规划安全能力以及确定实施路径，确立与企业自身安全需求和成长目标相符的数据保护管理和体系结构。

第二个阶段，创建合规性标准、整理全面数据、清查敏感数据资产、设立与执行分类和分级策略、评估数据风险，以实现数据安全政策和战略的执行。

第三个阶段，构建量化的评估指标，并根据评估结果及时优化前期的管理工作，确保数据安全制度能够高效地与业务流程融合，并确保实施的安全策略能够持续有效地运行。

---

① 安晖：《大数据竞争前沿动态》，《人民论坛》2013 年第 10 期，第 5 页。

② 吕明元、弓亚男：《我国数据安全治理发展趋势，问题与国外数据安全治理经验借鉴》，《科技管理研究》2023 年第 2 期，第 21—27 页。

③ 郭涛：《数据安全治理“觉醒年代”，打好“技术 + 管理 + 监管”协同之战》，《网络安全和信息化》2021 年第 8 期，第 4 页。

（二）数据资产量化、归类、评估和追溯

相较于土地和资金等传统的生产要素，数据展现出一些独特且复杂的特性，如其规模的不确定性、种类和层次的模糊性、风险的不易评估性以及流动路径的难以追踪性。要有效地应对这些挑战，对数据安全管理的策略至关重要。实现这一目标可采取以下措施。

1. 使用专业的工具来细致地解析数据资产的结构，从而建立起关于数据资产总量及其分布的详细图景，确保数据资产的量化。

2. 利用现行的分类标准和行业内的实践，结合数据的实时性和多元化特征，运用“点”和“面”相结合的方法来分类。通过设定事先制定好的规则以及平台的自动化识别，创建详尽的分类清单。然后，通过不断的动态检验，不停地优化分类规则，从而提高分类结果的精确性，保障数据资产的种类和层次可以被准确界定①。

3. 针对数据收集、存储、使用、公开等境内处理活动以及数据出境风险，围绕数据本身，运用人员访谈、配置检查、旁路验证等手段，从合规对标情况、管理脆弱性、风险威胁识别、已有安全措施等多个角度综合考量，形成数据安全风险评估报告，实现数据安全风险的可评估。

4. 通过网络嗅探、细粒度授权管控、用户行为分析等技术，结合数据防泄露、运维审计、数据脱敏等能力，梳理数据从采集、传输、共享到销毁的流向，形成数据流转视图，实现数据资产的可追溯。

（三）全场景数据安全防护

数据在与业务融合的过程中，不再局限于文件和数据库的静态使用，而是随着业务发展的需要打破存储空间、系统、应用、网络的边界，走向泛化②。在“以边界为核心”的安全框架基础上，建立以“数字身份和数据资产”为核心的新型防护体系，从静态的数据存储和访问安全保障，转向跨系统、跨平台甚至跨行业、跨地域的全场景数据流通保护。

1. 通过驱动级智能加密、数据防泄露、数据脱敏、数字水印、安全网关、数据库审计等技术和产品的融合，实现数据在生产、测试、应用、运

---

① 刘宁：《数据安全体系建设思路》，第七届全国网络与信息安全防护峰会，2018 年。

② 杨晨：《浅谈数据库技术在大数据中的应用》，《自然科学》（全文版）2016 年第 10 期，第 246 页。

维等场景下的安全保障。

2. 以数据资产为中心，利用隐私计算技术，实现数据“拥有权”和“使用权”的分离，确保“数据可用不可见”，实现数据在开放共享过程中的安全使用和流通需求。

3. 以数字身份为中心，搭建零信任访问控制系统，通过统一身份、动态鉴权、持续评估，实现跨网融合场景下访问行为的细粒度管控。

（四）一体化的数据安全运营管控

传统的数据安全以单点建设为主，围绕数据处理活动，进行分段式保护。在数据流通连续性需求空前高涨的背景下，一旦存在某个薄弱环节，容易导致整体保障工作功亏一篑。通过搭建运营管控平台，集成覆盖数据识别、防护、监测、响应、恢复各阶段的安全能力模块，向上为组织制度统一贯彻提供能力支撑，向下作为统一调度中心，联动各项安全能力，实现子系统数据的统一汇聚和统筹管理①。

1. 以敏感数据为中心，基于分类分级结果，监控全平台数据的流动轨迹，分析业务流向与数据安全的关联关系，绘制数据流转路径，为风险感知和泄露溯源提供信息支撑。

2. 以数字身份为中心，基于海量数据挖掘和日志分析结果，构建数字身份画像，并通过标签化管理，形成用户行为基线，为异常行为预判提供理论依据。

3. 基于构建的数据流转路径和用户行为基线，通过面向服务的架构配置编写剧本固化分析场景、处置场景及处置手段，实现智能告警和安全事件自动编排等。

（五）整体性的数据安全保障机制

数据安全治理是随着业务数据化和数据资产化，为适应数据安全保障需求而不断更新的产物，其最终落脚点在于兼顾发展与安全，实现数据资产在安全保障下的自由流通。基于数据安全治理体系建设框架，从全局层面整合资源，通过管理和技术手段的结合，形成符合企业现实需要，逐步落地、持续深化的数据安全保障机制。

1. 管理层面。进行组织制度建设、安全策略制定、安全意识能力提

---

① 吴巍：《数字化时代的数据安全流通》，《上海国资》2021 年第 5 期，第 16 页。

升，明确数据安全治理的工作方向，夯实安全规范的落地基础，保障管理制度和安全策略的高效运行。

2. 技术层面。在数据梳理、分类分级、风险评估、防护策略等工作统筹落实的基础上，执行敏感数据流转的动态监控、综合分析、智能响应，建立及时高效、可持续优化的安全防护和运营体系。

思考题

1. 数据安全和数据主权的问题不仅是技术问题，也涉及政治、经济、社会和文化等多方面的因素。在解决这些问题的过程中，需要各方面的共同努力和合作。简要论述国家、企业和个人三个主体在维护数据安全和主权方面的职责。

2. 2013 年 6 月，曾供职于美国中央情报局的爱德华·斯诺登向《卫报》和《华盛顿邮报》透露，美国国家安全局（NSA）和联邦调查局（FBI）于 2007 年启动了代号“棱镜”的秘密监视项目，并立即进入美国互联网公司的中央服务器挖掘数据并收集情报。消息发布后，全球舆论一片哗然。美国人民和美国盟友都批评美国政府的秘密监控严重侵犯个人权利、有关国家的隐私权和数据主权。“棱镜”丑闻的一个重要影响是各国加速数据立法，例如欧盟、中国、俄罗斯、澳大利亚、巴西、加拿大、印度、韩国等国纷纷出台数据保护法律。简要解读一下各国在数据主权立法领域的共同做法的进展。

3. “数据跨境”的概念最早出现在 1980 年的《关于隐私保护与个人数据跨境流动的指南》中。随着各国跨境数据流动体系的建立以及各种国际数据的公布流系统约定，存储在一个国家境内但可以被其他国家的机构或个人访问和使用的数据也属于跨境数据流的范围。简述您对跨境数据流动风险挑战的理解。

第二章　数据的密码保护技术

本章主要介绍密码学的基础知识，详细说明对称加密和公钥加密两种对于数据安全保护起到关键作用的加密技术，并对数据完整性的保护、数据认证技术和密态数据做了介绍。本章的目的在于阐述密码技术有关的主要术语和概念，为进一步学习有关数据安全问题的解决方案打下基础。

第一节　基本概念

密码学是将信息通过编码使其不可读从而获得安全性的科学。数据安全离不开密码学，作为数据安全保护的关键技术，密码学可以提供数据的保密性、完整性、可用性和不可抵赖性等[①]。密码学主要由密码编码学和密码分析学两部分组成。其中密码编码学主要研究对信息进行编码以实现信息隐蔽，而密码分析学主要研究通过密文获取对应的明文信息。密码编码学与密码分析学既相互对立，又相互依存，从而不断推动密码学的快速发展[②③]。

密码学的基本思想在于将一种形式的信息转换成另一种形式的信息，密码学中用到的各种变换称为密码算法[④]。如图 2－1 所示，密码体制由五

---

① 沈昌祥、张焕国、冯登国等：《信息安全综述》，《中国科学（E 辑：信息科学）》2007 年第 2 期，第 129—150 页。

② Schneier B，“Applied Cryptography：Protocols，Algorithms，and Source Code in C”，Wiley，1995，pp. 12－14.

③ Mao W B，“Modern Cryptography：Theory and Practice”，Prentice Hall Professional Technical Reference，2003，pp. 44－47.

④ 杨义先、钮心忻编著：《应用密码学》，北京邮电大学出版社 2005 年版，第 6—8 页。

部分构成：明文空间（M）、密文空间（C）、密钥空间（K）、加密算法（E）和解密算法（D）。明文通常是指发送方、接收方以及任何访问信息的人都能理解的，没有经过任何编码的信息，将明文通过某种模式进行编码后，得到密文。加密算法是指将明文信息加密变换为密文的数学算法，相应地，解密算法是将密文信息解密变换为明文的数学算法。密钥是在加密算法或解密算法中输入的参数，可以分为加密密钥和解密密钥。对于每一对确定的加解密密钥，加密算法将确定一个具体的加密变换，解密算法确定一个具体的解密变换。

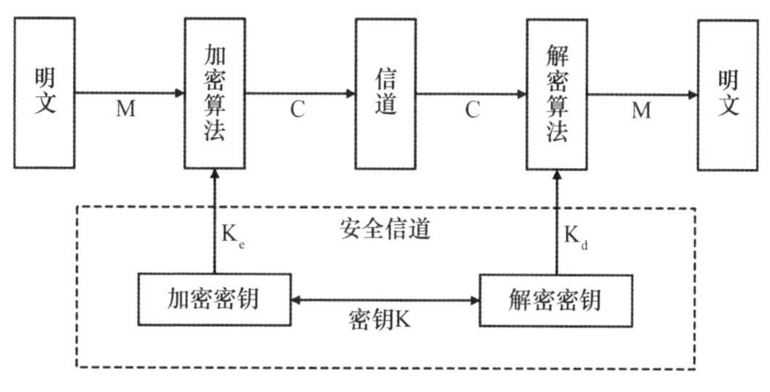

图 2－1　密码体制

密码分析是指通过分析加密的不可读数据或密码算法，找到足够的信息来绕过或破解密码，以获取原始的、未加密的可读数据。常见的密码分析方法包括穷举攻击、数据攻击、物理攻击等。密码分析的目标是提供对加密算法和系统的评估，以便改进其安全性，识别潜在的漏洞，从而加强密码对数据的保护作用。

密码技术是加密与密码分析的组合①。过去的加密通常需要人工来完成，现阶段计算机已经完全取代手工，完成加密功能和算法，并且能使该过程更为安全和便捷。此外，密码学家们对传统的加密框架进行了大量改进，使其更好地应用于不同的加密场景。

一般而言，密码体制根据使用的密钥分为对称密码体制和非对称密码体制，其中非对称密码体制也被称为公钥密码体制。本章将主要介绍对称

---

①　Kahate A，“Cryptography and Network Security”，India：McGraw Hill Education India Pvt Ltd，2017，pp. 54－55.

密码和公钥密码两类密码体制及其应用。现代计算机加密方案往往是由这些基本方法结合演变而成的，了解基本方法的优缺点和适用情形，有助于更好地理解现代计算机加密方案在数据安全保护中的作用。

第二节　对称加密

就密码体制而言，如果使用的加密密钥和解密密钥相同，或者虽然不相同，但是可以由其中的任意一个很容易地推导出另外一个，那么这个密码体制称为单密钥的对称密码，又称为私钥密码[①]。

对称密码体制的主要优点在于保密强度很高，能够达到足以抵抗国家级破译力量分析和攻击的强度。此外，常用的很多对称加密方法都明显地快过任何当前主流的公钥加密方法，在解密速度上有着绝对优势。对称密码体制的缺点在于对密钥传输途径的安全要求极高，否则可能会造成泄密，密钥管理是影响对称密码体制系统安全性的关键因素，系统的开放性往往会因此受到限制。

对称密码体制按照其对明文的处理方式不同，可分为分组密码和流密码[②]，接下来本节将对两类密码分别进行介绍。

一、分组密码

分组密码是将明文消息经过二进制编码后的序列分割为固定长度的组，用同一密钥和算法对每一组加密。通常情况，密文和明文等长。因此，分组密码具有节约存储空间、节省带宽、运行速度快等优点。分组密码也是许多密码组件的基础，可用于构造伪随机数生成器、构造流密码、构造其他密码协议的基础模块（如密码管理协议、身份认证协议）。此外，分组密码还具有易标准化的特点，是实现数据加密标准化的首选密码体制。接下来介绍几种典型的分组密码，包括美国数据加密标准、高级数据

---

① 沈昌祥、张焕国、冯登国等：《信息安全综述》，《中国科学（E辑：信息科学）》2007年第2期，第129—150页。

② 郑东、赵庆兰、张应辉：《密码学综述》，《西安邮电大学学报》2013年第6期，第1—10页。

加密标准、国际数据加密算法以及 SM4 分组密码算法。

（一）美国数据加密标准（DES）

早在 1970 年，IBM 公司便对加密算法展开了研究，并研究出了美国数据加密标准的前身 LUCIFER 算法，于 1977 年通过美国国家标准局（NBS）的审核，正式成为联邦数据加密标准，引起了人们对分组密码的讨论和研究热潮，成为以金融界为代表的各行各业最广泛采用的对称加密系统。美国数据加密标准是第一个经由正式公布的标准算法，是分组密码的典型代表。美国数据加密标准正式公布后，许多公司都推出了实现美国数据加密标准的各种软硬件产品。尽管目前美国数据加密标准已经被高级数据加密标准所取代，但美国数据加密标准作为加密算法的标志，其设计思路和基本理论仍有着重要价值。

美国数据加密标准是一种乘积密码，它充分利用了置换、代替、移位等多种密码技术。美国数据加密标准将 64 位明文作为输入，并产生 64 位密文输出。美国数据加密标准密钥的长度实际上是 64 位，但其中 8 位用于奇偶校验，因此最终得到的有效密钥长度为 56 位。

美国数据加密标准的加密过程，首先对输入的明文进行一次初始置换（IP），从而打乱其次序；经由初始置换产生左右两个转换块，记为左明文 L_0，右明文 R_0；对 L_0、R_0 进行密钥控制下的 16 轮加密 f，得到的结果记为 L_{16}、R_{16}；最后，将 R_{16}、L_{16} 重接起来，进行初始置换的逆置换 IP^{-1}，得到 64 位密文，其具体流程如图 2 - 2 所示。

美国数据加密标准的解密可以认为是加密的逆过程，其不同之处仅在于加密变换 f 所使用的密钥顺序相反。

美国数据加密标准在算法中使用了 16 次迭代，使得仅改变明文或密钥中的 1 位，就能使密文发生约 32 位的变化，从而大大提升了美国数据加密标准的保密性。但美国数据加密标准的有效密钥较短，仅为 56 位，事实证明它已经抵挡不住穷尽密钥搜索攻击[①]。1998 年 7 月 17 日，电子前沿基金会（EFF）使用一台 25 万美元的计算机通过穷尽密钥搜索攻击在 56 小时内破解了美国数据加密标准，因而被迫使用三重数据加密算法（3DES）等进行加固。

---

① 冯登国：《国内外密码学研究现状及发展趋势》，《通信学报》2002 年第 5 期，第 18—26 页。

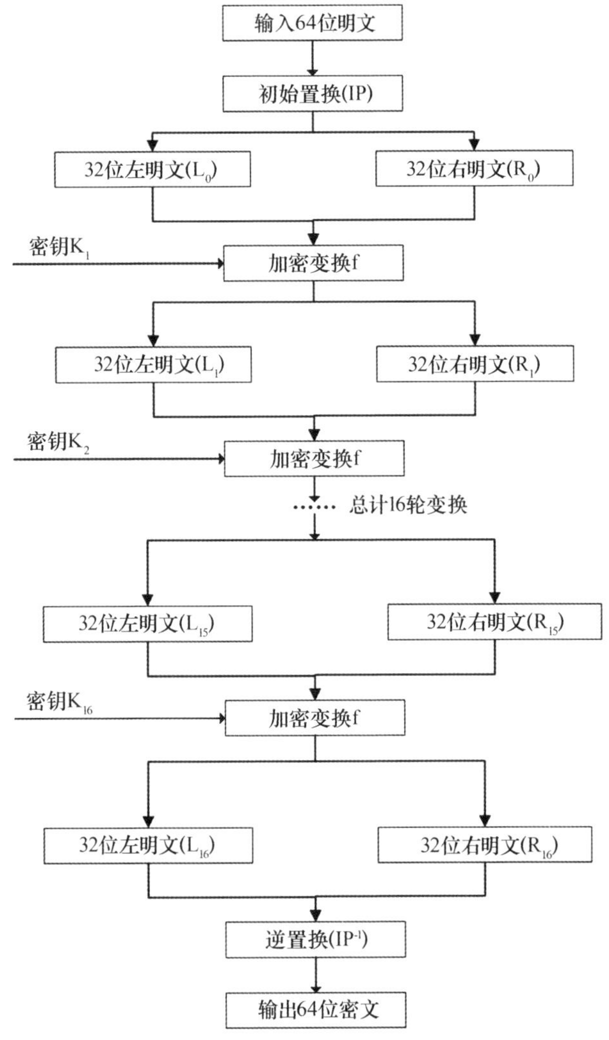

图 2－2　美国数据加密标准加密流程

此外，美国数据加密标准算法中的关键部件 S 盒的安全性也存在争议，有人怀疑美国国家安全局在 S 盒里隐藏了"陷门"。美国国家安全局在美国数据加密标准设计中的作用不明显，因为 IBM 提交美国国家安全局的美国数据加密标准设计和最后审批下来的设计并不完全一致，如密钥长度由原来的 128 位缩减至 56 位，S 盒的设计也被更改。尽管 1994 年美国数据加密标准的设计者之一道・科柏密斯提出了 S 盒的八个设计标准清单[①]，并声称这些标准被用于创建美国数据加密标准中八个原始的S盒，但目前研究中依据这些设计标准生成的S盒效果不佳，S盒的设计成为密码学界一个著名谜团。如果“陷门”真实存在，美国国家安全局就能轻易地解密消息，这种怀疑让使用者们担心美国数据加密标准的安全问题。

鉴于美国数据加密标准随着计算机和网络技术的快速发展已无法满足日益复杂的数据安全需求，研究者们逐步开展了寻找新的密码标准的研究。

（二）高级数据加密标准（AES）

20世纪末，当差分密码分析及线性密码分析出现后，美国数据加密标准逐渐由繁荣走向衰落[②]。1997年1月2日，美国国家标准与技术研究院（NIST）发布了美国数据加密标准替代算法的征集公告，提出该算法需要支持128、192、256比特的密钥长度，并且在世界范围内能够免费得到。

高级数据加密标准的遴选规则主要根据三条原则进行评判：安全性、代价和算法实现特性[③]。首先，算法的安全性无疑是最重要的，如果算法的安全性没有保障，那么就会在遴选过程中被淘汰；代价是指算法的效率，包括速度和存储方面的需求；算法实现特性包括算法的灵活性、简洁性等性质[④]。

经过3年的候选，美国国家标准与技术研究院最后采用了由比利时密码学家琼恩·戴门和文森特·赖伊曼提出的Rijndael算法作为新一代的高级数据加密标准。Rijndael算法作为高级数据加密的标准算法，集安全性、效率和可实现性于一体。其安全性体现在对已知攻击方法的有效抵抗能力十分出色[⑤]；效率主要体现在加密速度上，算法的加密时间随明文长度增

---

① Coppersmith D，“The Data Encryption Standard（DES）and Its Strength against Attacks”，IBM Journal of Research & Development，Vol. 38，No. 3，1994，pp. 243－250.

② 张金辉、郭晓彪、符鑫：《AES加密算法分析及其在信息安全中的应用》，《信息网络安全》2011年第5期，第31—33页。

③ 贾旭：《AES算法的安全性分析及其优化改进》，吉林大学硕士学位论文，2010年。

④ Stinson D R，Paterson Maura，“Cryptography Theory and Practice”，The United States：Taylor & Francis Group/LLC，2005，pp. 110－111.

⑤ 王红珍、张根耀、李竹林：《AES算法及安全性研究》，《信息技术》2011年第9期，第20—22页。

加而增加，但整体呈现线性关系，因而字节加密时间较短，处理效率高。通过计算机最擅长的异或运算，利用编程软件的特性，达到耗费资源少、处理效率高的目标，具有易于 PC 软件实现、体积小、耗能少、高保密性的特点[①]。

与美国数据加密标准的工作方式类似，Rijndael 同样采用了分组密码的一种通用结构，即对轮函数实施迭代的结构，其密钥和明文块的长度决定了加解密运算的轮数。不同之处在于，美国数据加密标准采用了将明文分为左右两半的 Feistel 结构，而 Rijndael 使用了代替/置换技术网络，即 SP 结构。而且 Rijndael 的操作通常仅涉及整个字节，而不涉及字节的单个位。Rijndael 算法结构如图 2－3 所示。

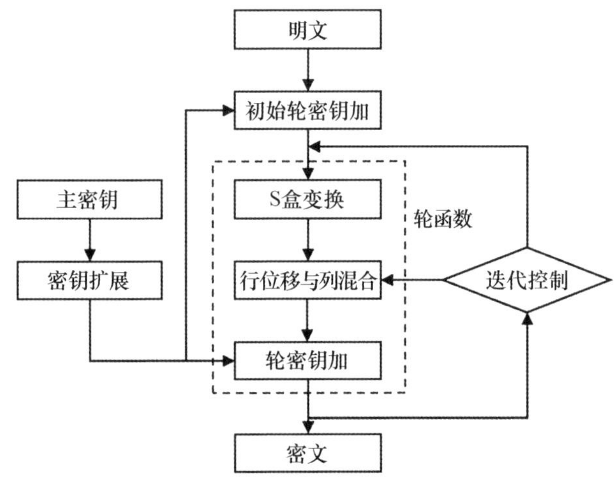

图 2－3　Rijndael 算法结构

对所有的已知攻击来说，高级数据加密标准是足够安全的。它的设计融合了各方面的特色，从而为抵御各种类型的攻击提供了全面的安全性。目前还不存在快于穷尽密钥搜索的已知攻击，但即使是最强的攻击，对 10 轮的高级数据加密标准也依然无效。但高级数据加密标准算法仍有可以改进的地方。在安全性上，鉴于密钥生成算法的特点，每轮密钥与它的上轮密钥有较强的相关性。这一种相关性是高级数据加密标准的薄弱之处，相

① 高家奇、李斌勇、廖怀凯等：《高级加密 AES 算法研究及性能分析》，《网络安全技术与应用》2019 年第 10 期，第 28—30 页。

关攻击如平方攻击等都是可能的针对性攻击方法。对于此问题的应对方法已有许多尝试，如改变轮密钥生成方式[①]、调整算法加密流程等。需要注意的是，在未经验证的情况下，这些措施未必能有效地提高安全性，并且一般还会降低加密算法的效率[②]。此外，高级数据加密标准算法的软件实现方案在物理安全性方面比较薄弱，容易受到安全攻击[③]。

在效率上，尽管高级数据加密标准算法具有高效性，但是随着人们对于加密速率的要求越来越高，受限于 CPU 的串行体制，其加密和解密的速度在一些情况下已经跟不上现在使用的需要。目前已有许多研究试图通过对加密流程和流程中的操作进行优化，以提高高级数据加密标准算法的效率。

（三）国际数据加密算法（IDEA）

除了美国数据加密标准、高级数据加密标准这两种十分普及的加密算法，国际数据加密算法也是最强大的算法之一。该算法的最初版本由来学嘉和詹姆斯·梅西于 1990 年公布，其后为抵抗差分密码攻击，两位专家增强了密码强度，并于 1992 年正式将该算法命名为国际数据加密算法[④]。

但国际数据加密算法并不如前两种算法那么普及，原因在于：国际数据加密算法受专利保护，需要先获得许可证之后才能商用，而前两种算法是在世界范围内公开免费使用，且美国数据加密标准和高级数据加密标准能够在更长时间内进行追踪和记录。

国际数据加密算法使用的是 128 位密钥，密钥长度是美国数据加密标准的两倍，因此破译国际数据加密算法所需要付出的运算成本也更高，这在很大程度上保证了国际数据加密算法的安全性。目前，国际数据加密算法主要应用于个人和中小型企业的保密工作，但在大型企业和国家层面，国际数据加密算法的应用仍需慎重。国际数据加密算法的设计使算法可能

---

① 贾旭：《AES 算法的安全性分析及其优化改进》，吉林大学硕士学位论文，2010 年。

② 刘艳萍、李秋慧：《AES 算法的研究与其密钥扩展算法改进》，《现代电子技术》2016 年第 10 期，第 5—8 页。

③ 刘宇峰、许向阳、苏浩等：《分组密码 AES 的优化与设计》，《计算机应用与软件》2020 年第 1 期，第 267—270 页。

④ 谷利泽、郑世慧、杨义先编著：《现代密码学教程》（第 2 版），北京邮电大学出版社 2015 年版，第 104—106 页。

存在大量弱密钥[①]，差分 – 线性攻击对国际数据加密算法的攻击具有不错的效果。此外，算法的设计使计算量呈指数级增长[②]。因此，国际数据加密算法的安全性使算法具有广泛的应用价值，但也存在一定的局限性。

（四）SM4 分组密码算法

SM4 分组密码算法是中国国家密码局认定的国产密码算法之一，它是为了配合我国 WAPI 无线局域网标准的推广应用的迭代分组密码算法，也是国内官方公布的第一个商用密码算法，该算法于 2021 年作为国际标准发布，并得到了国际认可[③]。SM4 是一个分组密码算法，其分组长度和密钥长度均为 128 比特。加密算法与密钥扩展算法都采用 32 轮非线性迭代结构。它的解密算法与加密算法的结构相同，解密轮密钥是加密轮密钥的逆序。

基于混乱和扩散原则，SM4 分组密码算法对明文进行了多种变换，这些变换步骤组成了 SM4 分组密码算法的整体加密过程[④]。一般认为，SM4 分组密码算法与高级数据加密标准具有同等的加密安全强度[⑤]。同时，相比于高级数据加密标准、MISTY1 和 HIGHT 等已经有了全轮攻击方案的分组密码，SM4 分组密码算法具备一定的安全性优势。在安全性方面，尽管目前分组密码算法仍然是安全可靠的算法[⑥]，但是新型密码分析方式不断发展，传统的密码安全性分析模型已经不能够反映实际应用中攻击者的能力[⑦]。已有研究表明分组密码算法对唯密文故障分析、缓存 – 计时侧信道攻击等新型密码分析技术抵抗能力较差。对于此类问题，掩码技术等已有的防御技术可以加入到防护流程中，但往往会增加整体的软硬件开销，需

① 李佳：《IDEA 算法综述》，《科技广场》2012 年第 9 期，第 240—242 页。

② 马钟：《IDEA 算法的研究及其变种的实现》，电子科技大学硕士学位论文，2005 年。

③ 李玮、汪梦林、谷大武等：《SM4 密码算法的唯密文故障分析》，《计算机学报》2022 年第 8 期，第 1814—1826 页。

④ 吕述望、苏波展、王鹏等：《SM4 分组密码算法综述》，《信息安全研究》2016 年第 11 期，第 995—1007 页。

⑤ 唐圣宇、曾水生、赵梦等：《浅析对比国内外密码学算法》，《长江信息通信》2020 年第 2 期，第 68—69 页。

⑥ 李玮、汪梦林、谷大武等：《SM4 密码算法的唯密文故障分析》，《计算机学报》2022 年第 8 期，第 1814—1826 页。

⑦ 张跃宇、徐东、陈杰：《白盒 SM4 的分析与改进》，《电子与信息学报》2022 年第 8 期，第 2903—2913 页。

要酌情考虑①。

二、流密码

除分组密码以外，流密码也是一种重要的对称密码。流密码是世界各国重要领域的主流密码，对数据安全保护发挥了极大的作用。我国的丁存生、肖国镇等教授在流密码研究领域作出了突出的贡献②。

流密码又称为序列密码，它加密和解密的思想非常简单：用一个序列与明文序列进行叠加来产生密文；用同一个序列与密文叠加来恢复明文。当用来加密的序列是由满足均匀分布的离散无记忆信源产生的随机序列时，相应的序列密码就是所谓的“一次一密”密码体制。香农已经证明“一次一密”密码体制在理论上是不可破译的。因为随机序列的产生、存储和传送都有很大困难，所以在实际应用中，人们用来加解密的序列往往采用伪随机序列，它是按照一定的算法利用一个短的密钥产生的一个很长的序列。伪随机序列具有预先确定性和重复实现性，同时它又具有随机序列的特性。

在研究流密码时，人们常把它分为两个部分：驱动部分和非线性组合部分。驱动部分控制存储器的状态转移，负责提供若干供组合部分使用的周期长、统计特性好的序列；但非线性组合部分则将驱动部分提供的序列组合成满足要求的、密码性能良好的密钥流序列。由于线性反馈移位寄存器（LFSR）的技术已经很成熟，所以驱动部分的设计比较容易，但非线性组合部分的设计则成为了密钥流生成器的重点和难点。接下来简要介绍两种典型的流密码，RC4 和 RC5。

RC4 算法是 RSA 信息安全公司于 1987 年设计的一种流加密算法，一度成为一些加密技术和标准的一部分，如无线设备隐私 WEP。该算法的效率和设计的简单性使其具有高性价比，因而得到了广泛应用，但目前 RC4 算法的一些脆弱性使其越来越不适应新的应用环境。

RC5 算法同样是由 RSA 信息安全公司开发的一种流加密算法。该算法仅使用基本计算机运算，速度快，且轮数和密钥位数可变，十分灵活。此

---

① 武小年、李金林、潘晟等：《SM4 算法门限掩码方案设计与实现》，《计算机应用研究》2022 年第 2 期，第 572—576 页。

② Ding C，Shan W and Xiao G，“The Stability Theory of Stream Ciphers”，Springer Berlin Heidelberg，1991，pp. 5 – 7.

外，RC5 算法运行所需要的内存很小，非常适合小内存设备。

第三节 公钥加密

对于一个密码体制而言，如果加密和解密过程分别使用不同的密钥实现，且公钥无法推导出对应的私钥，那么这种密码体制通常被称为公钥密码，也叫非对称密码。

公钥密码的思想自 1976 年被提出以来[①]，世界各国的密码学家设计了众多成熟的公钥密码体制。例如 1978 年罗纳德·李维斯特等人提出的 RSA 算法[②]；1985 年塔希尔·盖莫尔提出的 ElGamal 算法[③]；1987 年尼尔·科比次和维克多·米勒提出的椭圆曲线密码算法[④]，以及基于代数编码理论的 McEliece 体制[⑤]和基于有限自动机理论的公钥密码体制[⑥]等。本节主要介绍 RSA 算法、ElGamal 算法和 SM2 算法。

一、RSA 算法

RSA 算法是最早得到广泛使用的非对称加密算法，主要用于数字签名、会话密钥交换等场景[⑦]，其安全性设计基于分解大素数之乘积的困难

---

① Diffie W and Hellman M, "New Directions in Cryptography", Democratizing Cryptography: The Work of Whitfield Diffie and Martin Hellman, 2022, pp. 365 – 390.

② Rivest R L, Shamir A and Adleman L, "A Method for Obtaining Digital Signatures and Public – key Cryptosystems", Communications of the Acm, 1978, Vol. 21, No. 2, pp. 120 – 126.

③ ElGamal Taher, "A Public Key Cryptosystem and a Signature Scheme Based on Discrete Logarithms", IEEE Transactions on Information Theory, 1985, Vol. 31, No. 4, pp. 469 – 472.

④ Koblitz N, "Elliptic Curve Cryptosystems", Mathematics of Computation, 1987, Vol. 48, No. 177, pp. 203 – 209.

⑤ Mceliece R. J, "A Public – Key Cryptosystem Based on Algebraic Coding Theory", Deep Space Network Progress Report, 1978, Vol. 44, pp. 114 – 116.

⑥ 陶仁骥、陈世华：《一种有限自动机公开钥密码体制和数字签名》，《计算机学报》1985 年第 6 期，第 401—409 页。

⑦ 陈传波、祝中涛：《RSA 算法应用及实现细节》，《计算机工程与科学》2006 年第 9 期，第 13—14 页。

性，尽管严格意义上来说并不等同，但是到目前为止其安全性都是可靠的[①]。为了保证 RSA 加密算法的安全性，需要注意算法参数的选择，如果参数选择不恰当，很有可能会降低算法的安全性。

（一）基本原理

密钥生成选取两个安全大素数 p 和 q。我们通常选取长度至少为 1024 比特的“大”素数；计算乘积 $n=p\times q$，$\varphi(n)=(p-1)(q-1)$，$\varphi(n)$ 为 n 的欧拉函数；取一个随机数 b（$1<b<\varphi(n)$），要求 $GCD(b, \varphi(n))=1$，即 b 与 $\varphi(n)$ 互为素数；用欧几里得扩展算法计算私钥 d，使得 $d\equiv b^{-1} mod\varphi(n)$。其中，公钥为 (b, n)，私钥是 d。

在之后的加密和解密过程中，两个素数 p 和 q 不再需要，但为了算法的保密性，不可泄露。

1. 加密过程：

在 RSA 算法密码体制中，加解密运算都是模指数运算。加密时首先需要将明文比特串进行分组，使得每个分组对应的十进制数小于 n，即分组长度要小于log_2^n，然后对每个明文分组 m_i作加密运算，具体步骤如下：

（1）获得公钥 (b, n)；

（2）进行消息分组，得 $M=m_1m_2\cdots m_t$；

（3）采用加密算法$c_i\equiv m_i^b\ (modn)\ (1\le i\le t)$ 计算出密文 $C=c_1c_2\cdots c_t$；

（4）将密文 C 发送给接收方。

2. 解密过程：

（1）接收方收到密文 C，$C=c_1c_2\cdots c_t$；

（2）利用私钥 d 逐步解密明文分组 m_i，$m_i\equiv c_i^d\ (modn)\ (1\le i\le t)$；

（3）解密得到明文消息 $M=m_1m_2\cdots m_t$。

（二）RSA 算法安全性与不足

在安全性方面，RSA 算法面临的安全挑战主要来自以下两方面：首先，随着数学理论研究和计算机算力的发展，作为 RSA 算法基础的大素数分解问题相对难度逐渐下降，1024 比特的 RSA 密钥已有被攻破的风险[②]。其次，RSA 算法对近年新出现的密码分析技术的抵抗能力不够高。虽然增

---

① 胡云：《RSA 算法研究与实现》，北京邮电大学硕士学位论文，2010 年。

② 石井、吴哲、谭璐等：《RSA 数据加密算法的分析与改进》，《济南大学学报》（自然科学版）2013 年第 3 期，第 283—286 页。

加RSA密钥的位数可以应对绝大部分安全风险，但这会导致效率大大降低。对于算法公开信息模 n 的安全性保护是目前RSA算法安全防护的重点研究方向，一些研究利用数学变换等方法增加攻击者获取 n 并进行因子分析的难度，如三因子RSA[①]、四因子RSA[②]等。

在效率方面，RSA算法主要有三方面的问题：一是密钥选择上的效率，由于目前没有较好的对于大素数 p 和 q 的生成方法，密钥生成的效率受到限制。二是加解密效率，算法中的大整数的模幂运算占据了大量的运算资源，需要精简这些运算从而提高速率[③]。三是RSA算法还存在密钥位数过长影响网络传输、系统运行的固有缺点。

针对目前RSA算法存在的一些缺陷。在利用RSA密码体制时，开发和使用人员有许多需要注意的事项，包括密钥长度、参数选择等方面。在RSA密钥长度上，应达到在现有计算能力条件下无法被破解的安全标准；在参数选择上，除了需要选择足够大的整数 n 以外，对 p 和 q 同样需要有所约束，如 p，q 应为强素数且差值不能过小，模长需要控制在512比特左右。

二、ElGamal算法

ElGamal算法是一种基于有限域上离散对数问题的公钥加密体制，它是由塔希尔·盖莫尔于1985年提出的。这种密码体制既能够用于数据加密，也可以用于数字签名，也是极具代表性的公钥密码体制之一。

（一）基本原理

1. 密钥生成：ElGamal密码体制的公私钥生成过程主要分为三步。

（1）随机选择一个较大的质数 p，并生成有限域 Z_p 的一个生成元 $g \in Z_p^*$；

（2）再选取一个随机数 x，要求 $1 < x < p-1$，计算 $y = g\hat{}x \pmod{p}$；

（3）得到公钥为（y，g，p），私钥是 x。

---

① 陈春玲、齐年强、余瀚：《RSA算法的研究和改进》，《计算机技术与发展》2016年第8期，第48—51页。

② 周金治、高磊：《基于多素数和参数替换的改进RSA算法研究》，《计算机应用研究》2019年第2期，第495—498页。

③ 孙伟：《公钥RSA加密算法的改进与实现》，安徽大学硕士学位论文，2014年。

2. 加密过程：

ElGamal 算法的加密体制与 RSA 算法类似，加密时首先需要将明文比特串进行分组，使得每个分组对应的十进制数小于 p，即分组长度要小于 log_2^p，然后对每个明文分组 m_i 作加密运算。具体过程如下：

（1）获得接收方的公钥（y，g，p）；

（2）进行消息分组，得 $M = m_1 m_2 \cdots m_t$；

（3）对 i 块消息随机选取整数 r_i，其中 $1 \leqslant i \leqslant t$，$1 \leqslant r_i \leqslant p-1$；

（4）采用加密算法 $c_i \equiv g^{r_i}$（$modp$），$c' \equiv m_i y^{r_i}$（$modp$）（$1 \leq i \leq t$）；

（5）计算出密文 $C =$（c_1，c_1'）（c_2，c_2'）$\cdots$（c_t，c_t'），并发送给接收方。

3. 解密过程：

（1）接收方收到密文文 $C =$（c_1，c_1'）（c_2，c_2'）$\cdots$（c_t，c_t'）；

（2）利用私钥 x 逐步解密明文分组 m_i，$m_i \equiv$（c_i'/c_i^x）（$modp$）（$1 \leq i \leq t$）；

（3）解密得到明文消息 $M = m_1 m_2 \cdots m_t$。

（二）ElGamal 算法安全性

在 ElGamal 密码体制中，加密运算是随机的，因为密文结果既依赖于明文 M，又依赖于随机选择的整数 r_i。因此，对于同一个明文 M，可能存在 $p-1$ 个密文 C。但是，如果私钥 $x = log_g^y$ 被泄露，那么第三方就可以破解密文，导致 ElGamal 算法的安全性失效。因此，ElGamal 密码体制的安全性保证需要一个必要条件，即有限域上的离散对数问题是难以处理的。为了防止已知的多种攻击，p 应当至少取 300 个十进制位，且 $p-1$ 应当具有至少一个较复杂的质数因子。

三、SM2 算法

随着计算机信息处理能力的不断提高，RSA 算法的密钥长度基于安全的考虑变得越来越长，这导致有些存储能力有限的系统与 RSA 算法的适配性不够好。椭圆曲线密码体制（ECC）的提出正是为了解决这个问题，椭圆曲线密码体制可以使用更短的密钥来提供与 RSA 算法相当甚至更高等级的数据安全保护能力。SM2 算法就是一种典型的椭圆曲线公钥密码算法。

SM2 算法是中国国家密码管理局颁布的中国商用公钥密码标准算法。

它由四个部分构成：系统参数、数字签名算法、密钥交换协议和公钥加密算法[①]。下面详细介绍 SM2 的算法原理和安全性分析。

（一）基本原理

SM2 算法分为基于质数域和基于二元扩域两种。本文仅介绍基于质数域 Fp 的 SM2 算法。

1. 密钥生成：

设接收方为 B，B 的密钥取值为 $\{1, 2, \cdots, n-1\}$ 中的一个随机数 d_B，记为$d_B \leftarrow_R \{1, 2, \cdots, n-1\}$，其中 n 是基点 G 的阶。

B 的公钥取椭圆曲线上的点：

$P_B = d_B G$;

其中 $G = G(x, y)$ 是基点，基点 $G = (x_G, y_G) \in E(F_p)$，$G \neq O$，$G$ 的阶 n 为 M 比特长的质数，满足 $n > 2^{191}$ 且 $n > 4\sqrt{p}$。

2. 加密过程：

设发送方是 A，A 要发送的消息表示成比特串 M，M 的长度记为 k_{len}。加密运算如下：

（1）选择随机数 $k \leftarrow R \{1, 2, \cdots, n-1\}$；

（2）计算椭圆曲线点 $C_1 = kG = (x_1, y_1)$，将 (x_1, y_1) 表示为比特串；

（3）计算椭圆曲线 $S = h P_B$，若 S 是无穷远点，则报错并退出；

（4）计算椭圆曲线点 $k P_B = (x_2, y_2)$，将 (x_2, y_2) 表示为比特串；

（5）计算 $t = KDF(x_2 \| y_2, k_{len})$，若 t 为全 0 的比特串，则返回（1）；

（6）计算 $C_2 = M \oplus t$；

（7）计算 $C_3 = Hash(x_2 \| M \| y_2)$；

（8）输出密文 $C = (C_1, C_2, C_3)$。

其中，$KDF(\cdot)$ 为密钥派生函数，其本质上就是一个伪随机数产生函数，用来产生密钥，取为哈希函数 SM3；$h = \frac{|E(F_p)|}{n}$为余因子，$|E(F_p)|$是曲线 $E(F_p)$ 的点数。整个算法流程如图 2-4 所示。

---

① 吕述望、苏波展、王鹏等：《SM4 分组密码算法综述》，《信息安全研究》2016 年第 11 期，第 995—1007 页。

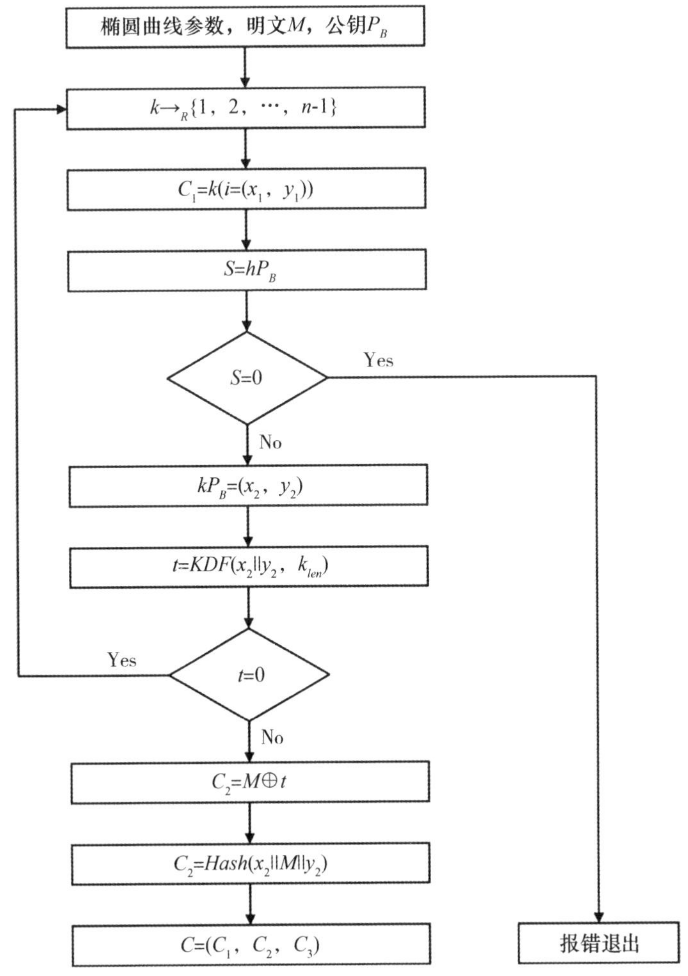

图 2-4　SM2 算法加密过程

3. 解密过程:

接收方 B 收到密文后，执行以下解密运算:

(1) 从 C 中取出比特串 C_1，将 C_1 表示为椭圆曲线上的点，验证 C_1 是否满足椭圆曲线方程，若不满足则报错并退出;

(2) 计算椭圆曲线点 $S=hC_1$，若 S 是无穷远点，则报错并退出;

(3) 计算 $d_BC_1=(x_2，y_2)$，将坐标 x_2，y_2 表示为比特串;

(4) 计算 $t=KDF(x_2 \| y_2，k_{len})$，若 t 为全 0 比特串，则报错并退出;

(5) 从 C 中取出比特串C_2，计算 $M'=C_2 \oplus t$;

(6) 计算 $u=Hash(x_2 \| M' \| y_2)$，从 C 中取出C_3，若$u \neq C_3$，则报错

并退出；

（7）输出明文 M。

解密的正确性验证如下：

由于 $P_B = d_B G$，$C_1 = kG = (x_1, y_1)$，由解密算法的第（3）步可得 $d_B C_1 = d_B kG = k(d_B G) = (x_1, y_1)$，因此解密算法第（4）步得到的 t 与加密算法第（5）步得到的 t 相等，由 $C_2 \oplus t$，便得到明文。

（二）SM2 算法安全性及不足

迄今为止与 SM2 算法相关的研究表明，SM2 算法的可证明安全性达到了公钥密码算法的最高安全级别，与 RSA 算法相当[①]。在实现效率上，SM2 算法与一些同类椭圆曲线密码算法相当甚至略优。同时，SM2 算法比 RSA 算法密钥位长且系统参数小得多，所需要的存储空间和传输用的带宽要求更低、功耗也更低，适合资源受限设备使用[②]。

尽管 SM2 算法已经得到了国际认可，但是在应用方面还存在一些不足。首先，基于 SM2 算法的安全证书认可度不高，许多网站不予解析；其次，许多网络安全设备、系统软件对于 SM2 算法的兼容适配性不好；最后，在已有的应用场景中，对于密钥管理往往管理不当，普遍存在密钥泄露隐患[③]。总之，SM2 算法相对于 RSA 算法而言，在底层支持和基础设施上存在薄弱之处。

另外，在 SM2 算法目前的三种实现方式中，算法的效率也都有待提高。软件方法具有高度的灵活性，但难以提升点乘运算的并行度，无法取得理想的算法执行效率；硬件方法可充分发挥电路的并行特性，高效地完成点乘运算，但需处理复杂的接口逻辑，不利于二次开发；软硬件协同方法是一个折中的方案，在软件的灵活性与硬件的高效性之间取得了平衡。

---

① 欧海文、王誉晓、欧阳琛等：《基于 SM2 算法的数字证书解析及有效性验证》，《计算机应用》2016 年第 1 期，第 46—48 页。

② 汪朝晖、张振峰：《SM2 椭圆曲线公钥密码算法综述》，《信息安全研究》2016 年第 11 期，第 972—982 页。

③ 王森：《国产商用密码 SM2 应用研究》，《网络安全技术与应用》2022 年第 10 期，第 22—25 页。

第四节　数据完整性保护

在一个开放的通信网络环境中，攻击者往往可以轻易地窃听、截取、伪造或插入信息。为了抗击这种攻击，防止数据被篡改，密码学上通常使用哈希（Hash）函数来为数据完整性提供保障。本节将简单介绍 Hash 函数的概念，然后详述 MD5、SHA 系列等 Hash 函数典型算法。

一、Hash 函数概念及性质

Hash 函数也被称为散列函数、杂凑函数等，它是一种将任意长度的输入变换为固定长度输出的单向不可逆的密码体制。设 h 是一个 Hash 函数，x 是任意 q 长度的消息，那么散列值 y 的生成过程可以表示成：

$$y = h(x)$$

Hash 函数主要有下列性质：

（1）x 是一个长度可变的消息，而散列值 y 是定长的；

（2）对于任意给定的消息 x，计算 $h(x)$ 是比较容易的，用软硬件均能够实现；

（3）对于任意给定的散列值 y，反向计算出未知的 x 是不可行的；

（4）对于任意给定的消息 x，在计算上不能找到一个异于 x 的 x' 使得 $h(x) = h(x')$，这一性质也被称为 Hash 函数的弱碰撞性；

（5）在计算上找不到任意满足 $h(x) = h(y)$ 的偶对 (x, y)，这一性质也被称为 Hash 函数的强碰撞性。强碰撞性的 Hash 函数比弱碰撞性的 Hash 函数安全性更高。

理想的 Hash 函数是无碰撞的，但在实现上是困难的。Hash 函数的消息空间是无穷的，而哈希值空间是有限的，因此一定会存在碰撞。我们提到的 Hash 函数的抗碰撞性指的是碰撞概率极低，且基于算力约束在计算上实现碰撞是困难的。此外，尽管消息 x 仅产生了细微的变动，也会引起散列值 y 的巨大差别。这些是 Hash 函数保护数据完整性的重要依据。

二、MD5 算法

MD5 消息摘要算法是由麻省理工学院密码学家罗纳德·李维斯特开发

的。原先的消息摘要算法被称为 MD，MD5 是在 MD、MD2、MD3、MD4 的基础上发展而来的，MD5 的速度略慢于 MD4，但更为安全，因而更符合现实的加密需求。MD5 算法的输入文本以 512 比特块的形式存在。我们需要在原始消息中增加一个填充位，具体而言，填充一个“1”和若干个“0”，从而使填充后的消息长度加上 64 位等于 512 比特的整数倍。

三、安全散列算法（SHA）

1993 年，美国国家标准与技术研究院与美国国家安全局共同开发了安全散列算法（SHA）。1995 年 4 月 17 日，他们共同公布了新的修改版本 SHA－1。SHA－1 的设计在很大程度上是基于 MD5 发展而来的，因此 SHA 与 MD5 在设计上非常相似。SHA 能够处理长度小于 264 的输入消息，并输出 160 比特的消息摘要（比 MD5 的输出再多 32 位）。

SHA－1 算法是一系列相关的迭代 Hash 函数之一。但 SHA－0 和 SHA－1 非常容易出现碰撞（即有可能多个不同消息运算后得到相同的摘要）。2002 年，最早的安全哈希函数 FIPS180－2 被采纳，SHA－2 系列算法包括 SHA－256、SHA－384、SHA－512 三种算法，后缀“256”“384”“512”分别表示消息摘要的长度，SHA－2 系列的算法目前不存在碰撞，因此目前主要采用的是 SHA－2 版本的算法。

四、消息认证码

消息认证码（MAC）是一种用于确保消息完整性和认证来源的加密算法，使得消息的接收者可以验证该消息确实来自所声称的消息源、且在传输的过程中未受到未经授权的篡改。消息认证码的概念与消息摘要类似，但消息摘要不涉及加密过程，而且消息认证码要求发送方与接收方共享对称密钥，因而消息认证码涉及加密过程。

当发送方想以可认证的方式发送消息给接收方时，首先利用密钥和消息认证码生成算法计算消息的标签，然后将消息和标签一起发送给接收者。接收者收到消息和标签之后，对此消息进行验证。消息认证码通常由三个算法组成：密钥生成算法、消息认证码生成算法以及验证算法。

目前常用的消息认证码可以分为四类：第一类是基于分组密码；第二类是基于专用 Hash 函数，典型的实例是 HMAC；第三类是基于泛 Hash 函数，典型的实例有 UMAC；第四类是专门设计的消息认证码。

第五节 数据认证技术

数据认证技术是一种确保数据的真实性和可信度的方法。在数字通信和信息存储的环境中，确保数据的来源和完整性至关重要。数据认证技术可以通过不同的方法来实现，最具代表性的数据认证技术便是数字签名技术。

数字签名是一种用于保证数字信息的完整性、真实性和不可抵赖性的技术。数字签名通常是由发送方使用私钥对消息进行加密，生成一个特定的签名值，并将签名值与消息一起发送给接收方。接收方可以使用发送方的公钥对签名值进行解密和验证，从而确定消息的真实性和完整性。1991年，美国国家标准与技术研究院发布了数字签名标准 DSS。DSS 标准通过 SHA－1 算法计算原始消息的消息摘要，并对其进行签名。

一、数字签名原理

完整的数字签名方案一般由三部分组成，包括密钥生成算法、签名算法和验证算法。

1. 密钥生成算法。初始化签名方案包含五部分内容，记为基本参数（M，S，K，$Sign$，V），其中，M 为消息空间，S 为签名空间，K 为密钥空间，$Sign$ 为签名算法集，V 为签名验证算法集。签名者通过执行密钥生成算法生成公私钥（k_1，k_2）；

2. 签名算法。对 $\forall m \in M$，都有 $s = sign$（m）且 $s \in S$，可得 s 是消息的数字签名，然后将签名消息组（m，s）发送给验证者；

3. 验证算法。对于密钥生成算法所得出的 $k_1 \in K$，验证者收到（m，s），计算ver_{k_1}（m，s）为真，那么签名有效；否则签名无效。

在了解了数字签名原理之后，下文介绍几种主流的签名方案。

二、RSA 的数字签名方案

RSA 签名方案是实际应用中较多的一种数字签名方案，其安全性来自于大整数因子分解的困难性。RSA 签名方案的密钥生成算法与 RSA 加密方案相同，因此，本部分侧重于签名方案的介绍。

（一）基本原理

1. 密钥生成：

首先，生成 RSA 的密钥对，公钥为（e，n），私钥为 d。本文将需要签名的消息记为 M；

2. 签名算法：

将消息 M 用选定的散列函数 h 计算得到散列结果 h（M）。在 RSA 的数字签名实际应用中，往往采用 MD5 或者 SHA 系列作为散列算法。

3. 签名过程：

将 h（M）按照一定的格式进行填充，使其长度和模数 n 的长度一致，记填充后的 h（M）为 h（M_1）；计算签名 $sig = [h(M_1)]^d modn$；将消息 M 串接上签名 sig 后存储或者传输；

4. 验证过程：

将 sig 用公钥解密得到 $h(M_2) = [sig]^e modn$；按照填充格式还原 $h(M_2)$ 为 h（M'）；用散列算法直接对 M 计算得到 h（M），比较 h（M）与 h（M'）是否一致。若一致，则为合法签名，否则为非法签名。

（二）RSA 签名的安全性

Hash 函数在 RSA 签名方案中发挥着重要的抗攻击性，若不使用 Hash 函数，则攻击者很容易伪造消息的有效签名，这是 RSA 方案的同态特性导致的。使用安全的 Hash 函数能够避免类似的攻击，从而提高 RSA 签名体制的安全性。RSA 签名还存在签名可重用的问题，即在不同时刻，对于同一消息的签名是相同的，目前通常在每次签名过程中引入不同的随机数来解决这个问题。

三、DSA 的数字签名方案

1985 年，塔希尔·盖莫尔在其发表的一篇论文中提出了一个基于有限域离散对数问题的数字签名方案，命名为 ElGamal 签名方案。1991 年美国国家标准与技术研究院发布的 DSS 标准便是基于该方案演变而来，它以 DSA 为实际算法。美国国家标准与技术研究院研发 DSA 是为了让 DSA 成为免费的数字签名算法软件，以抗衡 RSA。因此，DSA 算法一经公布引来了诸多对其算法强度的责难和怀疑，但 DSA 仍然成为现行的学术界和产业界都接受的标准之一。DSA 的争议性主要涉及以下几个问题：DSA 只能作为数字签名，而无法用作密钥协商或者公钥加密。DSA 来源于美国国家安全局的 ElGamal 算法的一种变形，人们普遍担心美国国家安全局在里面设置了后门。虽然 DSA 相对 RSA 的签名速度大致差不多，但是验证算法则要慢 10—40 倍，RSA 已经成为了许多系统的事实标准。

（一）基本原理

在 DSA 算法中，首先是系统参数的选取，其次是密钥对的生成，再次是签名算法，最后是签名验证。

1. 参数选取：

大素数 p（规定取 512—1024 位，现在一般都取 1024 位以保证其安全性）。160 位大小的素数 q，且 $q \mid (p-1)$。生成元 $g = h^{(p-1)/q} mod p$，其中 h 为整数，$1 < h < p-1$ 且 $g > 1$。再选择单向散列函数 H，输出值为 160 位（标准的散列函数为 SHA－1）。

2. 密钥生成：

整数 $0 < x < q$，将 x 作为私钥。计算 $y = g^x mod p$。公钥为：(p, q, g, y)。

3. 签名过程：

设输入需要签名的消息为 m；随机生成一个整数 $0 < k < q$；计算 $r = (g^k mod p) mod q$ 和 $s = k^{-1}(H(m) + xr) mod q$；$(r, s)$ 为 m 的签名。

4. 验证过程：

计算 $w = s^{-1} mod q$；计算 $u_1 = wH(m) mod q$ 和 $u_2 = wr mod q$；计算 $v = [(g^{u_1} y^{u_2}) mod p] mod q$；将结果进行比较，若 $v = r$，则通过验证，否则不通过。

（二）DSA 与 RSA 的不同之处

DSA 相较于 RSA 最大的不同是，在签名过程中，DSA 产生了一个随机数 k。由于每次产生的随机数 k 可能都不一样，因此即使同一个人对同一条消息多次签名，签名的结果也不一致。具有这种特质的签名算法称为概率签名算法。而 RSA 这种类型的签名算法，则称为确定性签名算法。

四、对数字签名的攻击

对数字签名的攻击通常分为三种，简要介绍如下。

1. 选定部分消息的攻击

攻击者通过诱使真实用户对本不想签名的消息进行数字签名，从而获得已被签名的消息和签名。当攻击者创建一个新消息时，就可以让真实用户用之前的签名进行数字签名。

2. 只有密文的攻击

当真实用户对一些消息进行公开后，攻击者能够使用这些消息进行攻击，这种攻击试图创建真实用户的签名，通过密文攻击实现攻击操作。

3. 已知部分消息的攻击

攻击者通过从真实用户处获得的消息和数字签名，创建一个新消息，并在新消息上伪造数字签名。

第六节 密态数据

一、基本概念

随着中共中央、国务院近年来先后发布如《关于构建更加完善的要素市场化配置体制机制的意见》《“十四五”数字经济发展规划》等数据要素市场政策文件，我国在政策上明确将“数据”列为五大生产要素之一，数据流通成为必然趋势。随着《数据安全法》《网络安全法》《个人信息保护法》《中华人民共和国密码法》《中华人民共和国民法典》等法律法规的不断成熟和完善，行业对网络与数据安全的需求，以及数字技术的快速进步，我们将迎来密态数据时代。

蚂蚁集团在 2022 年 9 月发表的《可信密态计算白皮书》[①] 中指出，密态数据是指数据以密态形式流通，实现数据流转、计算、融合、制造、销毁的全链路安全可控。密态数据的核心是数据安全有保障，数据要素能够安全可靠地在数据要素市场中流转，并建立起严谨专业的安全评估、保护和检验流程体系，而非仅对数据进行简单的脱敏和加密处理工作。

基于政策和市场的大力支持和重视，数据要素市场必将迎来发展热潮。明文数据流通使数据的安全性无法得到保障，密态数据流通是保证数据安全的最好选择。目前，密态数据流通仍面临着一定的技术难题。传统

---

① 蚂蚁科技集团股份有限集团公司：《可信密态计算白皮书》，2022 年 9 月，https：//gw. alipayobjects. com/os/bmw - prod/56176409 - 5afa - 4e86 - 85f7 - 1060116c01af. pdf。

的加密数据传输与存储只是对密态数据的整体搬运，却不处理其内在含义；而密态数据流通是要求在数据密态不被破坏的前提下，进行与数据内在含义相关的操作的。因此，目前满足密态数据流通的性能需求仍具有一定的挑战性，而完整的数据要素市场中，对于密态数据安全流程体系的建立，也还需要不断开展相关的研究工作以促进密态数据流通。

二、密态数据发展阶段

密态数据每个阶段的技术要求和应用侧重不同，大致需要经历三个发展阶段，依次是："计算密态化""大数据密态化""数据要素密态化"，如图 2－5 所示。

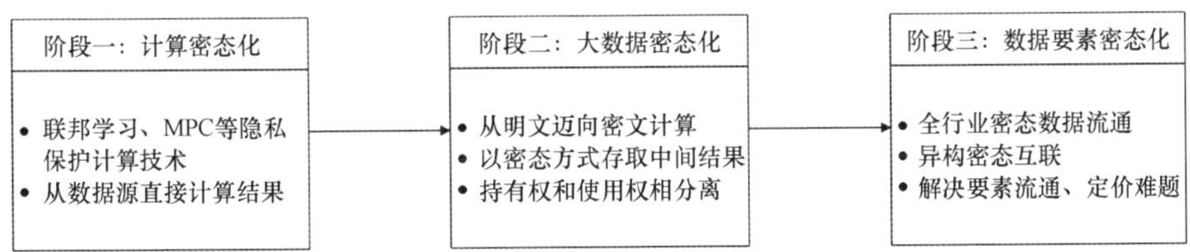

图 2－5　密态数据发展的三个阶段

在"计算密态化"阶段，各个机构出于业务发展的急迫需求，在相对简单的几个场景开始尝试密态计算，密态计算相对固定且复杂度有限。这一阶段密态计算的主要目的是在确保数据隐秘但可用的前提下，获得更有价值的计算结果。在此阶段，由于技术限制，数据的持有权和使用权往往还不能有效分离，对于多个参与方以及中间结果的安全性管控也不够完善。

在"大数据密态化"阶段，各个机构开始全面使用密态计算获得收益，要处理的数据规模和复杂程度都大大增加。在这一阶段，针对密态数据的处理将越来越多地呈现出大数据处理的特点，包括支持任意多的数据参与方，对大量中间结果进行存储和管理以供后续的环节使用，以及提供大规模、高性能、复杂逻辑处理能力。为了达到上述目的，需要做好数据持有权和使用权的分离，以及使用权的受控让渡。"权限分离"指的是明文原始数据仅由数据合法持有者拥有，其他机构能够在不拥有数据持有权的情况下获得数据的受控使用权，以有效地激发数据要素价值。"受控让渡"指的是获得使用权的机构仅能进行授权的计算，而不能使用数据进行任意计算，以防止数据要素被滥用。

在“数据要素密态化”阶段，数据将会在全行业、全社会进行广泛和深入的流动，密态计算可能包含同行业、跨行业的大量机构的数据，一份数据也可能会流经多家机构并且在流动的过程中不断演进。此阶段，除了要支持数据在更多参与方之间进行流通，还需要支持多个密态平台的互联互通，以及解决数据广泛流通所需的定价、收益分配等问题。

目前，密态数据的发展仍处于第一阶段，数据要素市场的发展仍是一片“蓝海”。密态数据发展所面临的技术挑战涉及的维度多、难度大，因此，密态数据需要一个兼顾高安全、高性能、高稳定性、高适用性、低成本等多方面能力的技术方案，为数据价值的挖掘提供坚实基础。在技术要求方面，密态数据发展成熟的标准包括：一是性能强大，效率极高，需要达到每小时处理亿级数据；二是可靠稳定，在关键应用领域要能够达到极高的标准；三是成本足够低，要让企业普遍负担得起；四是适用性广，要做到覆盖全场景和支持不同处理逻辑；五是安全性足够高，被行业广泛认可。密态数据的底层支撑技术除了要在安全性、性能、成本、适用性和稳定性上满足规模化应用的需求，还要能够支撑复杂的运算逻辑，像明文大数据平台一样对密态数据进行管理、支持数据持有权和使用权分离等。

三、密态数据相关技术

现有的密态数据相关技术能够起到一定的保护密态数据安全流通的作用，主要包括安全多方计算、联邦学习、同态加密和可信密态计算技术。

（一）安全多方计算

安全多方计算（MPC）是密态数据安全保护的关键技术之一，在安全多方计算中，持有数据的多方，希望共同计算一个函数并得出各自的输出[①]。安全多方计算在20世纪80年代由姚期智提出[②]，经几十年的研究之后，已积累了丰富的理论成果，促进了零知识证明、不经意传输、秘密共享等密码学基础原语的发展，奠定了安全协议可证明安全理论基础。

不经意传输（OT）是构建安全多方计算的一个常用协议，在不经意传

---

① 蒋瀚、徐秋亮：《基于云计算服务的安全多方计算》，《计算机研究与发展》2016年第10期，第2152—2162页。

② Yao ACC, “How to Generate and Exchange Secrets”, 27th Annual Symposium on Foundations of Computer Science, IEEE, 1986, pp. 162 - 167.

输中，参与方 A 提供一组数据，参与方 B 从中选取一个数据。秘密共享（SS）是指把秘密分割成多个部分，每一个参与方都持有一部分，研究者常用的秘密共享方法是分割成多个数的模加。

在当前密态数据迅速发展的新背景下，安全多方计算同样构成密态计算环境下应用密码学的理论基础，其安全模型的定义及安全性证明的方法是各类安全协议的共用技术，对一些特定问题安全计算高效实现的研究，具有重要应用意义。

（二）联邦学习

联邦学习（FL）是顺应大数据时代和人工智能技术发展而兴起的一种协调多个参与方共同训练模型的机制。它允许各个参与方将数据保留在本地，在打破数据孤岛的同时保证参与方对数据的控制权①。

联邦学习采用安全多方计算、同态加密等技术对原始数据进行保护，采用差分隐私、可信执行环境（TEE）等技术对中间结果进行保护。但由于技术的相似性，联邦学习也有类似于安全多方计算的性能瓶颈。此外，联邦学习亦需要对中间结果进行保护，否则同样会导致数据泄露。

尽管联邦学习不直接进行数据的交换，相较于传统的集中式机器学习有了更好的隐私保障，但由于自身架构和训练方式的独特性，联邦学习面临着更多样的隐私攻击手段和更迫切的隐私保护需求。现有的联邦学习隐私保护算法在技术、平衡性、隐私保护成本和实际应用中还存在诸多不足之处，因此，在密态数据隐私保护工作中，仍需理清隐私泄露的风险，为联邦学习隐私保护提供指引。

（三）同态加密

同态加密（HE）分为半同态（PHE）和全同态（FHE）加密。半同态加密是指能够在密文上实现加法或乘法运算，但半同态加密通常作为安全多方计算、联邦学习的辅助技术，并不单独使用；全同态加密是指既能够在密文上实现加法运算，又能够实现乘法运算。全同态加密不需要进行网络交互，但计算量和密文膨胀倍数要比安全多方计算和联邦学习更大。

如何在计算密态数据的过程中，既保证数据的隐私性，又保证其可用性，实现本质意义上的隐私计算，是密态数据发展面临的一大难题。使用

---

① 刘艺璇、陈红、刘宇涵等：《联邦学习中的隐私保护技术》，《软件学报》2022 年第 3 期，第 1057—1092 页。

全同态加密方案对数据加密后发送到云端，密态数据便可以在云端完成安全存储、检索以及所有运算类型的操作，有效避免了明文数据在传输过程中被窃取、拦截、篡改或伪造等风险，同时也避免了服务商将客户的隐私数据泄露或云端服务器被恶意攻破①。全同态加密技术近年来发展迅速，但是想获得纯粹的全同态加密方案，还需要依靠同态解密技术。

从目前的研究情况来看，半同态加密相较于全同态加密在应用中执行效率更高，但是仅能支持加法或乘法的同态运算，全同态加密在功能性上要优于半同态加密，但是由于全同态加密方案通过使用自举电路、维数归约等技术实现降噪从而达到进行密文同态运算的目的，复杂的计算过程成为其实际应用的瓶颈。

（四）可信密态计算

目前的隐私计算相关技术基本上能够满足特定场景的密态数据安全需求，但是对于数据量大、多方参与的多样化应用场景，适用性依然受限。因此，将可信环境和密码协议相结合，实现可信密态计算（TECC），也许是推动密态数据发展的关键。可信密态计算是一种将数据以密态形式在可信节点集群中进行计算、运输、存储的可信隐私计算技术，同时保证密态计算过程的安全、可靠和高效②。

相较于其他隐私计算技术，可信密态计算的核心优势有以下几点：

1. 性能强大。内网带宽解除了网络瓶颈、可信密态计算轻量级的密码协议解除了计算瓶颈，两个瓶颈都得到解除，再采用并行化技术，使可信密态计算能够达到近乎明文计算的强大性能。

2. 多方参与。可信密态计算总是能够将多方密态数据整合成一个大的密态数据集合，然后再进行统一的密态计算，因此异构环境下的影响会更小。

3. 成本控制。可信密态计算的计算成本相较于明文计算成本增加并不多，也不需要公网或专线成本。

4. 可靠性。内网交互的特性使可信密态计算的跨网交互存在极少，因

---

① Zongyu L, Xiaolin G and Yingjie G, "Survey on Homomorphic Encryption Algorithm and Its Application in the Privacy - preserving for Cloud Computing", Journal of Software, 2018, Vol. 29, No. 7, pp. 1827 - 1851.

② 蚂蚁科技集团股份有限集团公司：《可信密态计算白皮书》，2022 年 9 月，https://gw.alipayobjects.com/os/bmw-prod/56176409-5afa-4e86-85f7-1060116c01af.pdf。

此提高了可信密态计算的可靠性。

5. 数据持有权和使用权分离。可信密态计算使密态数据在离开数据提供方后仍能被有效管控。可信密态计算的授权规则需要被强制验证，外界无法绕开授权规则对数据进行截断、篡改或销毁。

可信密态计算的核心创新之处在于，它将密码学协议、可信计算技术和全栈可信技术相结合，获得了更综合的隐私计算能力，将多方密态数据汇聚起来，为密态数据的研究发展提供核心能力。可信密态计算的优化和完善，离不开技术融合、密态生态的发展。它是多种技术融合的创新，整体技术成果的演进，但也需要支撑性技术的提升，如 TEE 系统。而广泛使用的机器学习生态和数据分析生态，包括 Pandas、Ray、Spark、SQL、NumPy 等，机器学习类包括 TensorFlow、PyTorch、Sklearn 等，也都能支撑可信密态计算为明文计算提供对应的密文计算。在未来，以可信密态计算为代表的隐私计算和可信计算技术仍将在密态数据发展和应用领域实现技术价值，支撑数据安全保护工作和数据要素市场的建设与发展。

思考题

1. 对称加密算法和公钥加密算法是两类常见的加密技术，它们在不同的应用场景中有着各自的优势和适用性。选择合适的加密算法对于确保数据的机密性、完整性和可用性至关重要。请讨论如何针对不同的应用场景选择合适的加密算法。

2. 在数据传输过程中，确保数据的完整性至关重要。任何未经授权的篡改可能导致数据的失真或安全性受损。为了验证数据是否受到意外篡改，通常会使用哈希函数进行检验。什么是哈希函数？请说明在数据传输过程中如何使用哈希函数来验证数据是否受到了意外篡改。

3. 随着信息技术的不断发展，数据的隐私保护成为日益重要的问题。密态数据技术被作为一种关键的隐私保护手段。请简述密态数据的概念，并探讨在数据存储和传输中如何应用密态数据技术以实现隐私保护，试举例说明。

第三章 数据访问控制

第一节 基本概念

数据访问控制（DAC）是一种计算机系统中用来控制计算机资源访问权限的规则，即限制哪些用户、哪些程序可以访问哪些数据，其目的在于保证数据的安全性、可用性、完整性和私密性。数据访问控制技术是确保数据安全的重要手段，也是数据安全治理的关键技术之一。

数据访问控制通常是通过身份验证和授权管理来实现的[①]。身份验证是识别用户的过程，确认其是否具有数据访问权限。身份验证通常包括用户名和密码、指纹识别、人脸识别等方式。授权管理是指对用户进行权限管理，为不同种类的用户分配不同的权限。授权管理通常包括角色管理、权限管理、访问控制列表（ACL）等方式。通过这两个过程，我们可以确保用户只能访问其权限以内的数据，从而保证数据访问的安全性。

除了身份验证和授权管理，数据访问控制还包括以下几个方面：

（1）审计日志：对用户的访问行为进行监控和记录，以便及时发现和处理异常行为。审计日志可以记录用户的访问时间、访问内容和访问结果等信息。

（2）数据加密：对敏感数据进行加密处理，从而保护数据的机密性和完整性。数据加密可以在数据存储、数据传输等过程中进行。

（3）数据备份和恢复：对数据进行备份和恢复，以确保数据在意外情况下的安全性和可用性。

---

① 任传伦：《分布环境下身份认证和授权管理的研究》，北京邮电大学博士学位论文，2007 年。

数据访问控制包括三个要素：主体、客体和控制策略。

（1）主体 S（Subject）：提出访问资源的实体。主体是某一动作的发起者，但不一定是动作的执行者，可能是某一用户，也可以是用户启动的进程、服务和设备等。

（2）客体 O（Object）：被访问资源的实体。所有可以被操作的信息、资源、对象都可以是客体。客体可以是信息、文件、记录等集合体，也可以是网络的硬件设施、无线通信的终端，甚至一个客体可以包含另外一个客体。

（3）控制策略 A（Attribution）：主体对客体的相关访问规则集合，即属性集合。访问策略体现了一种授权行为，也是客体对主体某些操作行为的默认。

数据访问控制方式主要有：自主访问控制、强制访问控制、基于角色的访问控制、基于属性的访问控制、基于任务的访问控制、基于访问控制列表的访问控制、基于专家知识的访问控制以及基于 IP 的辅助访问控制等。

（1）自主访问控制（DAC）：在自主访问控制中，用户可以自行控制对自己拥有资源的访问权限[①]。自主访问控制通常用于对安全要求较低的系统，如个人计算机、家庭网络等。

（2）强制访问控制（MAC）：在强制访问控制中，数据的访问权限是由系统管理员定义的，用户无法更改[②]。强制访问控制通常用于对安全系统要求非常高的领域，如军事、政府等。

（3）基于角色的访问控制（RBAC）：在基于角色的访问控制中，用户被分配到不同的角色，每个角色对应着一组访问权限。用户的访问权限是由角色定义的，用户只需要拥有相应的角色即可访问相应的资源[③]。基于角色的访问控制通常用于用户和资源数量较多的系统，如企业网络、电商平台等。

---

① 顾少慰、梁洪亮、李尚杰等：《一种增强的自主访问控制机制的设计和实现》，《计算机工程与设计》2007 年第 8 期，第 1781—1784、1787 页。

② 张涛、张勇、宁戈等：《基于 SELinux 强制访问控制的进程权限控制技术研究与实现》，《信息网络安全》2015 年第 12 期，第 34—41 页。

③ 熊厚仁、陈性元、杜学绘等：《基于角色的访问控制模型安全性分析研究综述》，《计算机应用研究》2015 年第 11 期，第 3201—3208 页。

（4）基于属性的访问控制（ABAC）：在基于属性的访问控制中，用户的访问权限是根据用户的属性、资源的属性、环境的属性等多个因素来确定的[①]。基于属性的访问控制通常用于对安全系统要求较高的领域，如金融、医疗等。

（5）基于任务的访问控制（TBAC）：在基于任务的访问控制中，可以依据任务和任务状态的不同，对权限进行动态管理[②]。基于任务的访问控制非常适合于分布式计算和多点访问控制的信息处理控制以及在工作流、分布式处理和事务管理系统中的决策制定。

（6）基于访问控制列表（ACL）的访问控制：在基于访问控制列表的访问控制中，会优先检查有没有访问控制列表进入数据包，如果访问控制列表规则存在，则按照访问控制列表设定的动作对数据包执行放行或拒绝[③]。在基于访问控制列表的访问控制场景中，白名单和黑名单是一个经常使用的访问控制机制。其中白名单用于允许访问，黑名单用于拒绝访问。基于访问控制列表的访问控制通常用于需要简单快速地做出访问决策的系统，如路由器、防火墙等。

（7）基于专家知识的访问控制：当控制规则不便用简单方法实现时，需要借助一定的专家知识才能解决。基于专家知识的访问控制一般用于权限分配较复杂的场景，如多参数控制、自定义业务规则等。

（8）基于 IP 的辅助访问控制：IP 地址限制可以帮助收缩来访者的来源范围，作为辅助性的访问控制措施。基于 IP 的辅助访问控制一般用于机密性较高的网络，可以只允许内网访问，拒绝外网请求。

根据《信息安全技术—网络安全等级保护基本要求》[④]，我国对数据访问控制的基本要求如下：

---

① 房梁、殷丽华、郭云川等：《基于属性的访问控制关键技术研究综述》，《计算机学报》2017 年第 7 期，第 1680—1698 页。

② 赵勇、刘吉强、韩臻等：《基于任务的访问控制模型研究》，《计算机工程》2008 年第 5 期，第 28—30 页。

③ 曾旷怡、杨家海：《访问控制列表的优化问题》，《软件学报》2007 年第 4 期，第 978—986 页。

④ 全国信息安全标准化技术委员会，《信息安全技术—网络安全等级保护基本要求》（GB/T 22239－2019），2019 年 12 月 1 日。

表3-1　安全区域边界中的数据访问控制要求

第二级安全要求	第三级安全要求
a）应在网络边界或区域之间根据访问控制策略设置访问控制规则，默认情况下除允许通信外受控接口拒绝所有通信	a）应在网络边界或区域之间根据访问控制策略设置访问控制规则，默认情况下除允许通信外受控接口拒绝所有通信
b）应删除多余或无效的访问控制规则，优化访问控制列表，并保证访问控制规则数量最小化	b）应删除多余或无效的访问控制规则，优化访问控制列表，并保证访问控制规则数量最小化
c）应对源地址，目的地址、源端口、目的端口和协议等进行检查，以允许/拒绝数据包进出	c）应对源地址，目的地址、源端口、目的端口和协议等进行检查，以允许/拒绝数据包进出
d）应能根据会话状态信息为进出数据流提供明确的允许/拒绝访问的能力	d）应能根据会话状态信息为进出数据流提供明确的允许/拒绝访问的能力
	e）应对进出网络的数据流实现基于应用协议和应用内容的访问控制

表3-2　安全计算环境中的数据访问控制要求

第二级安全要求	第三级安全要求
a）应对登录的用户分配账户和权限	a）应对登录的用户分配账户和权限
b）应重命名或删除默认账户，修改默认账户的默认口令	b）应重命名或删除默认账户，修改默认账户的默认口令
c）应及时删除或停用多余的、过期的账户，避免共享账户的存在	c）应及时删除或停用多余的、过期的账户，避免共享账户的存在
d）应授予管理用户所需要的最小权限，实现管理用户的权限分离	d）应授予管理用户所需要的最小权限，实现管理用户的权限分离
	e）应由授权主体配置访问控制策略，访问控制策略规定主体对客体的访问规则
	f）访问控制的粒度应达到主体为用户级或进程级，客体为文件、数据库表级
	g）应对重要主体和客体设置安全标记，并控制主体对有安全标记信息资源的访问

在实际操作中，应根据具体需求和应用场景设计相应的数据访问控制方案，可以从以下几个方面考虑：

（1）安全性：保证数据安全是数据访问控制的首要目的，因此解决方案需要包含完善的访问控制策略、身份验证、权限管理等功能，确保能够有效抵御各类攻击和安全风险。

（2）可扩展性：数据访问控制需要能够支持不同的数据类型、数据量和访问场景，因此解决方案需要适应各类数据和业务需求，保证系统的灵活性和可扩展性。

（3）性能：数据访问控制需要一定的访问效率和相应速度，因此解决方案需要有高效的数据处理和权限管理能力，从而快速响应用户需求。

（4）易用性：数据访问控制需要便于运营和维护，因此解决方案需要有友好的访问界面和实用的操作工具，从而便于权限管理和访问控制策略的及时调整。

（5）成本效益：数据访问控制需要能够在满足预算成本的前提下进行，因此解决方案需要有合理的价格，在满足实际需求的前提下，尽可能降低成本并扩大收益。

第二节　自主访问控制

一、自主访问控制简介

自主访问控制（DAC）是一个接入的控制服务，它用来执行基于系统实体和它们的系统资源的授权情况，主要的对象可以包含文件、文件夹等各个可以使用的资源。自主访问控制需要在这些被访问对象中设置相关的许可，需要使用这些资源时，按照相应的许可进行访问。

1969 年，巴特勒·拉姆波逊①通过形式化描述方法，运用主体、客体和访问矩阵（AM）的思想，首次对访问控制问题进行了抽象，访问控制依赖于引用监控器进行主体对客体的访问控制，进而可以决定主体是否对客体有访问权限，以及有何种访问权限和如何进行访问。监控器通过查询数据库维护权限信息，用来获取相应的权限，并能够记录相关操作到数据库中，以供后续审计使用。引用监控器也是整个安全操作系统中安全内核

① Lampson B W，“Protection”，Acm Sigops Operating Systems Review，Vol. 8，No. 1，1974，pp. 18 – 24.

的技术基础，也就是说，安全操作系统就是在引用监控器的基础上构建而来的，引用监控器是负责实施系统安全策略的硬件和软件的结合体。

二、自主访问控制的特点

自主访问控制是访问控制中最常见的一种方法，它允许资源的所有者自主地在系统中决定可接入其资源客体的主体，也就是主体有自主的决定权。一个主体可以有选择地与其他主体共享资源，因此该模型灵活性很高。但是，这种自主性使得自主访问控制属于一种较为松散的访问控制，每个主体的访问权限都具有传递性①。在自主访问控制中，信息总能从一个对象到另一个对象，甚至是高度保密的对象，所以自主访问控制的安全性很低。此外，因为相同的用户对不同的对象资源具有不同的访问权限，不同的用户对相同对象资源具有不同的访问权限，因此，用户、权限和对象资源之间的授权管理变得十分复杂。

自主访问控制由于将部分授权和取消授权的一部分权利交给了个体用户，使得管理人员很难判断出谁才是目标资源的存取者，从而影响了整体存取控制的一致性。

三、自主访问控制实现机制

自主访问控制把访问规则存储在访问控制矩阵中。在实现自主访问控制策略的过程中，访问控制矩阵是最基本的数据结构，它的每一行都代表着一个主体，每一列都代表着一个客体，某个主体对某个客体的访问权限由矩阵中的每个元素来表达。通过检查这个访问控制矩阵可以了解用户对任何客体的访问请求，如果矩阵中主体和客体的交叉点上有访问类型，访问将被允许，反之，被拒绝②。

（一）基于行的自主访问控制

这类机制把每个主体对其所在行上的有关客体（也就是非空矩阵元素所对应的那些客体）的访问控制信息，以表格的形式附加到主体身上，按

---

① 张宏、贺也平、石志国：《基于周期时间限制的自主访问控制委托模型》，《计算机学报》2006 年第 8 期，第 1427—1437 页。

② 林闯、封富君、李俊山：《新型网络环境下的访问控制技术》，《软件学报》2007 年第 4 期，第 955—966 页。

照表格中的内容，又被分成了不同的具体实现机制。其基本实现机制如图 3－1 所示。

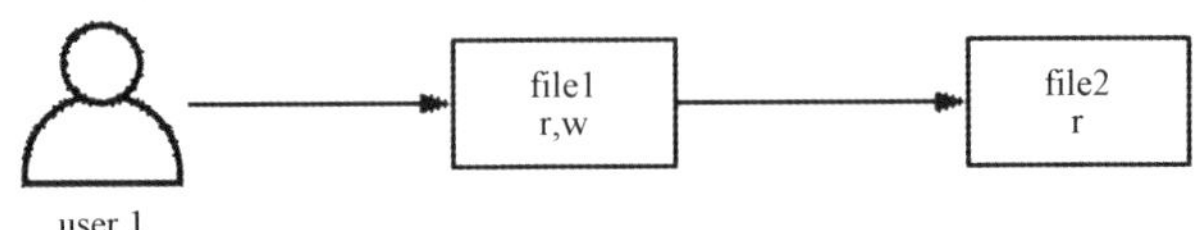

图 3－1　基于行的自主访问控制机制

1. 权限表机制

在权限表中，主体可以访问每一个对象的权限（如读、写、执行等），但主体只能根据所赋予的权限来访问对象。通过软件、硬件以及加密等手段，可以实现对用户的安全保护，从而有效地保护用户的安全。由于允许一个主体将它的权限转移到另一个过程或者从另一个过程中恢复它的权限是一个动态的过程，因此，对于一个程序来说，最好的办法就是尽量减少这个程序所要访问的对象。

2. 口令机制

每个客体都有一个相应的口令。当主体对一个客体发出访问请求时，必须给系统提供该客体的口令。大部分执行自主访问控制的系统都使用口令机制，但只能对每一个对象或者每一种存取方式指定一个口令。

3. 前缀表

前缀表中包含主体可访问的每个客体的名字及主体对它的访问权限。当某个主体要访问某个客体时，访问控制机制将检查该主体的前缀中是否具有它所请求的访问权。在实现前缀表机制时，主体的前缀表很可能会极大地增加系统管理的难度，只有系统管理员才能对其进行修改，因此管理起来比较复杂。

（二）基于列的自主访问控制

基于列的自主访问控制，就是将每一个客体对象所处的某一列中的有关主体所存取的控制信息，以表格的方式添加到客体对象上，并对其进行存取控制。其实现形式有两种：一种是保护位模式，一种是访问控制列表[①]，如

---

①　孙亚楠、石文昌、梁洪亮等：《安全操作系统基于 ACL 的自主访问控制机制的设计与实现》，《计算机科学》2004 年第 7 期，第 153—155、162 页。

图 3－2 所示。

客体file 1:

ID1.rx	ID2.r	ID3.x	……	IDn.rwx

图 3－2 访问控制列表示例图

1. 保护位机制

一个保护位可以为所有的主体、主体和对象的所有者提供一组访问权，这个机制被 UNIX 所使用。将主体组的名称和所有者的名称包含在一个保护位中。

2. 访问控制列表机制

通过访问控制列表，可以确定一个特定的主体是否可以对某一个客体进行访问。它通过在对象后面附加一张主题列表来表达访问控制矩阵。对于对象的访问以及对象的标识，在表格中的每个条目中都有。当前，最好的方式就是使用访问控制列表机制。

第三节 强制访问控制

一、强制访问控制简介

强制访问控制（MAC）是指一种由操作系统或管理者约束的访问控制。在强制访问控制中，系统或管理员作为第三方制定数据访问规则，用户必须在满足授权允许的情况下，才能按照自己的访问控制策略进行通信。

在具体实践中，强制访问控制的主体通常是一个进程或线程，对象可能是文件、目录、TCP/UDP 端口、共享内存段、I/O 设备等。主体和对象都被标记了固定的安全属性。每当主体尝试访问对象时，都会由操作系统内核或通信访问管理者强制施行授权规则，即检查安全属性并决定是否可进行访问。任何主体对任何对象的任何操作都将根据一组授权规则（也称策略）进行测试，决定操作是否允许。如果系统认为具有某一安全属性的主体不能访问具有一定安全属性的客体，那么任何人（包括该客体的主人）都无法使该主体访问该客体。

通过强制访问控制，安全策略由安全策略管理员集中控制，用户无权覆盖策略，例如不能给被否决而受到限制的文件授予访问权限。相比而言，自主访问控制也拥有控制主体访问对象的能力，但允许用户进行策略决策和/或分配安全属性。在强制访问控制下，用户不能覆盖或修改策略，无论意外还是故意，这使得安全管理员定义的中央安全策略得以在原则上保证向所有用户强制实施。

历史上，强制访问控制与作为保护美国等级信息的多级安全（MLS）手段和专业的军用系统密切相关。《可信计算机系统评估标准》（TCSEC）就是这一主题的开创性工作，其中将强制访问控制定义为“基于对象中包含信息的敏感性（由标签表示）来显示对对象的访问途径以及对象访问这种敏感信息的授权”。强制访问控制的早期实现有 Honeywell 的 SCOMP、USAF SACDIN、NSA Blacker，以及波音公司的 MLS LAN 等。近几年，强制访问控制已经逐渐从多层安全中独立发展出来，并变得更加主流。最近的强制访问控制实现有诸如面向 Linux 的 SELinux[①] 和 AppArmor[②]，以及面向 Windows 的强制访问控制[③]，它们使管理员得以关注没有严格多级安全约束时遇到的如网络攻击或恶意软件等问题。

强制访问控制中的“强制性”因其在军事领域的应用而获得了特殊的含义。由于军事领域的高级别安全需求，强制访问控制通常需要高度的控制力和绝对的执行力，确保控制机制能够抵抗各种类型的破坏，从而使他们能够执行由安全管理人员命令授权的访问控制。强制施行的保证性要求要高于商业应用，因此这不允许采用“尽力而为”的机制。强制访问控制只接受能够绝对或者几乎绝对地保证任务执行的机制。

强制访问控制的安全属性是强制的，任何主体和客体都无法变更，这使得其安全性较高，适合于保护敏感数据，大多应用于政府、军事等安全需求较高的领域。然而这种访问机制也使得用户操作受到极大的限制，灵

---

① 管华、崔家源：《基于 SELinux 的强制访问控制机制分析与研究》，《数字技术与应用》2016 年第 3 期，第 96 页。

② Ecarot T，Dussault S，Souid A，et al.，“App Armor for Health Data Access Control：Assessing Risks and Benefits”，2020 7th International Conference on Internet of Things：Systems，Management and Security（IOTSMS），Paris，France，2020.

③ Cho Chaeho，Seong Yeonsang and Won Yoojae，“Mandatory Access Control Method for Windows Embedded OS Security”，Electronics 10.20，2021.

活度较低，应用领域较窄。

二、强制访问控制模型

（一）BLP 模型

贝尔－拉帕杜拉模型[①]（BLP）是贝尔和拉帕杜拉于 1973 年提出的一种模拟军事安全策略的计算机访问控制模型，它是最早、也是最常用的一种多级访问控制模型，该模型用于保证系统信息的机密性。BLP 模型设计之初被用来规范美国国防部的多级安全策略。采用 BLP 模型的系统之所以被称为多级安全系统，是因为使用这个系统的用户具有不同的许可，而且系统处理的数据也具有不同的分类。在 BLP 模型中，数据和用户被分为五个安全等级：公开、受限、秘密、机密、绝密。

BLP 模型是一种状态机模型，它形式化地定义了系统、系统状态以及系统状态间的转换规则，定义了安全概念和一组安全特性，以便对系统状态和状态转换规则进行限制和约束。对于一个系统而言，如果它的初始状态是安全的，并且经过一系列规则转换后仍保持安全，那么可以证明该系统是安全的。

在强制安全策略中，BLP 模型有三种安全特性。一是简单安全特性：规定给定安全级别的主体无法读取更高安全级别的对象；二是星（＊）特性：规定给定安全级别的主体无法写入任何更低安全级别的对象；三是强星（＊）特性：规定一个主体只能在同一安全级别上执行读写功能，在较高或较低级别都不能读写。系统会对所有的主体和客体都分配一个访问类属性，包括主体和客体的密级和范畴，系统通过比较主体与客体的访问类属性控制主体对客体的访问。

一般来说，在 BLP 模型中，用户只能查看自己的安全级别或更低安全级别的内容（即“下读”，如秘密级别人员可以查看公开或秘密文件，但不能查看绝密文件），并且只能在自己的安全级别或更高安全级别上创建内容（即“上写”，如秘密级别人员可以创建秘密或绝密文件，但不能创建公开文件）。在存在可信主体的情况下，BLP 模型可能会产生从高机密到低机密的数据流动，以保证系统的正常运行和管理，此时可信主体不受

---

① Electronic N A，Lapadula L，Bell D E，et al.，“Secure Computer Systems：Mathematical Foundations”，MITRE Corp，No. MTR－2457，1973.

星（＊）特性的限制，但必须证明其在安全策略方面是值得信任的。

虽然可信主体的存在使得系统运行和管理更加高效，但是可信主体不受星（＊）特性的约束，导致其访问权限太大，不符合最小权限的原则，容易造成数据泄露，应当对可信主体的操作权限和应用范围进一步细化。另外，BLP 模型侧重于保密性控制，保证信息只能从低安全级向高安全级传送，但是缺少数据的完整性控制，不能有效限制“上写”过程中的隐藏通道问题。

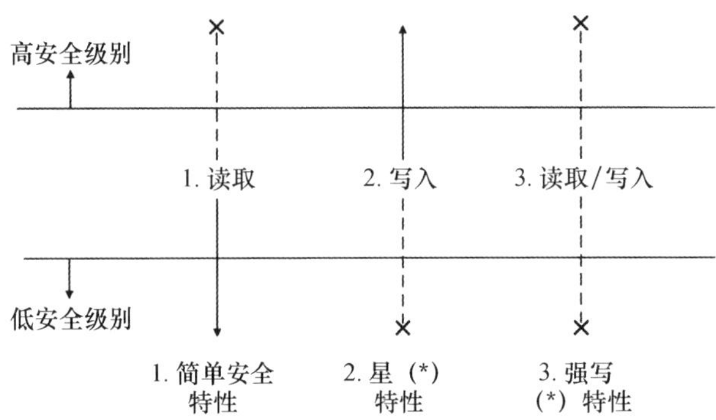

图 3－3　BLP 模型的三种安全特性

（二）Biba 模型

Biba 模型[①]是毕巴在 1977 年提出的完整性访问控制模型。Biba 模型解决了系统内的数据完整性问题，它不关心安全级别和机密性，而是用完整性级别来防止数据从任何给定完整性级别流向较高完整性级别中，保证数据在系统中只能自上而下流动。设 i1 和 i2 是任意两个完整性级别，如果完整性级别为 i2 的实体比完整性级别为 i1 的实体具有更高的完整性，则称完整性级别 i2 绝对支配完整性级别 i1，记为：i1 < i2。

Biba 模型主要通过以下三条规则来提供数据完整性保护：

（1）简单完整性公理：主体不能从较低完整性级别读取数据（被称为“不能向下读”），即当且仅当 i（S）≤i（O）时，主体 S 可以读取客体 O；

（2）星（＊）完整性公理：主体不能向位于较高完整性级别的客体写

① Biba K J，“Integrity Constraints for Secure Computer Systems”，Technical Report，No. MTR－3153，1977.

数据（被称为“不能向上写”），即当且仅当 i（O）≤i（S）时，主体 S 可以写客体 O；

（3）调用属性：主体不能请求（调用）完整性级别更高的主体的服务，即当且仅当 i（S2）≤i（S1）时，主体 S1 可以调用 S2。

特别是，对于“读”操作，Biba 模型有三种不同的形式：

（1）Biba 低水标模型：

设 S 是任意主体，O 是任意客体，imin = min（i（S），i（O）），那么，不管完整性级别如何，S 都可以读 O，但是“读”操作执行后，S 的完整性级别被调整为 imin。

（2）Biba 环模型：

不管完整性级别如何，任何主体都可以读任何客体。

（3）Biba 严格完整性模型：

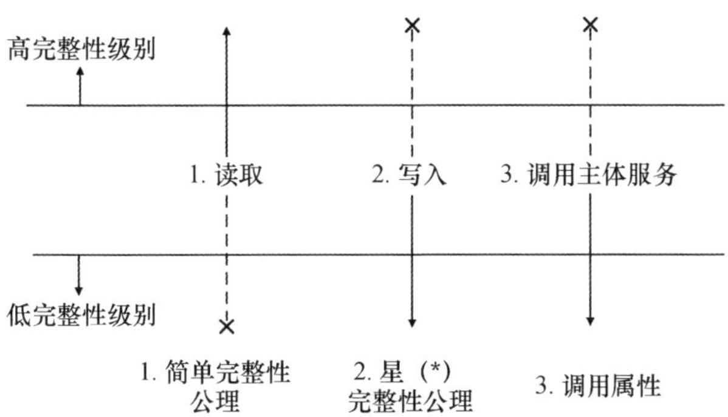

图 3－4　Biba 模型的三种安全规则

在满足规则 1 的基础上，当且仅当 i（S）≤i（O），主体 S 可以读客体 O。在严格完整性模型中，当且仅当主体和客体拥有相同的完整性级别时，主体可以同时对客体进行“读”和“写”操作。

一般情况下，Biba 模型指的是 Biba 严格完整性模型。

（三）Clark－Wilson 模型

Clark－Wilson 模型[①]是由戴维·克拉克和大卫·威尔逊在 1987 年提出

① Clark, David D and David R. Wilson, “A Comparison of Commercial and Military Computer Security Policies”, 1987 IEEE Symposium on Security and Privacy, 1987.

的一种用于保证数据完整性和一致性的访问控制模型，侧重于满足商业应用的安全需求。

Clark - Wilson 模型专注于结构良好的事务处理和职能划分。结构良好的事务处理是指将数据从一个一致状态转换为另一个一致状态的一系列操作，其中，转换过程（TP）是指可编程的抽象操作，如读、写和更改。如果把一个一致状态看成已知的可靠数据，那么这种一致确保了数据的可信性，这也是 TP 的工作职责。职能划分在模型中的应用，是通过添加一类完整性验证过程（IVP），用以审核 TP 的工作并验证数据的可信性。

在使用 Clark - Wilson 模型时，系统会将数据划分成一个需要高度保护的子集，只能由转换过程操纵，称为约束数据项（CDI），以及一个不需要高度保护的子集，用户可以通过简单的读写进行操纵，称为非约束数据项（UDI）。任何用户都无法直接更改关键数据（CDI），必须首先通过身份验证，之后由转换程序（TP）代表用户执行操作，这称为访问三元组：主体（用户）、程序（TP）和客体（CDI）。如果没有使用 TP，用户就无法更改 CDI。UDI 不需要如此高级别的保护，并且可以由用户直接操纵。

图 3 -5 显示了 Clark - Wilson 模型在电子商务程序中的应用。用户接到自主数据条目（UDI）并由转换程序（TP）将其转换为受限数据条目（CDI1），CDI1 用来更新 CDI2（例如客户的订单）和 CDI3（如客户的帐单），完整性检查程序（IVP）总是要检查 CDI2（订单）和 CDI3（帐单）是否出入平衡，由此确保整个交易的完整性。

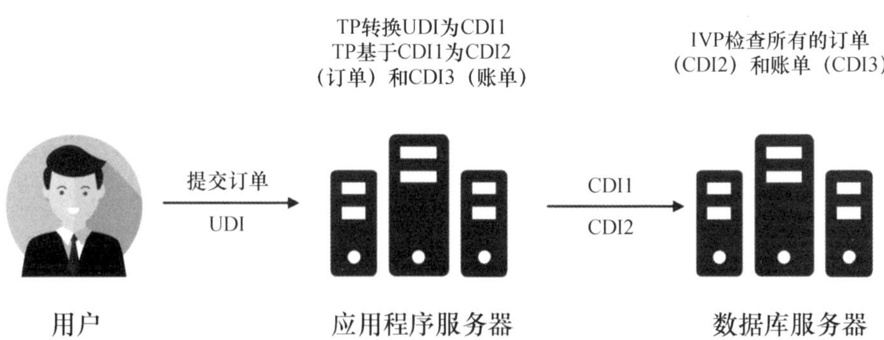

图 3 -5　Clark - Wilson 模型在电子商务程序中的应用

Clark - Wilson 模型是一个完整性模型，因此它必须确保执行某种特定的完整性规则，其虽然在一定程度上保证了数据完整性和一致性，但是系统实现和访问元组降低了系统的灵活性，在转换过程融合编程的逻辑中，不利于将数据的控制策略从数据项中分离。

（四）Chinese Wall 模型

Chinese Wall 模型①，又称布鲁尔 - 纳什模型，是由布鲁尔和纳什提出的一种同等考虑保密性和完整性的访问控制模型，主要用于解决商业应用中的利益冲突问题，它在商业领域的应用与 BLP 模型在军事领域的作用相当。

与 BLP 模型不同的是，访问数据不是受限于数据的属性（密级），而是受限于主体已经获得了对哪些数据的访问权限。Chinese Wall 模型的主要设计思路是将一些可能会产生访问冲突的数据分成不同的数据集，并强制所有主体最多只能访问一个数据集，而选择访问哪个数据集并未受强制规则的限制。

在 Chinese Wall 模型中，客体分为无害客体和有害客体两种，其中，无害客体是可以公开的数据，有害客体是会产生利益冲突、需要限制的数据。与某家公司相关的所有客体组成了公司数据集（CD），若干相互竞争的公司的数据集形成利益冲突类（COI）。设 COI（O）表示包含客体 O 的 COI 类，CD（O）表示包含客体 O 的公司数据集，假设每个客体只属于某一个 COI 类。PR（S）表示主体 S 曾经读取过的客体集合。

Chinese Wall 模型有两种安全特性，分别是 CW 简单安全特性和 CW 星（*）特性。CW 简单安全特性为主体 S 能读取客体 O，当且仅当以下任一条件为真：

（1）存在一个 O'，它是 S 曾经访问过的客体，并且 CD（O'）= CD（O）；

（2）对于客体 O'，O' ∈ PR（S），且 COI（O'）≠ COI（O）；

（3）O 是无害客体。

假设系统中保存了银行 A、石油公司 A 和石油公司 B 的信息，一个新用户可以自由选择访问三个公司之一的数据集。在计算机系统中，一个不拥有任何信息的新用户不会存在任何冲突。假设这个新用户首先访问了石

---

① Brewer, David FC and Michael J. Nash, "The Chinese Wall Security Policy", in IEEE Symposium on Security and Privacy, Vol. 1989, 1989, p. 206.

油公司 A 的数据集，则该用户目前拥有了石油公司 A 的信息。之后，该用户请求访问银行 A 的数据集，由于银行 A 和石油公司 A 分属于不同的利益冲突组，所以不会发生冲突，故被允许访问。但是，如果请求访问石油公司 B 的数据集，将会被拒绝，因为两个石油公司的数据集是冲突的。

在第一次选择时，用户完成了对所需要信息的自由访问，于是，围绕着该用户所拥有信息的 Chinese Wall 已经建成，可以认为在墙外的任何数据集均与墙内的数据集同属于一个利益冲突组。这时，用户仍然可以自由访问那些与墙内信息分属于不同利益冲突组的信息，但是选择一旦做出，Chinese Wall 会立即针对新的数据集修改形状。可以看出，Chinese Wall 的安全策略是一种自由选择与强制控制的绝妙组合。

综上所述，如果访问可以进行，则被访问的客体一定属于以下两种情况：

（1）与主体曾经访问过的信息属于同一个公司数据集，即在墙内的信息；

（2）与主体曾经访问过的客体属于一个完全不同的利益冲突组。

有时，在属于同一个利益冲突组的公司数据集之间，会出现间接信息流。例如，有两个用户 User－A 和 User－B，User－A 访问了银行 A 和石油公司 A 的信息，而 User－B 访问了银行 A 和石油公司 B 的信息。如果 User－A 从石油公司 A 中读取数据并写入银行 A 中，则 User－B 便能够读取石油公司 A 的数据。由于石油公司 A 和石油公司 B 同属于一个利益冲突组，所以，这种情况是不允许发生的。以上操作结果已经间接破坏了 Chinese Wall 的安全策略。为了防止该情况的出现，CW 星（＊）特性对写入操作有如下规定：

主体 S 能写入客体 O，当且仅当以下两个条件同时为真：

（1）CW 简单安全特性允许 S 读取 O；

（2）对于有害客体 O’，S 能读取 O’，且 CD（O’）＝CD（O）。

Chinese Wall 模型通常用于证券交易或者投资公司的经济活动中，其目的是为了防止利益冲突的发生，如，交易员代理两个客户的投资，并且这两个客户的利益相互冲突，应用 Chinese Wall 模型的安全策略，可以防止交易员为了帮助其中一个客户盈利，而导致另一个客户损失。

第四节 基于角色的访问控制

一、基于角色的访问控制简介

美国国家标准与技术研究院提出基于角色的访问控制（RBAC）方式，以取代自主访问控制。在基于角色的访问控制中，可以给每一位使用者指派一种或多种不同的角色，并给他们指定许可的权限。使用者可以是雇员、承包商、商业伙伴等等，并且每一个角色在这个分类中都有一个预先定义的权利[①]。

二、基于角色的访问控制的特点

基于角色的访问控制允许通过分配一组权限来创建和实施高级访问。权限是根据一个特殊的使用者类别而设定的存取等级，以履行他们的责任。

基于角色的访问控制系统中，系统不再是将权限直接分配给用户[②]，而是通过角色间接地分配给用户。这在系统创建完成时，角色工程具有方便管理的优点。但是，随着系统的不断扩张，会产生更多的角色。在基于角色的访问控制系统中，角色是由静态分配的，因此不能动态地分配到角色的权限；而且，系统会一视同仁地对待被分配到角色的所有权限，不能按照每一种权限赋予角色的不同含义进行细粒度的授权。

三、基于角色的访问控制模型

基于角色的访问控制模型包括以下核心元素：User、Role、Permission、Session、用户角色分配、权限角色分配、约束条件[③]。

定义 1：User，对数据或者资源进行访问的主体。用 U 来表示集合。

---

① 余杨奎：《基于角色的访问控制模型（RBAC）研究》，《计算机技术与发展》2019 年第 1 期，第 198—201 页。

② 王静宇、张伟：《结合属性和 RBAC 的访问控制模型及算法研究》，《小型微型计算机统》2022 年第 7 期，第 1523—1528 页。

③ 鞠博、边臻：《RBAC 模型在访问控制中的应用》，《福建电脑》2022 年第 9 期，第 37—40 页。

$U = \{User_1$、$User_2$、$User_3 \cdots User_i, U_i \in U\}$。

定义 2：Role，每个角色代表一定的职责，用 R 表示集合。$R = \{Role_1$、$Role_2$、$Role_3 \cdots Role_i, R_i \in R\}$。

定义 3：Permission，对数据或资源进行访问的许可。用 P 表示集合。$P = \{Permission_1 \cdots P_i, P_i \in P\}$。

定义 4：Session，角色的初始化必须通过用户会话来完成。用 S 表示会话集。

定义 4.1：会话和用户之间的映射用 S - U 表示，对应关系为 n - 1。

定义 4.2：会话和角色之间的映射用 $S - 2^R$表示，对应关系为 n - n。

定义 5：用户角色分配，具体实现方法是将用户集 U 与角色集 R 间做广义笛卡尔积，即 $U \times R = \{t_u t_r \mid t_u \in U \wedge t_r \in S\}$，其中 $U_A \subseteq U \times R$①。

定义 6：权限角色分配，这种分配关系同样是将权限集 P 与角色集 R 间做广义笛卡尔积，即 $P \times R = \{t_p t_r \mid t_p \in P \wedge t_r \in R\}$，其中 $P_A \subseteq P \times R$②。

定义 7：约束关系，指整个模型的一系列约束条件。典型的约束关系包括：权限互斥、角色互斥。

定义 7.1：权限互斥对任意两个互斥权限 P_i和 P_j以及用户 A，若 $P_i \in U_A$（P），则 $P_j \notin U_A$（P）。本文用符号“Ø”表示权限互斥。

定义 7.2：角色互斥对任意两个角色 R_i和 R_j以及权限 P，若满足 R_i（P）ØR_j（P），则称 R_i和 R_j角色互斥。基于角色的访问控制模型的原理如图 3 - 6 所示。

首先，利用基于角色的访问控制模型，可以有效地降低授权管理过程中出现的许多重复操作。其次，通过基于角色的访问控制模式，可以保证有效的控制访问，使得使用者无法与其他使用者分享存取权限，增加了存取的安全性。同时，也为公司的安全策略变更提供了一个可扩展的空间，让经理们能够根据具体的环境，对所需的角色进行定义，并对其进行相应的权限分配。

---

① David F. Ferraiolo, Ravi Sandhu, Serban Gavrila, et al, “Proposed NIST standard for role - based access control”, TISSEC, Vol. 4, No. 3, 2001, pp. 234 - 235.

② “Role - Based Access Control”, Artech House INC, 2024, http: //www. artech-house. com.

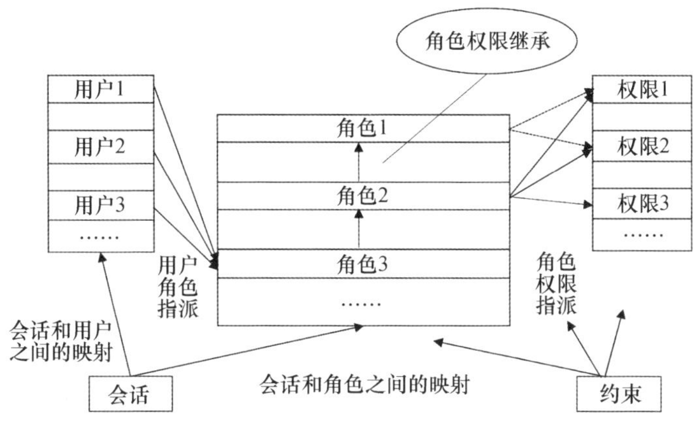

图3-6 基于角色的访问控制模型原理

第五节 授权管理基础设施技术

授权管理基础设施（PMI）是国家信息安全基础设施的一个重要组成部分，它依赖于公共密钥基础设施（PKI）的支持，旨在向用户和应用程序提供授权管理服务，主要负责提供用户身份到应用授权的映射功能，实现与实际应用处理模式对应的、与具体应用系统开发和管理无关的访问控制机制，极大地简化应用中访问控制和权限管理系统的开发与维护，减少管理成本和复杂性①。

一、PMI的主要功能

PMI是与应用相关的授权服务管理基础设施，其主要功能包括：(1) 对权限管理进行了系统的定义和描述；(2) 系统地建立起用户身份到应用授权的映射；(3) 支持应用访问控制。

简单来说，PMI能提供一种相对独立于应用的有效体系结构，将应用资源和用户身份及访问权限之间建立对应关系，支持应用权限的有效管理和访问控制，以保证用户能获取他们有权获取的信息、做有权限操作。

PMI建立在PKI提供的可信身份认证服务的基础上，采用基于属性证

---

① 尹志兵、黄红明、熊桂喜：《一种基于PMI的访问控制模型及其应用》，《计算机工程》2004年第1期，第121—123页。

书（AC）的授权模式，为应用提供用户身份到应用权限的映射功能。PMI和PKI的主要区别在于PMI主要进行授权管理，证明用户权限，而PKI主要进行身份鉴别，证明用户身份①。PKI与PMI的结构十分相似，也有很多类似的概念，如表3－3所示。

表3－3 PKI与PMI对照表

概念	PKI实体	PMI实体
证书	公钥证书（PKC）	属性证书（AC）
证书签发者	证书认证机构（CA）	属性权威（AA）
证书使用者	主体（Subject）	持有者（Holder）
证书绑定	主体名和公钥绑定	持有者名和一个角色、权限或者属性绑定
证书撤销	证书撤销列表（CRL）	属性证书撤销列表（ACRL）
根信任机构	根CA或信任锚（Trust Anchor）	信任源点（SOA）
从属机构	次级CA	下级AA

二、PMI的体系架构

PMI是属性证书、属性权威、属性证书库等部件的集合体，用来实现权限和属性证书的产生、管理、存储、分发和撤销等功能。其主要组件包括信任源点（SOA）、属性权威（AA）、用户以及证书库等。

（1）信任源点（SOA）：信任源点是整个PMI的最终信任源和最高管理机构，是特权的最初签发者，所有特权授予都是从信任源点开始的，是属性证书授权链的初始节点。信任源点的主要职责是授权策略的管理、应用授权受理、属性权威的设立审核及管理等。

（2）属性权威（AA）：属性权威是PMI的核心服务节点，与信任源点通过业务协议达成相互信任关系。信任源点授权给它管理一部分或全部属性的权利。属性权威中心的职责主要包括应用授权受理。可以有多个层次，上级属性权威可授权给下级属性权威，下级可管理的属性的范围不超过上级。

（3）用户：也称特权持有者，指使用属性证书的终端实体。

---

① 程安潮、余奇、姚馨等：《基于属性证书的PMI授权管理模型应用研究》，《计算机工程》2006年第8期，第162—164页。

（4）证书库/ACRL 库：主要用于发布 PMI 用户的属性证书，以及属性证书撤消列表（ACRL），以供查询使用。

属性证书是 PMI 的信任源点或属性权威签发的包含持有者属性集合与持有者相关信息的数据结构。这种数据结构不包含公钥信息，只包含证书持有人 ID、发行证书 ID、签名算法、有效期、属性等信息①。属性证书的申请、签发、注销和验证流程对应着权限的申请、发放、撤销和使用验证的过程。

相比较，公钥证书（PKC）是一种数字签名的声明，它将公钥绑定到持有对应私钥的个人、设备或服务的标识，以此表明用户的身份；而属性证书则是将一个标识和一个角色、权限或者其他属性通过数字签名进行绑定，以此表明用户的属性②。和公钥证书一样，属性证书能被分发、存储或缓存在非安全的分布式环境中，具有不可伪造、不可篡改的特性。同时，属性证书的分发以及应用还具有如下特点：

1. 独立的发行机构

PMI 将属性信息与身份信息分离，并单独制作属性证书，这样的属性授权过程较为独立，且更有针对性。在实践中，属性证书颁发机构和用户公钥证书颁发机构分别独立建设。

2. 属性证书与公钥证书相关

属性证书基于用户身份颁布，不能单独使用，在验证用户身份时必须查找用户公钥证书。

3. 同一个身份可以有多个属性证书

一个系统中，每个用户仅拥有一个合法身份，但是同一个身份根据应用需要可以分发多个属性证书。

4. 存储方式灵活

属性证书可以分发给用户，由用户存储在本地磁盘或者 USB Key 上，或者委托给系统进行统一存储和管理。由系统托管属性证书时，系统会根据用户的身份直接从证书库中获得用户相应的属性证书，不需要建立相应

---

① 陈光耀、李生红：《基于属性证书和角色的 PMI》，《信息安全与通信保密》2005 年第 8 期，第 118—121 页。

② 单云江：《基于属性证书的跨域访问技术设计与实现》，《数字通信》2013 年第 4 期，第 91—94 页。

的协议，属性证书的使用和变更对用户是透明的。

5. 时效短

属性证书的有效期会根据用户属性来设置，而不必和用户的公钥证书一样。由于临时操作时用户属性的拥有时间可以很短，因此可在颁发属性证书时设置很短的有效期，其好处是可以降低系统属性证书撤销列表的维护开销。

6. 基于属性实施访问控制

应用属性证书后，在访问控制方面不再基于用户身份，取而代之的是基于属性来决定用户对某一资源或服务是否拥有访问权，这样应用程序中的访问控制规则可以被简单地定义成基于属性的访问控制，这种方式相对更加简单并且更易理解和维护。

第六节　访问控制技术的综合应用

一、自主访问控制的应用

在自主访问控制系统中，每一个客体的属主（创建者）都可以对客体权限进行更精确的定义，简而言之，就是当主体对自我客体的访问权限进行定义的时候，不会对其他客体产生影响。因此，在定义的时候，不需要对其他客体的工作状态进行太多的考虑。存在的问题是，自主访问控制在定义的过程中，可能会很难对相关的安全级别和控制权限进行控制，因此，为了最大程度地适应系统应用过程，通常的权限定义就会比较低，这样可以确保任何主体在访问过程中不会因为访问约束而导致无法访问。然而，由于没有一个完整的协同机制，所以很难保证达到系统最终只有一个的安全理念，也很难保证整个访问控制的主体只获得其所需的安全权限。这是一种比较大的风险，因此，在对应用要求比较宽泛的情况下，或对性能要求比较高的情况下，在利用自主访问控制系统对整个系统进行权限管理时，得到的适用性比较强。因此，对于一般的、大型的系统来说，自主访问控制有很好的适用性，它能够最大限度地保证系统的效能和功能①。

---

① 李广：《强制访问控制和自主访问控制区别应用浅析》，《计算机安全》2012年第8期，第86—88页。

自主访问控制让客体的所有者来定义访问控制规则。以图书馆借书场景为例，如果你想要从图书馆中借走一本书，管理员会说："你得到图书所有者的许可了吗?"这就是自主访问控制。在自主访问控制系统中，用户的权限和系统的权限都是由用户来维护的。因此，自主访问控制具有较高的适应性和较低的维护费用。然而，虽然自主访问控制减少了管理员的工作量，但它却使总体的存取控制管理变得更加困难，以致其安全性仅仅依赖于拥有者的个人安全意识。

自主访问控制的特点，实际上就是把安全性交给了用户，所以，自主访问控制更适合应用于面向用户的场合。在用户想要获得对自身资源控制权的时候，一般都会使用自主访问控制来实现对其的访问控制。例如，在Linux 系统中使用了自主访问控制，使用者可以决定哪些人可以访问他的文件。

Linux 中每个文件都拥有下面三种权限：

（1）所有者权限：所有者的权限决定了文件的所有者可以对文件执行什么操作。

（2）组权限：组权限决定了文件所属组中的用户可以对文件执行什么操作。

（3）其他权限：其他用户可以进行的操作。

文件的权限是 Linux 系统安全的第一道防线。Linux 权限的基本构建块是读、写和执行权限，下面将对此进行介绍：

（1）读：授予读取（即查看文件内容）的能力。

（2）写：授予修改或删除文件内容的功能。

（3）执行：具有执行权限的用户可以将文件作为程序运行。

自主访问控制的应用使 Linux 系统能够更加安全地存储文件，Linux 为不同的文件赋予了不同的权限和访问模式。文件所有权是 Linux 的一个重要组成部分。

二、强制访问控制的应用

强制访问控制是保障数据库安全的一项关键技术。数据库安全管理员可以根据数据的具体密级为数据定义标记，标记包含两个元素：等级和范围。等级代表数据的敏感度，用以防止未授权的用户查询和修改高密级的数据；范围用于将数据分类，防止用户跨界限访问数据。安全员可以给用户授予标记权限，以决定用户可以何种形式（读或写）访问那些数据。标记可以只包含等级，也可以是等级和范围的集合。当表中的元组被标记标识后，只有用户被授予了访问该标记的权限后，才可以读取该元组或者写入该元组。当元组具有多个数据标记时，用户必须具有所有标记的权限才可以访问该元组。

基于强制访问控制技术，研究者们提出许多方法加强数据库的安全性。资源染色标记法[①]利用主机管控系统控制主机代理对数据库服务器等资源实体予以用户权限的等级化染色，并以 IP、端口、MAC 地址及用户权限等信息为标记，在管控主系统中开辟访问通道，根据过滤后的请求行为，分发对应等级资源实体的操作密钥，以获取操作权限。若响应行为中的资源实体等级与访问通道不匹配，则锁死；否则，放行通过。云计算中的分布式强制访问控制算法[②]利用属性集合对云计算环境中的用户身份进行描述，通过访问控制树表示数据分布式强制访问控制结构。用户需首先申请属性私钥，在与用户属性私钥相应的属性集符合既定访问控制结构的情况下，用户才能够完成对数据的解密。在针对实时操作系统（RTOS）的轻量级强制访问控制模型[③]中，任务通过调用系统和调用函数来访问某个客体资源时，首先由嵌入到系统调用中的访问监控器截获该请求，然后根据主客体的安全标记对该访问请求的权限进行仲裁。仲裁过程：首先在策略缓存中查找是否为该主体仲裁过此请求，若是则直接返回仲裁结果，从而提高仲裁效率。如果没有找到，再由策略仲裁器根据轻量级安全策略库中的安全策略进行仲裁，如果安全策略允许该主体访问该客体资源，则做出“允许”的仲裁结果，并将结果返回系统调用接口，继续执行相关操作；相反，如果操作请求不符合安全策略规则，则拒绝该主体继续执行相关操作，并立即返回。通过这种手段，可以有效防止非法主体访问系统资源，保护系统资源的安全。

以铁路客票预订与发售系统为例，该系统具有开放性强、实时性高、

---

① 戚建淮、宋晶、汪暘等：《强制访问控制技术在数据库安全访问中的应用》，《通信技术》2018 年第 3 期，第 692—695 页。

② 耿晓中：《云计算环境中数据分布式强制访问控制算法》，《科学技术与工程》2017 年第 29 期，114—119 页。

③ 杨霞、杨姗、郭文生等：《针对 RTOS 的轻量级强制访问控制技术的研究与实现》，《计算机科学》2018 年第 3 期，第 140—145 页。

节点繁多、结构复杂等特征，基于先验知识的网络查杀只能抵御已知类型的攻击，难以抵御跨越信息物理边界的未知威胁，因此对铁路客票系统来说，在网络层面的强制访问控制更为重要。一种基于强制访问控制的 5 ×5 要素界定法[①]能够将客票系统的实际业务行为进行特征提取并映射到网络。系统将网络行为按主体、客体、空间、行为和时间五个要素进行标识，再将客票系统的网络行为在 TCP/IP 的五层中进行数字化标识，即标识出物理层流量特征（比特流）、链路层流量特征（数据帧）、网络层流量特征（数据报）、传输层流量特征（数据段）和应用层流量特征（应用数据）。只有已定义的可信任网络行为可以正常操作，以此实现了强制访问控制，确保数据的完整性和机密性。

三、基于角色的访问控制的应用

基于角色的访问控制就是将主体划分为不同的角色，然后对每个角色的权限进行定义。以图书馆为例，如果你要借阅一本书，图书管理员会对你说："你是学生吗?"这就是基于角色的访问控制。管理员只要给每个角色都下了相应的权限，再把每个人都分成几个角色，就可以进行相应的设置了。

基于角色的访问控制协议是一种经典的协议，它能有效地避免授权泛滥，并能很好地实现最小权限原则。想象一下，如果没有"角色"这个概念，那么就会发现，每个用户的权限都是不一样的。如果一个用户的位置或者责任发生了变化，那么从理论上来说，应该由管理员来重新指派该用户的权限。然而，如何精确地确定每个用户所需的和不需要的权限，却是一项具有挑战性的工作。如果使用基于角色的访问控制，则管理员仅需在两个角色之间进行转换即可实现权限的改变。

所以，当管理员进行集中管理时，最好使用基于角色的访问控制。由于系统中的权限是由系统管理员来指定和修改的，因此，利用该系统可以极大地减轻系统管理员的工作量，提高系统的工作效率。在应用中，应用程序可以给不同的角色规定不同的操作权限，例如：运营人员给开发、产品、运营划分不同的机器操作权限。

---

① 姚倩、宋晶、戚建淮：《基于网络行为的强制访问技术在铁路客票系统中的应用》，《通信技术》2022 年第 1 期，第 122—126 页。

基于角色的访问控制在企业中的应用有显著的优点：其一，职能划分更谨慎。权限的调整并不局限于一个人，而是涉及与这个角色相关的所有人，所以在分配和收回权限时，管理员会更加慎重。其二，便于权限管理。对于一批用户的权限调整，仅需要调整该用户所对应的角色的权限就可以了，不需要逐一调整每个用户，这样不仅可以大大提高权限调整的效率，还可以减少权限的漏调。

四、PMI 技术的应用

在安全业务的构建过程中，PKI 技术主要完成身份验证功能，为用户提供唯一的身份凭证，而 PMI 技术能够将授权管理机制从应用系统中分离出来，使访问控制机制与应用系统之间能灵活而方便地结合和使用。PMI 技术以 PKI 体系为基础，向应用系统提供全面统一的授权管理和访问控制服务。

在电子政务领域，PMI 技术的应用范围十分广泛①。某部门在部机关和各省市厅（局）中心节点的系统中搭建了身份认证模块（PKI）、授权管理模块（PMI）和目录服务系统，其中根 CA 和中央目录服务系统建设在部机关。目前，该部门 PMI/PKI 系统已经完成了覆盖到全国 31 个省市自治区的工程网络，全国发放证书总量已达数百万张，建立了统一的用户管理系统，在保障系统安全性和授权合法性的同时，大大促进了各地人员对应用系统的便捷安全使用，达到了“一证在手，全网漫游”的效果，实现了应用系统互联互通、数据共享，为政务系统提供了有效的身份认证基础平台和权限管理基础平台，保障了应用系统访问安全②。

在信息通信领域，采用 PKI/PMI 体系构建的信任与授权服务支撑平台，能够为 IP 宽带城域网提供信任服务和授权服务。平台通过对实体的 PKC、AC 的认证、授权、管理来建立一个统一的智能化信任与授权基础环境，确立“一实体一证、统一发证、分布式逐级管理”的 IP 宽带城域网运营管理模式③，以此模式构筑了一个责任明确、管理方便、覆盖全面的

---

① 国家信息安全工程技术研究中心、国家信息安全基础设施研究中心编著：《电子政务总体设计与技术实现》，电子工业出版社 2003 年版。

② 《基于 PKI/PMI 的电子政务系统应用安全解决方案》，《信息网络安全》2009 年第 1 期，第 48—49 页。

③ 余英泽、严伟荣：《基于 PKI/PMI 的 IP 宽带城域网安全应用解决方案》，《电信科学》2003 年第 8 期，第 17—20 页。

网络信任域及管理体系。中国电信集团公司将我国具有自主知识产权的PKI和PMI等信息安全关键技术，应用到电信IP宽带网中，构建了信息安全基础设施平台。其中采用了数字证书方式实现电信宽带IP网络的用户认证和授权，从而实现了IP宽带网的可控制、可管理、可经营。

思考题

1. 访问控制旨在通过身份标识、身份验证和授权来允许、拒绝、限制和撤销对资源的访问。在讨论数据访问管理时，必须先将物理访问和逻辑访问弄明白。物理访问是指建筑物、设备和文档，而逻辑访问是指计算机或系统访问。试简述自主访问控制概念。

2. 安全增强型Linux（SELinux）是美国国家安全局对于强制访问控制的实现，是Linux历史上最杰出的新安全子系统。在该系统的访问控制体系下，进程只能访问那些在其任务中所需要的文件。阅读相关资料，了解SELinux的基本原理并讨论SELinux的强制访问控制系统如何提供比自主访问控制更高级别的安全。

3. 基于角色的访问控制，也称为基于角色的安全性，是一种访问控制方法，可根据最终用户在组织中的角色为其分配权限。试思考基于角色的访问控制在企业或机构中的应用场景及优势。

4. 细粒度访问控制是基于对单个数据资源的多个条件来授予或拒绝关键资产（如资源和数据）访问的能力。细粒度授权允许执行丰富的业务规则和授权策略，这些规则和策略包含与时间、位置、角色、操作等相关的多个条件。在实际应用中，细粒度访问控制可以确保更多敏感信息的安全共享。试思考如何使用PMI技术来实现细粒度的访问控制。

第四章　数据存储安全

第一节　数据库安全

一、数据库安全的内涵

在计算机领域，数据库是指长期存储在计算机内的、有组织的、可共享的、统一管理的相关数据的集合[①]。它采用了多种数据模型，包括层次模型、网状模型和关系模型等。其中关系模型应用最为广泛，它使用表格结构来组织数据，每个表格包含多个行和列，行表示记录，列表示字段。这种结构化的数据模型使得数据库能够高效存储和查询数据，并且具有较小冗余度和较高数据独立性。数据库的出现可以追溯到20世纪60年代，当时主要用于科学研究和大型企业的数据管理。随着信息技术的发展和互联网的普及，数据库在20世纪90年代后期得到了迅速的发展。进入21世纪，数据库理论不断完善，存储和管理功能也日益智能化。现代数据库系统具有高度可靠性、可扩展性和可维护性，能够处理大规模数据和高并发访问的需求。

作为信息存储和处理的基础软件，数据库的安全性对于敏感信息的保护至关重要[②]。随着网络时代的到来，越来越多的敏感信息保存在数据库系统中。数据库承载着各类数据，包括个人身份信息、财务记录、医疗档案等。这些数据如果遭到未经授权的访问、泄露、篡改或销毁，将产生严

① 芦扬：《Access 2016 数据库应用基础教程》，清华大学出版社 2018 年版，第 4 页。

② 于翔：《数据库的安全重要性以及带来的风险》，《计算机产品与流通》2020 年第 4 期，第 165 页。

重的后果，如身份盗窃、金融欺诈和隐私侵犯等。随着计算机技术特别是网络技术的发展，数据库系统中的安全问题变得越来越突出。黑客攻击、数据泄露和恶意软件成为数据库安全的主要威胁。为了保护敏感信息的安全，数据库管理系统采取了一系列安全机制，包括访问控制、加密、审计和备份恢复等。

关于数据库安全，国内外存在不同的定义和描述。国外以 C. P. 弗莱格对数据库安全的定义最具有代表性，被许多教材、论文和培训所引用。他从以下几个方面列出数据库的安全需求：

（1）物理数据库的完整性：确保数据库中的数据不会因为自然灾害、电力问题或设备故障等物理问题而受损或破坏；

（2）逻辑数据库的完整性：保护数据库结构的完整性，即对其中一个字段的修改不应该破坏其他字段的关联关系和数据一致性；

（3）元素安全性：确保存储在数据库中的每个元素都是正确的，即数据的准确性和一致性；

（4）可审计性：能够追踪和记录对数据库元素的访问和修改，以便进行审计和监控，发现潜在的安全问题或不当操作；

（5）访问控制：确保只有经过授权的用户才能访问数据库，通过权限管理和访问控制策略，限制不同用户的访问权限和方式；

（6）身份验证：无论是进行审计追踪还是对数据库进行访问，都需要经过严格的身份验证，确保只有合法的用户才能进行相关操作；

（7）可用性：对于经过授权的用户，应该随时能够进行必要的数据库访问，确保数据库的可用性和及时性。①

根据我国《计算机信息系统安全保护等级划分准则》（GB17859－1999）中的《中华人民共和国公共安全行业标准》（GA/T 389－2002），数据库管理系统的安全性主要体现在：

（1）保密性：保护存储在数据库中的数据不被泄露和未授权的获取；

（2）完整性：保护存储在数据库中的数据不被破坏和删除；

（3）一致性：确保存储在数据库中的数据满足实体完整性、参照完整性和用户定义完整性要求；

---

① ［美］弗莱格等著，李毅超等译：《信息安全原理与应用》（第4版），电子工业出版社2007年版，第232页。

（4）可用性：确保存储在数据库中的数据不因人为的和自然的原因对授权用户不可用。

二、数据库安全威胁

数据库主要面对来自两方面的安全威胁，即外部安全威胁与内部安全威胁，内部安全威胁与数据库设置有关，而外部安全威胁与数据库设置无关，与数据库所处的环境有关。内部风险主要是指对信息的未被授权的存取和不当操作，可以分为三类：信息泄露，包括直接和非直接（通过推理）的对保护数据的存取；非法的数据修改，由操作人员的失误或非法用户的故意修改引起；拒绝服务，通过独占系统资源导致其他用户不能访问数据库。

外部风险主要来源于操作系统风险、网络风险、物理威胁等。操作系统风险包括：软件的缺陷、未进行软件安全漏洞修补工作、脆弱的服务和选择不安全的默认配置；数据库系统中可用的但并未正确使用的安全选项、危险的默认设置、给用户不适当的权限、对系统配置未经授权的改动等；不及时更改登录密码或密码太过简单，存在对重要数据的非法访问以及窃取数据库内容或恶意破坏等；数据库系统的内部风险，如内部用户的恶意操作等。只要数据库所在服务器联网，就会存在网络风险，即使是内网连接。网络安全也是一种特殊的操作系统安全，因为网络风险直接攻击的是操作系统。物理上的威胁是如水灾、火灾等造成的硬件故障从而导致数据的损坏和丢失等。为了消除物理上的威胁通常采用备份和恢复的策略。

三、数据库安全技术

数据库系统中的安全问题主要是通过数据库管理系统的安全机制来解决。

（一）存取管理技术

存取管理技术就是一套防止未授权用户使用和访问数据库的方法、机制和过程。存取管理技术包括用户身份认证技术和存取控制技术两方面。用户身份认证技术包括用户身份验证和用户身份识别，通过用户身份验证，可以阻止非授权用户的访问，而通过用户身份识别，可以防止用户的越权访问。存取控制技术限制了访问者和执行程序可以进行的操作，增强数据库安全性。数据库管理系统中对数据库的存取控制是建立在操作系统和网络的安全机制的基础之上的。一般来说，就存取控制而言，低安全等级的操作系统和网络之上很难建立高安全等级的数据库系统；而高安全等级的操作系统和网络之上建立的数据库也不一定就是高安全等级。存取控制的模型有自主存取控制、强制存取控制和基于角色存取控制。①

1. 自主存取控制

自主存取控制是基于存取者身份或所属工作组来进行存取控制的一种手段，具有某种存取特权的存取者可以向其他存取者传递该种存取许可（也许是非直接的）。自主存取控制允许使用者在没有系统管理员干涉的情况下对它们所控制的对象进行权限修改，这就使得自主存取控制容易受到特洛伊木马的攻击。利用强制存取控制可以解决这个问题①。

2. 强制存取控制

强制存取控制要求所有用户遵守由数据库管理员建立的规则，是基于被存取对象的信息敏感程度（如用标签来表示），以及这些敏感信息可以赋予该存取主体的存取权限来进行权限控制的，对于不同类型的信息采取不同层次的安全策略。强制存取控制主要遵照不准上读、不准下写两个规则实施存取控制。强制存取控制基于安全等级实现存取控制，能够防止特洛伊木马和隐通道这些巧妙的攻击。但强制控制并没有完全解决特洛伊木马问题，还有其他方法可以从 Secret 级程序向 Unclassified 级程序进行信息传递。②

3. 基于角色存取控制

基于角色存取控制的思想核心是安全授权和角色相联系，用户首先要成为相应角色的成员，才能获得该角色对应的权限。这大大简化了授权管理，角色可以根据组织中不同的工作创建，然后根据用户的责任和资格分配角色。用户可以轻松地进行角色转换，而随着新应用和新系统的增加，角色可以分配更多的权限，也可以根据需要撤销相应的权限。基于角色存取控制被认为是一种更普遍适用的存取控制模型，可以有效表达和巩固特

---

① 吴溥峰、张玉清：《数据库安全综述》，《计算机工程》2006 年第 12 期，第 85—88 页。

② 吴溥峰、张玉清：《数据库安全综述》，《计算机工程》2006 年第 12 期，第 85—88 页。

定事务的安全策略，有效缓解传统安全管理处理瓶颈问题[①]。

（二）安全管理技术

安全管理指采取何种安全管理机制实现数据库管理权限分配，分为集中控制和分散控制两种方式。集中控制由单个授权者来控制系统的整个安全维护，可以更有效、更方便地实现安全管理；分散控制则采用可用的管理程序控制数据库的不同部分来实现系统的安全维护。集中控制的安全管理可以更有效、更方便实现安全管理。安全管理机制可采用数据库管理员、数据库安全员、数据库审计员各负其责、相互制约的方式，通过自主存取控制、强制存取控制实现数据库的安全管理。数据管理员必须专门负责每个特定数据的存取，数据库管理系统必须强制执行这条原则，应避免多人或多个程序来建立新用户，确保每个用户或程序有唯一的注册账户来使用数据库。安全管理员能从单一地点部署强大的控制、符合特定标准的评估，以及大量的用户账号、口令安全管理任务。数据库审计员根据日志审计跟踪用户的行为和导致数据的变化，监视数据访问和用户行为是最基本的管理手段，这样如果数据库服务出现问题，可以进行审计追查。[①]

（三）数据库加密

数据库系统提供的常规安全控制措施能满足一般的数据库应用，但对于一些重要部门或敏感领域，仅有这些是难以完全保证数据安全的。因此对于数据库中存储的高度敏感数据和机密性数据如财务数据、军事数据、国家机密等，除以上安全控制措施外还应该采取数据加密技术。通过数据库加密，可以强化数据存储的安全保护，保证用户信息安全。加密的基本思想是根据一定的算法将原始数据（明文）变换为不可直接识别的格式（密文），从而使得不知道解密算法的人无法获知数据的内容[①]。数据加密就是通过对明文进行复杂的加密操作，以达到无法发现明文和密文之间、密文和密钥之间的内在关系，是防止数据库中数据泄露的有效手段。与传统的通信或网络加密技术相比，由于数据保存的时间要长得多，对加密强度的要求也更高。而且，由于数据库中数据是多用户共享，对加密和解密的时间要求也更高，以不会明显降低系统性能为要求。一方面，经过加密的数据经得起来自操作系统和数据库管理系统的攻击；另一方面，数据库

① 朱良根、雷振甲、张玉清：《数据库安全技术研究》，《计算机应用研究》2004年第9期，第127—129、138页。

管理系统要完成对数据库文件的管理和使用，必须具有能够识别部分数据的条件。因此，只能对数据库中数据进行部分加密。

（四）审计追踪与攻击检测

审计功能在系统运行时，自动将数据库的所有操作记录在审计日志中，是数据库管理系统安全性重要的一部分。它在身份鉴别、存取控制、数据完整性控制、加密技术等多种安全措施的基础上，进一步提高了系统的可信性。通过审计功能，凡是与数据库安全性相关的操作均可被记录下来。只要检测审计记录，系统安全员便可掌握数据库被使用状况。例如，检查库中实体的存取模式，监测指定用户的行为。审计系统可以跟踪用户的全部操作，这也使审计系统具有一种威慑力，提醒用户安全使用数据库。攻击检测系统根据审计数据分析检测内部和外部攻击者的攻击企图，再现导致系统现状事件，以分析发现系统安全的弱点，追查有关责任者①。

（五）信息流控制

20 世纪 70 年代后期，彼得·丹宁提出了信息流控制的基本思路用以对可访问的对象之间的信息流程加以监控和管理。信息流控制机制对系统的所有元素、组成成分等划分类别和级别。在对象 X 和对象 Y 之间的流程是指由对象 X 读取数据的值之后将该值写入对象 Y 的过程。信息流控制负责检查信息的流向使高保护级别对象所含信息不会被传送到低保护级别的对象中去，而不论这个过程是显式的（如拷贝过程）或是隐式的（如隐秘通道）。这可以避免某些怀有恶意的用户从较低保护级别的后一个对象中取得较为秘密的信息。信息流控制技术分为静态信息流控制技术和动态信息流控制技术①。

（六）推理控制

推理是指用户通过间接的方式获取本不该获取的数据或信息。推理控制的目标就是防止用户通过间接的方式获取本不该获取的数据或信息。设数据 X 与数据 Y 之间存在某种函数关系：Y = f（X），X 是该用户的授权存取数据集合。则该用户就可以通过调用 f（X）而取得本无访问授权的数据集合 Y。由 X 到达 Y 的联通是一个推理途径。系统中的推理途径主要有两种：间接存取访问和相关数据。20 世纪 70 年代后期，彼得·丹宁就已

---

① 朱海卫：《应用系统中的数据库安全性研究及实现》，北京邮电大学硕士学位论文，2006 年。

经开始研究统计推理。典型的情况是，在统计数据库中只允许用户查询聚集类型的信息（即统计数据），不允许查询单个记录的信息。但是其中可能存在隐蔽的信息通道使得可以从合法的查询中推导出不合法的信息。统计推理就是通过合法而巧妙地使用统计函数来获得通过授权访问不能获得的保密数据。对付统计推理的技术主要有两种：数据扰动，事先对需要进行统计的敏感数据进行加工；查询控制。对统计查询的控制是比较成功的技术，目前已经实际应用到统计数据库中并有较多成功经验，该技术大部分是控制可以查询的记录数。[①]

第二节 备份与恢复

一、备份技术

（一）数据备份的概念

数据备份是保障数据安全的有效措施，即俗话说的有备无患，主要是指为防止系统出现操作失误等人为因素或系统故障等自然因素导致数据丢失，而将系统当中全部或部分数据集合通过一定的方法额外复制到其他存储介质进行保存的过程。数据备份技术，顾名思义就是使用数据备份的方式，将数据备份存储起来，使得后续数据在利用过程中，能够结合实际情况，合理地对数据进行利用，同时发挥数据的功能和作用，使得数据可以更好地为相关领域提供服务[②]。通过备份数据，可以减少数据丢失的风险并提高数据的可靠性和稳定性。数据备份技术广泛应用于企业、组织和个人用户中，以保护他们的数据。

（二）数据备份分类

根据不同的分类标准，可以将数据备份分为以下几种类型：

1. 基于备份形式的不同，可将数据备份分为逻辑备份和物理备份[③]

---

① 朱良根、雷振甲、张玉清：《数据库安全技术研究》，《计算机应用研究》2004年第9期，第127—129、138页。

② 石伟铂：《数据备份技术在图书馆系统中的应用》，《电子技术与软件工程》2022年第11期，第212—215页。

③ 邱方家：《数据安全与数据备份存储技术分析》，《信息系统工程》2016年第4期，第68页。

（1）逻辑备份。逻辑备份是一种基于数据的备份方式，它通常将数据库中的数据导出并重新写入一个新文件，该文件本质上是原数据库中数据内容的一个映像。

（2）物理备份。物理备份是一种基于设备的备份方式，指在设备终端操作方面对文件进行备份，它不考虑文件的结构，处理过程比较简洁。物理备份又可分为脱机物理备份和联机物理备份，即冷备份和热备份。

2. 基于备份数据存储位置的不同，备份方式可以分为本地备份、异地备份和云备份

（1）本地备份。本地备份是指系统备份存储在本地，传输距离短，备份效率和恢复效率都很高，但对系统故障的抵抗力较差。

（2）异地备份。异地备份是指通过网络将数据传输到其他数据中心进行备份，即使本地系统遭到毁灭性灾难，也可以找回远程备份的数据，但是利用网络传输数据可能会花费较长的时间。

（3）云备份。将数据备份到云上，公有云提供廉价且可靠的数据存储，私有云则进一步增强了数据的安全性。

3. 基于备份的数据量，可将数据备份分为完全备份、增量备份和差异备份

（1）完全备份。完全备份是对备份源的全部数据进行备份，备份的是系统中所有的数据。这种方法比较直观简单，操作也很方便，适用于系统中数据量不大的情况，一旦系统出现故障，完全备份可以一次性完成对系统的恢复，大大加快数据的恢复时间。但是完全备份的缺点在于，每一次备份都需要对全部数据进行拷贝，不仅备份时间长，还会产生大量重复的数据，造成存储空间的浪费，因此不适用于所需备份系统中数据量太大的情况。而且，随着系统内数据的积累，完全备份所需的时间更长，冗余数据占用的空间更大，这种缺点会更明显。

（2）增量备份。增量备份是在上一次备份的基础上，只备份增加和修改过的数据。假设第一大对系统内的数据完全备份并称之为 A，第二天系统内又增加了新的数据称之为 B，若第二天继续采用完全备份方法，则需要备份数据 A + B，若采用增量备份，则只需备份新增数据 B 即可。增量备份不会重复备份数据，备份数据少，备份时间短，所需的磁盘空间也比较小。但是增量备份在恢复数据时存在比较大的缺点，由于备份的数据是不断地在上一次备份数据的基础上更改的，因此数据在恢复时必须依照备

份的先后顺序，若某个增量备份丢失或者备份顺序错乱，将会影响整个系统数据的恢复。

（3）差异备份。差异备份吸收了完全备份和增量备份的优点，是在上一次完全备份的基础上对增加和修改过的数据进行备份，备份的数据是最后一次完全备份到当前时间的变化数据，备份的参照是上一次的完全备份。接上面的假设，若第三天产生的数据记作 C，采用完全备份需要备份的数据为 A + B + C，采用增量备份需要备份的数据为 C（假设第二天已经进行备份），采用差异备份需要备份的数据为 B + C，备份的数据量大于增量备份而小于完全备份。备份所需时间也在两者之间。系统出现故障进行恢复时，也只需要完全备份和差异备份两个备份就能恢复系统，恢复时的性能也比较好①。

除此之外，还可以根据备份的时间点，分为即时备份和定时备份；根据备份的自动化程度，可以分为自动备份和手动备份；根据备份时候系统状态，分为在线备份和离线备份；根据备份的介质分为硬盘备份、光盘备份、磁带备份等。

（三）数据备份机制

目前常用的数据备份机制包括以下三种：LAN（局域网）备份、LAN - Free 备份和 Server - Free 备份。其中 LAN 备份的适用范围最广，而 LAN Free 备份和 Server Free 备份则主要适用于专用于数据存储的 SAN（存储区域网络）。

1. LAN 备份

LAN 备份是传统的数据备份方式，针对所有存储类型都可以使用。其原理是直接在局域网中搭建集中式的中央备份服务器，并在实际使用的生产服务器当中搭建备份代理，即中央备份服务器的客户端。备份时，生产服务器直接将数据传输给中央代理服务器，再由中央代理服务器将数据存储到磁盘当中。但这种备份方案依赖于网络传输资源和备份服务器资源，容易发生堵塞，传输数据量小，对服务器资源占用多。

2. LAN - Free 备份

主要利用通过 SAN 的特点进行数据备份，不再需要通过局域网。SAN

---

① 唐伟桐、刘晓洁、李涛等：《一种快速的差异备份方法》，《计算机工程》2008 年第 11 期，第 255—257 页。

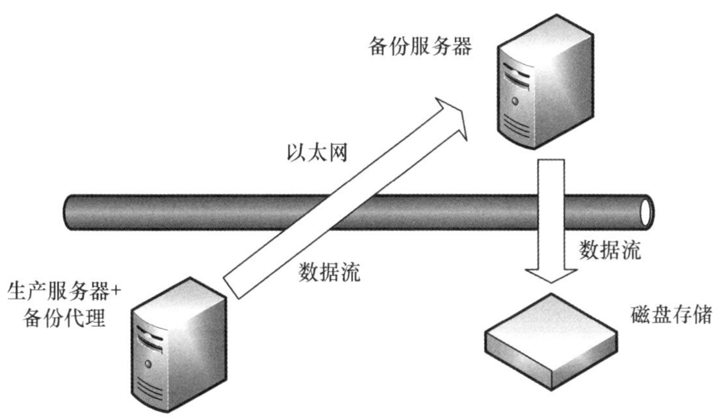

图 4－1　LAN 备份原理图①

是一种在服务器和外部存储资源或独立的存储资源之间实现高速可靠访问的专用网络，它采用可扩展的网络拓扑结构连接服务器和存储设备，每个存储设备不隶属于任何一台服务器，所有的存储设备都可以在全部的网络服务器之间作为对等资源共享②。备份数据迁移到 SAN，减轻网络负载，提高备份效率。LAN－Free 备份减少了对主网络带宽的使用，提高了传输效率，但实现过程相对复杂，成本也较高。

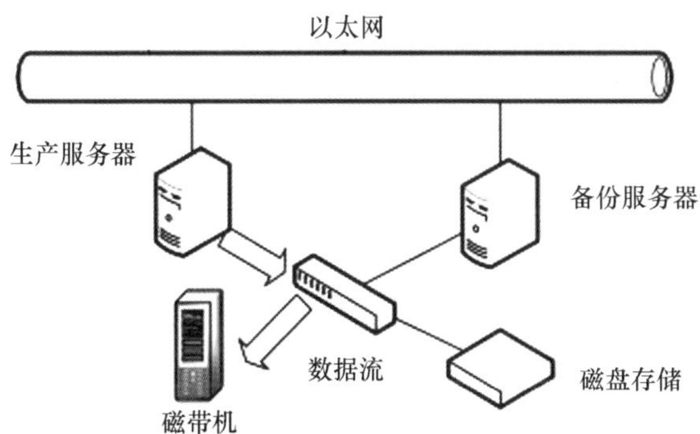

图 4－2　LAN－Free 备份原理图③

① 于翔：《数据库的安全重要性以及带来的风险》，《计算机产品与流通》2020 年第 4 期，第 165 页。

② 郭晓敏：《网络备份系统的研究与实现》，东南大学硕士学位论文，2005 年。

③ 李鹏飞：《云平台下数据备份与恢复系统的设计与实现》，电子科技大学硕士学位论文，2018 年。

3. Server – Free 备份

Server – Free 备份也是建立在 SAN 的基础上的。与 LAN – Free 备份相比，备份过程由 SAN 内部直接进行而不经过生产服务器，降低了生产服务器备份时的各项系统占用，提高了其备份时的系统运行能力。Server – Free 备份效率是最高的，对服务器资源占用最少，但成本也是三者中最高的。

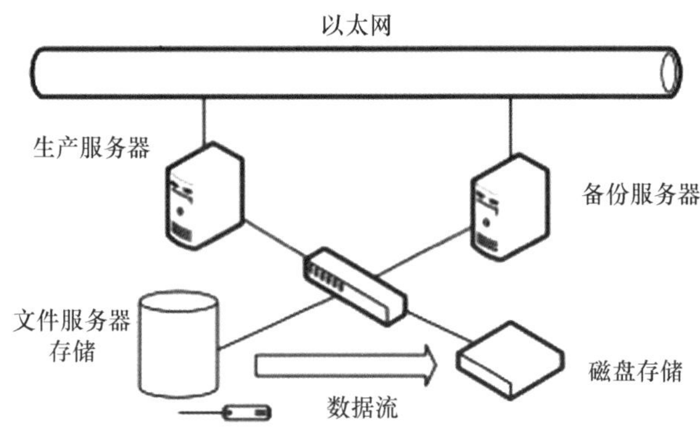

图 4 – 3　Server – Free 备份原理图①

二、恢复技术

（一）数据恢复的概念

数据恢复可以看作是备份的逆过程，是在系统出现故障或灾难发生后，能够根据备份的内容尽可能地将数据还原到备份时的状态。数据恢复技术也称灾难恢复技术，使用这种数据恢复技术的前提是具有能够用来恢复的备份。还有一种狭义的数据恢复技术，是指在数据损坏或丢失后，不通过备份而是通过其他手段恢复数据的技术。这种技术根据具体恢复对象的不同，可以分为对操作系统、文件系统等进行恢复的软件恢复技术；对硬盘磁道、磁盘片等进行恢复的硬件恢复技术等②。

通常情况下，数据恢复依赖于完备的数据备份。然而，一旦遭遇数据备份文件的丢失或备份文件不可用的情况，便需要根据具体情况选择合适

---

① 于翔：《数据库的安全重要性以及带来的风险》，《计算机产品与流通》2020 年第 4 期，第 165 页。

② 王霜、修保新、肖卫东：《Web 服务器集群的负载均衡算法研究》，《计算机工程与应用》2004 年第 25 期，第 78—80 页。

的恢复技术。

（二）常见的备份恢复技术

随着数字经济的发展，越来越多的关键数据被储存在计算机系统中，这些数据的丢失和损坏，将会为用户造成极大损失。为了强化数据安全防护能力，人们对数据备份恢复技术提出了更多的要求，这包括但不限于加快存取速度、提高备份恢复准确性和降低操作成本等方面。这些高标准的需求不仅为备份恢复技术带来了一连串的挑战，而且激发了技术的持续进步和创新，推动了整个行业向着更高水平发展，针对不同的备份恢复目标发展出了各种备份恢复技术。下面介绍常见的备份恢复技术。

1. 硬盘克隆技术

这是我们经常用到的，利用计算机软件或硬件，将硬盘内容完全拷贝到另一硬盘的过程，以待下次恢复数据时，再从备份文档里把内容恢复过来。

2. RAID 技术

RAID，译作独立磁盘冗余阵列，就是用多个独立的磁盘组成在一起形成一个大的磁盘系统，可以提供比单个磁盘更高的存储性和可靠性。RAID 技术不仅具有较快的数据存取速度，而且可以在存储过程中对数据进行冗余保护，即使一块磁盘发生了故障，也可以根据冗余信息恢复数据。

3. 远程镜像技术

远程镜像，亦称为远程复制，是构建容灾系统的关键技术之一。简单来说就是在远程地点建立一个或多个数据镜像系统。一旦本地系统遭受破坏，这些位于异地的镜像系统能够较为完整地实时复制数据。在此过程中，主镜像系统承载着原始数据，而另一系统则扮演从镜像的角色。当主镜像系统与从镜像系统不在相同的物理位置时，这种跨越地域的镜像过程即被称为远程镜像。主镜像系统和从镜像系统都在同一个位置的称作本地镜像系统。远程镜像技术可以看作通过广域网络或光纤连接的两台磁盘阵列之间的镜像。通过远程镜像技术可以最大程度实现数据的可获得性备份。

4. 快照技术

快照技术也称存储快照，主要作用是能够实现数据集在某个时间点的完全拷贝。快照技术有两大优点：一是能够在任意时刻为存储设备创建一个用于数据恢复的数据拷贝，并能够在存储设备发生故障时进行快速的数据恢复；二是快照能够进行在线数据备份和恢复，因此不需要中断应用程序。快照技术主要可以分为全量快照和增量快照两大类，目前主流的快照技术有镜像分离快照技术、写前拷贝快照技术、写时重定向快照技术、基于 qcow2 镜像格式的快照技术等①。

5. 虚拟存储技术

虚拟存储技术提供了一种将独立存在的、异构的、分布的物理存储设备集中管理、集中使用的功能。通过软件或硬件将物理存储设备映射为虚拟的卷，应用主机可以直接使用虚拟的逻辑存储单元。虚拟存储系统隔离了底层物理存储设备的管理和配置，同时通过并行通道提供更高的整体访问效率。

6. 分布式灾备存储技术

分布式灾备存储技术是一种将数据分布式存储在多个节点中，以保证数据的高可用和灾备份的技术。在传统的企业备份和恢复模式中，通常需要将数据备份到备份设备或备份媒体，并存储在其他位置和媒体上以提供冗余和灾难恢复能力。但是，这种传统模式的缺点在于备份设备单点故障可能会导致数据损失，恢复时间长，并且需要保护大量冗余设备，面对爆炸性的数据增长，这种模式越来越不适应未来的发展需要。分布式灾备存储技术利用分布式文件系统或对象存储技术将数据分散到多个位置和节点中，可以实现高可用性和高可靠性。

分布式存储技术，尤其是基于 P2P 的分布式存储技术是当前研究的主流技术。目前出现了如 OceanStore、Past、Pastiche、CFS 等存储系统，以及基于分布式存储技术的云备份技术等。

（三）数据恢复技术的应用

随着我国现代化信息技术的成熟，以及用户的信息素质的提升，恢复技术的使用已经变得常态化和日常化，下面是数据恢复技术比较常见的应用领域：

1. 数据库恢复

数据库恢复包括向导恢复技术、指定文件恢复技术、重定向恢复技术和逆向数据库恢复技术等，用于恢复数据库中丢失或损坏的数据，确保数

---

① 陈雯倩：《基于云平台的虚拟机快照存储备份技术研究》，重庆大学硕士学位论文，2018 年。

据的完整性和一致性。

2. 文件恢复

文件恢复用于恢复误删除、格式化、病毒感染或硬件故障导致丢失的文件和文件夹。

3. 磁盘恢复

磁盘恢复用于修复因磁盘损坏、分区丢失或坏道等原因导致的硬盘数据无法访问的问题，使数据重新可用。

4. 邮件恢复

邮件恢复用于恢复误删除、损坏或丢失的电子邮件和邮件附件，确保重要的邮件数据不会永久丢失。

5. 备份恢复

备份恢复通过还原备份数据，恢复意外丢失或损坏的数据，常用于系统恢复和灾难恢复等场合。

6. RAID 恢复

RAID 恢复用于修复 RAID 存储系统中因硬盘故障导致的数据丢失，从而保证数据的完整性和可用性。

7. 影像恢复

影像恢复用于修复由于存储介质损坏、磁带故障或读取错误导致的数字图像、音频或视频的丢失或损坏，使其再次可用。

8. 移动设备恢复

移动设备恢复用于恢复手机、平板电脑等移动设备中误删除、格式化或系统崩溃导致的丢失的数据。

值得注意的是，在数据恢复的同时也需要注意数据安全和隐私保护。为了确保数据的安全性，可以在数据恢复之前对存储设备进行备份，以便保留原始数据的备份。同时，在处理恢复的数据时，需要对敏感数据进行保密处理，避免信息泄露对个人或企业造成不必要的影响。

总之，数据恢复技术的重要性无需赘言，它不仅对个人、企业和组织等信息化系统有效，也对科研、教育、医疗等领域发挥着越来越大的作用。数据恢复技术的发展趋势也是不断向着智能化、自动化方向发展，希望可以为各行业提供更加完善和高效的数据恢复方案。

第三节　云数据安全

一、云数据与云数据安全

云数据是指云计算平台上存储和管理的数据。根据《信息技术　云数据存储和管理》（GB/T 31916.1－2015），这些数据可以包括文档、照片、视频、应用程序数据等。通过将数据存储在云端，用户可以随时随地访问和管理自己的信息，而不必依赖于特定的物理设备。云数据安全是确保在云计算环境中存储、传输和处理的数据受到保护的实践。这包括加密、访问控制、身份验证等措施，以防止数据经受未经授权的访问、泄露和其他安全威胁。近年来，云服务商接连发生的云存储安全事件暴露了云计算应用在数据安全存储方面存在的诸多风险。云计算在很大程度上迫使用户隐私数据的所有权与控制权相互分离，这将给用户的数据安全造成严重的隐患①。因此，国内不少学者对云数据安全提出了自己的见解。

二、云数据安全发展历程

云数据安全的发展过程可以追溯到云计算兴起以来的多个阶段。21 世纪初，云计算概念被提出，组织开始将数据和应用程序迁移到云平台。在这一时期，组织更加关注的是云计算的基础设施安全，例如网络安全、物理安全、虚拟化安全等。到了 21 世纪 10 年代，随着云计算被广泛采用，如何保障云数据在存储和运输中的安全成为组织迫切想要解决的问题。在这一时期，数据隐私和加密成为关注的焦点。到了 21 世纪 10 年代中期，零信任安全模型的出现改变了云安全的思维方式。它要求在访问云资源时进行严格的身份验证和授权，而不是简单地信任内部网络，云数据得到进一步的保护。近年来，随着欧盟的《通用数据保护条例》和美国的《加州消费者隐私法》（CCPA）等数据隐私法规的出台，合规性和监管方面的关注不断增加。组织必须确保在云中处理数据时遵守相关法规，这推动了更严格的数据保护和隐私控制。

---

①　滕兆龙、余员琴、周慧芝：《基于云存储的数据安全技术分析》，《网络安全技术与应用》2023 年第 12 期，第 61—62 页。

由于各种新兴技术的产生，如5G、边缘计算、量子计算等，云数据安全面临着新的安全威胁。所以，云数据安全必须随着新兴技术的发展进行不断地更新迭代，不断地适应新的技术、合规性要求和威胁。组织需要采用综合性的安全策略，并不断更新其安全措施，以保护在云中存储和处理的数据。

三、云数据安全应用

云数据安全的应用涵盖了多个方面，包括但不限于以下几点：

（一）加密和数据保护

数据在传输和存储过程中进行加密，确保即使数据被截获或泄露，未经授权的人也无法轻易访问。数据传输加密使用诸如传输层安全/安全套接字层（TLS/SSL）等协议，确保在数据从本地设备上传到云或在云中传输期间数据是加密的。数据存储加密使用加密算法对云中存储的数据进行加密，以保护数据在云中的存储状态。云服务提供商通常提供数据加密选项。对于云数据的保护必须要做到端到端加密，即确保数据从生成到存储和传输都得到加密，只有授权的用户能够解密和访问①。

（二）身份认证和访问控制

确保只有经过授权的用户才能访问特定的云数据，这可以通过多因素身份验证、角色管理和访问权限控制来实现。常见的身份认证和访问控制技术有多因素认证、单点登录、远程访问控制等。

多因素认证：多因素认证是一种简单有效的安全实践，可以在用户名和密码之外再增加一层安全保护。它要求用户提供多个身份验证因素，通常包括密码、生物识别信息（如指纹或面部识别）或硬件令牌。这种方法提高了身份验证的安全性，即使密码被泄露，也难以滥用帐户。现如今，不少应用已经采用双因素认证甚至多因素认证的方式对云数据进行保护，用户登录自己的云平台不单单需要账号和密码，有时候还需要诸如短信验证码、人脸识别、独立密码等其他认证方式来进行多因素认证。

单点登录：单点登录是目前比较流行的企业业务整合的解决方案之一。它是一种身份验证的解决方案。它允许用户在多个应用之间共享身份

---

① 徐佳曦：《云数据中心网络安全服务架构及防范机制构建》，《数字通信世界》2023年第10期，第38—40页。

信息。用户只需一次身份验证，即可访问多个服务，而不需要多次输入凭证。在过去，企业发展初期的系统设计不多，可能只需要一个系统就可以满足企业的业务上的需求。现在，企业的业务不断增长，设计的子系统也越来越复杂，涉及身份信息认证也就越来越麻烦。为了解决这一问题，就产生了单点登录。

远程访问控制：在处理云数据中常常需要进行远程访问。设置身份认证可以用于确保远程用户的身份，并限制他们的访问权限，以保护数据的安全性①。

（三）漏洞管理和防护

监测和修复云平台中的潜在漏洞，以防止恶意攻击者利用漏洞入侵系统。

（四）合规性和监管要求

确保云数据安全符合适用的法律法规和行业标准，以避免可能的法律责任。

（五）数据备份和恢复

实施定期的数据备份策略，以防止数据丢失，并确保能够在需要时迅速恢复数据。同时确保备份数据也受到适当的加密和保护。根据备份形式的不同，可将数据备份分为逻辑备份和物理备份。根据备份状态的不同，可将数据备份分为“动态式备份”和“静态式备份”。根据备份数据量的不同，可将数据备份分为完全备份、增量备份和差量备份三种。

（六）威胁检测和防御

订阅安全威胁情报以保持对已知威胁的了解。使用安全工具和技术来监测和阻止潜在的网络攻击和恶意行为，以保护云数据免受威胁。

（七）安全培训和意识

提供员工和用户有关云数据安全最佳实践的培训，以确保他们了解如何正确处理和保护敏感信息。比如开展安全培训教育、定期更新和提醒、制定明确的政策和规程等方式都可以提高员工的云数据安全意识。此外，可以设置反馈机制和奖励机制，建立匿名报告安全问题的机制，以鼓励员工报告可疑活动。同时，提供明确的渠道供员工寻求帮助和建议。对于遵

① 周鲁、王鹏：《云数据中心网络安全服务架构的研究与实践》，《中国新通信》2023 年第 25 期，第 104—106 页。

守政策、提出改进建议的员工进行奖励，激励员工积极参与安全实践。

（八）持续监控和响应

实时监控云数据活动，及时检测异常行为并采取适当的响应措施，以降低风险。常见的应用有审计日志、安全信息和事件管理系统等，这些应用可以跟踪谁访问了数据、何时访问，以及访问了什么数据。

审计日志：审计日志是用以记录计算机系统、网络、应用程序或设备上发生的事件和活动。审计日志对于监控系统安全性、故障排除、合规性和调查安全事件都非常重要。

安全信息和事件管理系统：安全信息和事件管理系统是由不同的监视和分析组件组成的安全和审计系统。它可以用于监控、分析和响应计算机系统、网络和应用程序中的安全事件和威胁，帮助组织检测和减轻威胁。

（九）灾难恢复计划

灾难恢复计划是组织为了应对各种自然灾害、技术故障、人为事故或其他突发事件而制定的一套策略和措施。其主要目的是确保组织可以在灾难事件发生后尽快恢复正常运营，减少业务中断和数据丢失的影响。制定灾难恢复计划可以确保在数据丢失或云服务中断时能够快速恢复业务运营。同时，预先制定的灾难恢复计划可以帮助降低恢复过程的成本，不仅可以减少紧急采购和修复费用，还可以减少法律纠纷和声誉损失等附加成本。

综合以上措施，云数据安全的应用旨在确保在云环境中的数据受到全面的保护，防止数据泄露、损坏和未经授权的访问。需要注意的是，上述的应用并不是独立存在的，通常需要根据具体的云环境和数据安全需求将多项应用组合起来使用。同时，云数据安全是一个持续的过程，持续的监测、更新和安全意识培训也是确保云数据安全的关键因素。在之后我们需要不断地监测和改进，以适应不断演变的威胁和技术环境。

四、云数据安全的重要意义

云数据安全具有重要的意义，对个人、企业、数字化社会和国家都具有深远的影响。对于个人方面，云数据安全能够为用户提供便利的数据访问和管理方式，同时确保敏感信息如个人隐私、财务数据和商业机密得到妥善保护，防止数据泄露和盗窃，保障数据安全。对于企业方面，由于云服务提供商通常会遵守各种数据隐私和安全法规，能够确保数据处理符合适用的法律法规，避免法律纠纷和罚款。此外，在面对网络攻击、数据损坏等突发事件时，云数据安全措施可以帮助保持业务的正常运作，减少中断时间，同时也节省了因数据损失或恢复而产生的成本。云数据安全还可以减少遭受数据泄露、恶意攻击和未经授权访问等风险，维护业务和用户的安全，有助于建立客户对数据保护的信任，从而促进业务增长。对于整个数字化社会，云数据安全促进整个社会向数字化转型，云数据安全鼓励企业、政府和组织更愿意将其数据和业务迁移到云上，以实现更高效的运营和服务提供。此外，云数据安全确保数据在跨国界传输和共享时受到保护，有助于国际组织和合作的推动。不仅如此，由于国家政府也依赖云计算来处理和存储敏感信息，云数据安全对于维护国家安全至关重要。总之，云数据安全对于个人、企业、数字化社会和国家来说都是至关重要的，它不仅保护了数据本身，还保障了业务的稳定运行和用户的信任。因此，保障云数据安全是社会各个层面都需要关注和投入资源的重要任务①。

第四节　逻辑防护

一、逻辑防护的概念与内涵

逻辑防护通常指的是在计算机系统和网络中，通过逻辑和软件层面的措施来保护系统免受恶意行为和攻击。这种方法强调利用软件和逻辑的安全性来减轻安全威胁。这种方法是信息安全领域的关键组成部分，用于防止数据泄露、未经授权的访问、网络攻击和其他潜在的安全风险。逻辑防护强调的是在应用层面上检测和阻止威胁，而不仅仅是关注网络和基础设施层面的安全性。

二、逻辑防护发展历程

逻辑防护最早可以追溯到 20 世纪 40 年代，在这个时期，计算机多由科学机构和军事单位使用。出现的主要安全问题是防止未经授权的人士访问计算机设备。在 20 世纪 60—70 年代，随着多用户和多任务计算

---

① 徐佳曦：《云数据中心网络安全服务架构及防范机制构建》，《数字通信世界》2023 年第 10 期，第 38—40 页。

机系统的出现，主要的安全问题开始转向逻辑层面。密码学的发展使得用户能够加密和解密数据，提高了数据的保密性。在 20 世纪 80—90 年代，随着网络的普及，计算机病毒和恶意软件成为主要的安全问题。防火墙、入侵检测系统和虚拟专用网络等逻辑安全措施开始广泛应用。到了 21 世纪，电子商务和电子政府的兴起使得组织对逻辑安全的需求增加。身份验证、访问控制、加密和数字签名等技术变得更加重要，以确保电子交易的安全性和完整性。近年，数字经济的发展带来了新的隐私安全和数据安全挑战，必须不断发展逻辑防护的新技术，以满足数据安全需求。

三、逻辑防护安全应用

逻辑防护包括以下几个方面：

（一）防火墙

防火墙技术是通过有机结合各类用于安全管理与筛选的软件和硬件设备，帮助计算机网络于其内、外网之间构建一道相对隔绝的保护屏障，以保护用户资料与信息安全性的一种技术[①]。防火墙的主要原理是基于事先定义的规则和策略来过滤和控制网络流量，以确保只有授权的流量能够通过，从而保护内部网络免受潜在的威胁和未经授权的访问。不同类型的防火墙可能具有不同的功能和特性，以满足不同的安全需求。逻辑防护中的防火墙通过检测和过滤网络流量，阻止未经授权的访问和恶意活动。

（二）入侵检测系统和入侵防御系统

入侵检测系统和入侵防御系统在网络安全中扮演着不同的角色。入侵检测系统用于监控和检测潜在的威胁并通知管理员，而入侵防御系统则采取主动措施来阻止和应对这些威胁。这些系统可以用于监测网络和系统中的异常活动，并采取措施来阻止潜在的攻击。

（三）反病毒软件和恶意软件防护

反病毒软件和恶意软件防护是计算机安全领域中的两种关键安全措施，旨在防止和检测计算机系统中的恶意软件和病毒。逻辑防护中的反病毒软件可以识别病毒并定期扫描和清除病毒，逻辑防护中的恶意软件防护

① 刘磊：《计算机网络安全中防火墙技术研究》，《无线互联科技》2018 年第 22 期，第 34—35 页。

可以提供实时保护和漏洞管理，以保护系统免受恶意代码的侵害。

（四）访问控制和身份验证

访问控制和身份验证包含身份识别、身份验证、权限管理、审计和监控等功能。逻辑防护中的访问控制和身份验证是信息安全的关键组成部分，它们确保了只有授权用户可以访问系统和资源，从而保护敏感信息免受未经授权的访问。不同的情景可能需要不同级别的身份验证和访问控制，以适应特定的安全需求。

（五）加密技术

使用加密可以保护数据在传输和存储过程中的安全性，防止数据被未经授权的人访问。即使数据被截获，未经授权的人也无法读取其内容。因此加密的安全性不仅取决于加密算法本身，密钥管理的安全性更是重要。因为加密和解密都使用同一个密钥，如何把密钥安全地传递到解密者手上就成了必须要解决的问题。常见的加密技术有对称加密、非对称加密、数字签名等。

1. 对称加密

数据通过应用密钥进行加密，然后通过相同的密钥进行解密。最常见的对称加密算法包括高级数据加密标准、数据加密标准和 SM4。

2. 非对称加密

数据由发送方使用接收方的公钥进行加密，只有接收方拥有相应的私钥才能解密数据。非对称加密常用于安全通信和数字签名。

3. 数字签名

数字签名，就是只有信息的发送者才能产生的别人无法伪造的一段数字串，这段数字串同时也是对信息的发送者发送信息真实性的一个有效证明[①]。发送方使用私钥生成数字签名并将其附加到数据，接收方使用发送方的公钥验证签名以确保数据未被篡改。它通常与非对称加密结合使用。

（六）安全协议

安全协议是以密码学为基础的消息交换协议，其目的是在网络环境中提供各种安全服务。它是一组规则和标准，用于确保计算机系统、网络通信和数据传输的安全性和隐私。安全协议是网络安全的一个重要组成部

---

① 刘建华主编：《物联网安全》，中国铁道出版社 2013 年版，第 68 页。

分，我们需要通过安全协议进行实体之间的认证、在实体之间安全地分配密钥或其他各种秘密、确认发送和接收的消息的非否认性等[1]。这些协议定义了安全通信的方式，包括加密、身份验证、数据完整性检查和访问控制等。常见的安全协议如下：

1. SSL/TLS（安全套接字层/传输层安全）

用于保护 Web 通信的协议，例如超文本传输安全协议（HTTPS），同时也提供加密、身份验证和数据完整性检查。

2. IPsec（Internet 协议安全）

用于保护 IP 通信的协议，通常在虚拟专用网中使用，提供端到端加密、身份验证和数据完整性检查。

3. SSH（安全外壳协议）

SSH 用于安全远程登录和文件传输。

（七）漏洞管理和软件更新

及时修补和更新软件可以减少系统中潜在的漏洞，从而降低遭受攻击的风险。漏洞管理包含漏洞识别、漏洞评估、漏洞报告、漏洞修复、漏洞跟踪和管理。这一系列的管理步骤有助于确保漏洞得到适时修复，而不会被遗漏或忽略。

（八）应急响应计划

应急响应计划是一种组织或机构为应对突发事件、危机或紧急情况而制定的文件或计划。这个计划的目的是确保在面临紧急情况时，能够迅速、有效地应对，最小化潜在的损害，保护人员的安全，维护业务的连续性。建立应急响应计划，以便在遭受攻击或数据泄露时能够迅速作出反应并减少损害。

逻辑防护是维护计算机系统和网络安全的重要方法之一，通过软件和逻辑层面的措施来保护系统免受各种威胁和攻击。逻辑防护原理涵盖了从访问控制到加密、漏洞管理和监控等多个方面，旨在创建一个强大的防御体系，保护计算机系统和网络免受各种安全威胁。

四、逻辑防护的重要意义

逻辑防护在计算机安全领域中具有重要的意义，对于保护系统和数据

---

① 杜文才主编：《计算机网络安全基础》，清华大学出版社 2016 年版，第 190 页。

免受恶意攻击和威胁至关重要。逻辑防护在防止未经授权访问、保护数据完整性和机密性、阻止恶意软件和减轻攻击风险方面有着重大的意义。此外，逻辑防护对于个人、企业以及整个社会都有很显著的作用。对于个人方面，逻辑防护措施可以应用于金融交易中，如使用安全的网上支付、识别欺诈和检查交易记录，有助于保护消费者的权益和财务信息。网络信息良莠不齐，尤其是在社交软件中，一个人可以有“多副面孔”。逻辑防护可以帮助人们识破骗局，提高人们对网络社交的警觉性。对于企业方面，逻辑防护不仅有助于保持业务的正常运行，防止中断和数据丢失，确保业务连续性，而且可以建立信任，使客户和用户对数据安全性感到放心。同时，逻辑防护有助于确保数据处理和存储符合适用的法律法规，减少企业违法侵权的风险。与云数据安全相同的是，逻辑防护也需要企业对员工进行信息安全培训，叮嘱他们遵守安全政策，教会他们如何识别潜在的风险。对于社会而言，企业之间增强了信任，促进了数字经济的增长和创新。而且，逻辑防护可以有效拦截诈骗、网络钓鱼等恶意软件传播，有助于维护社会安全和法律秩序，防止网络犯罪。此外，国家政府和军事机构依赖逻辑防护来保护敏感信息和基础设施，以确保国家安全。逻辑防护对于国防和国际安全至关重要。

综上所述，逻辑防护在当今数字化世界中是保护计算机系统和网络免受各种威胁和攻击的关键手段。它不仅可以防止数据泄露和损坏，还可以维护业务的稳定运行和用户的信任。因此，投资逻辑防护措施是社会各个层面都需要重视和采取的重要举措。

第五节　物理隔离

数据存储转发的构架由外网处理单元、数据转发区、内网处理单元、物理隔离模块通断控制逻辑、读写保护逻辑、主控模块等功能部分组成。其中，所述的物理隔离模块实施对内部和外部的网络进行物理传导，从物理上将内网和外网隔离开来，将两种不同的网络环境进行物理存储。物理隔离模块位于最底层，其内部网络中的通断控制逻辑与读取/写入保护逻辑共同作用于其内部网络，在同一时间周期内，其仅可在转发区的一种存储媒体上运行，而不能在两种媒体上同时运行。此外，其故障仅对内部网络中的数据传输造成影响，对内部网络的安全没有任何影响[①]。

常见的网络物理隔离安全风险有网络非法外联、U 盘摆渡攻击、网络物理隔离产品安全隐患（分布式拒绝服务攻击、绕过）和针对物理隔离的攻击新方法（数据转换为声波、热量、电磁波等）。

针对这些隐患，可以打造对应的网络物理隔离系统，利用物理隔离技术，在不同的安全网络区域之间构建出一个可以实现物理隔离、信息交换和可信控制的系统，以满足不同安全域的信息或数据交换类型。以对象为依据，可划分出单点隔离系统（针对单独的计算机系统）、区域隔离系统（针对网络环境）两大网络物理隔离风险系统；以方向为依据，可以划分出双向网络物理隔离系统、单向网络物理隔离系统两大网络物理隔离风险系统。[②]

网络物理隔离机制与实现技术如下：

专用计算机上网：在一个局域网中，仅指定一台计算机可连接到互联网。

多 PC：在内部网络中，上外网的用户桌面安装有两台 PC，它们分别与两个独立的物理网络相连，一台与外部网络相连，一台与内部网络相连。

外网代理服务：在内网中指定一个或多个服务器，收集外网的相关信息，并将其手动导入到内网中，以供内部用户使用。

内部网线路切换器：在一个内网中，与外部网的计算机相连的是一个实体线 A/B 交换箱，并通过交换箱开关来对计算机的网络物理连接进行控制。

单硬盘内外分区：将单个硬盘划分为多个区域，利用一张 IDE 总线信号控制卡，在 IDE 总线物理层上对 IDE 总线信号进行拦截，从而对磁盘通道进行存取，任何时候，只允许操作系统对特定的分区进行存取，将一台物理 PC 虚拟为两台逻辑 PC，从而使得单台电脑在特定的时间内，可以与内网或外网相连。

---

① 张蒲生：《基于物理隔离的数据交换及安全性研究》，《中国新通信》2002 年第 5 期，第 19—22 页。

② 蒋建春主编：《信息安全工程师教程》（第 2 版），清华大学出版社 2020 年版，第 218 页。

双硬盘：一台机器安装两块硬盘，通过硬盘控制卡对硬盘进行切换控制，两个硬盘安装两个系统。

网闸：使用一个具有控制功能的开关读写存储安全设备，通过开关的设置来连接或切断两个独立主机系统的数据交换。

协议隔离技术：处于不同安全域的网络在物理上有链接，通过协议转换手段保证受保护信息在逻辑上是隔离的，只有被系统要求传输的、内容受限的信息可以通过。

单向传输部件：指一对具有物理上单向传输特性的传输部件，由一对独立的发送和接受部件构成，只能以单工方式工作，二者构成可信的单向信道，信道内无反馈信息。

物理断开技术：不同安全域的网络之间不能以直接或间接的方式相连接，需通过电子开关实现①。

思考题

1. 数据备份和数据复制是同一概念吗？二者又有什么联系和区别？
2. 分析逻辑防护和物理隔离的区别与适用领域。
3. 未来新兴技术将会对数据安全带来哪些威胁？

① 蒋建春主编：《信息安全工程师教程》（第 2 版），清华大学出版社 2020 年版，第 218—221 页。

第五章 新兴技术的数据安全

数字经济时代正驱动着人类社会生产方式、生活方式和治理方式的变革，数字经济与实体经济深度融合，给人类生产生活带来了一系列革命性变化和创造性成果。在信息技术的推动和“数字中国”发展战略的指引下，数字经济进入爆发式增长阶段，数据作为一种新型生产要素，在推动国家经济高质量高速度发展的同时，信息孤岛现象客观存在，各行各业普遍面临“人人有数据，人人缺数据”的困境，因而数据共享成为数据增值的必要手段，但由其引发的数据安全问题如数据隐私泄露、数据投毒、非法交易等问题也逐渐暴露，数据安全问题必须得到足够重视。

随着数字经济的发展，区块链、安全多方计算、隐私计算、联邦学习等各类新兴数据处理技术交相辉映，为各领域的数据处理问题提供了新的解决方案。然而，这些新兴技术在增强数据处理能力的同时，也带来了新的安全问题，新兴技术存在的潜在的安全风险及应用时可能出现的问题不容忽视。

本章将从不同技术出发，着重介绍新兴技术的具体内涵以及潜在的数据安全问题。

第一节 区块链数据安全

一、区块链

区块链技术于2008年首次出现于中本聪发表于密码学邮件列表上的一篇名为《比特币：一种点对点式的电子现金系统》的文章中，其中对区块链技术的定义为一种分布式底层架构。区块链技术本质上属于数字技术，由哈希算法、数字签名、共识算法、智能合约、点对点网络组成，是一种分布式的可靠安全数据库（账本），具有分布式存储、难以篡改、可追溯性、业务可编程、隐私安全保障、系统高可靠性、数据可信性等技术特性①。

区块链作为一种点对点（P2P）的分布式账本，网络中所有节点都拥有相同区块链数据信息，并且区块上的数据无法更改，通过提供公钥来保证用户身份匿名性。每个区块可以视作账本的一页，其通过记录时间的先后顺序链接起来从而形成“账本”。在记账方面，区块链不需要一个中心机构来负责记账，每个节点的交易情况都会在区块链中公布。区块链由区块按时间顺序以链条形式连接而成，图 5-1 是区块链的数据结构。其中，Merkle Root 用于数据的快速定位、查找和完整性校验；目标哈希和随机数用于工作量证明共识机制的挖矿计算以及验证，保证节点之间数据的一致性；时间戳和前一个区块的哈希值用于确定区块的连接顺序，保证数据的可追溯性和不可篡改性。

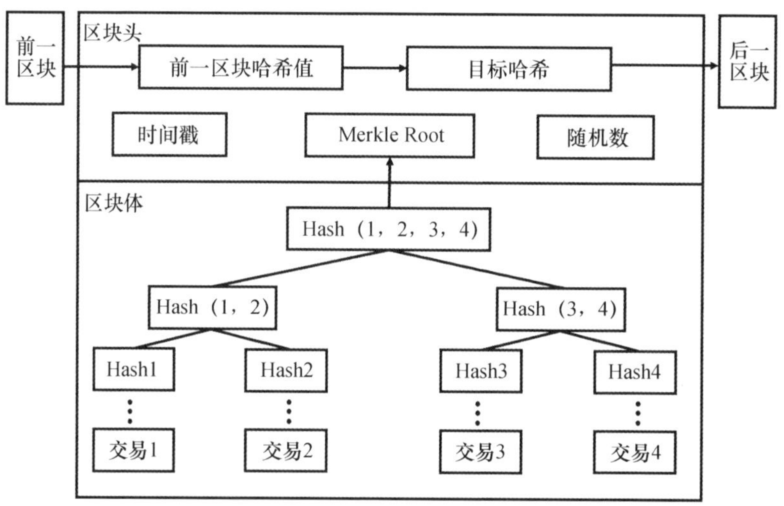

图 5-1　区块链的数据结构

区块链根据所覆盖的范围可分为三种类型，不同类型的区块链各有其

① 代闯闯、栾海晶、杨雪莹等：《区块链技术研究综述》，《计算机科学》2021 年第 2 期，第 500—508 页。

特点和应用场景，选择何种类型的区块链需要根据具体的需求和实际情况来决定，三种类型的区块链具体如下：

（1）公有链：公有链是开放的，任何人都可以读取、发送交易并获得有效确认的区块链。公有链的共识过程通常由工作量证明或者权益证明等共识机制来维护，如比特币和以太坊。这类区块链被广泛用于数字货币、证券交易、众筹系统等场景。

（2）私有链：指只限在组织内部使用的区块链，其创建及维护权限由一个组织拥有，通常用于企业或组织内部的财务管理、供应链管理、数据管理等领域。与公有链相比，权限进一步缩小，且私有链的读写权限通常仅限于组织内部成员，交易也需要经过组织的授权才能执行。

（3）联盟链：联盟链是介于公有链和私有链之间的一种区块链，由多个组织或机构共同参与管理。联盟链中的读写权限和交易确认通常需要获得联盟内部成员的共识，而不需要像公有链那样公开向所有人开放。联盟链主要用于企业间或组织间的数据共享、交易验证、供应链管理等领域。

区块链技术具有多个显著的优点，这些优点使得它在金融、供应链管理、物联网、版权保护等领域具有广泛的应用潜力。以下是区块链技术的主要优点：（1）去中心化：区块链技术通过分布式网络结构，使得数据不依赖于单一的中心服务器或权威机构，降低了对中心化实体的依赖，提高了系统的抗攻击能力。（2）安全性：区块链使用加密技术确保数据的安全性。每个区块包含前一个区块的哈希值，形成一个链式结构，任何试图篡改数据的行为都会导致后续区块的哈希值发生变化，从而被网络中的其他节点检测到。（3）不可篡改性：一旦数据被记录在区块链上，就无法被修改或删除，这保证了数据的完整性和不可篡改性。（4）透明性：区块链上的所有交易都是公开的，虽然交易参与者的身份可以匿名，但交易记录本身是透明的，这有助于建立信任和透明度。（5）可追溯性：区块链提供了完整的交易记录，使得每一笔交易都可以被追溯，这对于审计和监管非常有价值。这些优点使得区块链技术在需要高度安全、透明和不可篡改记录的领域具有巨大的潜力。

区块链的核心数据结构是一个链式结构，在此基础上，为实现数据的可靠记录和可信共享，区块链技术并不仅局限于其链式数据结构，而是将数字签名、环签名、零知识证明和同态加密等技术进行组合，使链上节点不依赖于单个中心。下面将对其数据共享关键技术进行基本介绍。

（1）数字签名技术：是一种基于公钥密码体制的安全验证方法，用于确保信息在传输过程中的完整性和真实性。其实现原理为：使用发送者的私钥对信息进行加密，生成一段数字串，作为数字签名。接收者使用发送者的公钥对数字签名进行解密，验证数字签名的真实性。如果解密成功，则说明信息在传输过程中没有被篡改，否则说明信息已经被篡改或伪造。

（2）环签名技术：环签名技术是一种基于椭圆曲线密码体制（ECC）的数字签名算法，它是一种非对称加密算法，用于保证消息的不可否认性和完整性。与传统的数字签名算法不同，环签名算法不需要通过公钥证书来验证签名者的身份，而是通过一个环状的签名结构来保证签名的安全性和不可伪造性。

（3）零知识证明：是一种涉及两方或更多方的协议，其中证明者能够在不向验证者提供任何有用的信息情况下，使验证者相信某个论断是正确的。零知识证明实质上是一种涉及两方或更多方的协议，即两方或更多方完成一项任务所需采取的一系列步骤，其中证明者向验证者证明并使其相信自己知道或拥有某一消息，但证明过程不能向验证者泄露任何关于被证明消息的信息。

（4）同态加密技术：是一种基于数学难题的计算复杂性理论的密码学技术。它允许加密者对经过同态加密的数据进行处理，得到一个输出，将这一输出进行解密，其结果与用同一方法处理未加密的原始数据得到的输出结果是一样的。

二、区块链技术数据安全风险

区块链技术在数据安全方面具有显著的优势，如去中心化、不可篡改性和透明性等。然而，尽管区块链提供了一种新的数据存储和传输方式，但它也带来了一些潜在的数据安全风险。

（一）共识机制的安全性

区块链技术的核心之一是共识机制，它确保网络中的所有节点能够就数据的状态达成一致。然而，共识机制的安全性风险主要体现在其潜在的脆弱性上。例如，工作量证明（PoW）机制可能面临51%攻击的风险，即当一个恶意节点或一组节点控制了超过半数的网络算力时，它们可以篡改交易历史，进行双重支付等恶意行为。此外，权益证明（PoS）和其他共识机制也可能受到长程攻击、无利攻击等威胁。这些攻击可能导致网络的共识被破坏，从而影响整个区块链系统的安全性和信任度。因此，设计和实施安全的共识机制对于维护区块链网络的稳定性和抵御潜在攻击至关重要。

（二）智能合约的安全

智能合约是区块链技术中的一种自动执行的程序，它在满足预设条件时自动执行合约条款。尽管智能合约为自动化交易和业务流程提供了便利，但其安全风险也不容忽视。智能合约的编程错误、逻辑漏洞或未预见的交互可能导致资金损失、合约执行错误或被恶意利用。例如，重入攻击利用了合约执行过程中的递归调用漏洞，允许攻击者重复提取合约中的资金。此外，智能合约一旦部署到区块链上，其代码就无法更改，这意味着任何发现的安全漏洞都无法通过补丁来修复，必须通过复杂的硬分叉或其他补救措施来解决。因此，智能合约的安全风险需要在设计、开发和部署过程中得到充分的重视和管理[①②]。

（三）密钥管理

密钥管理是区块链技术中至关重要的一环，因为私钥是用户访问和控制其数字资产的关键。然而，这也带来了密钥管理风险。私钥的丢失或被盗可能导致用户永久性地失去对其资产的控制权，因为区块链的去中心化特性意味着没有中央机构可以恢复丢失的私钥。此外，私钥的安全性也受到攻击者的威胁，他们可能会通过各种手段，如网络钓鱼、恶意软件或物理攻击来窃取私钥。因此，用户必须采取严格的安全措施来保护其私钥，包括使用硬件钱包、多重签名、定期备份和更新安全策略等。同时，区块链生态系统也需要发展更加健壮的密钥管理和恢复机制，以减轻这些风险。

（四）网络攻击

区块链技术虽然以其去中心化和不可篡改的特性而闻名，但它并非完全免疫于网络攻击。网络攻击风险包括但不限于分布式拒绝服务攻击，这种攻击通过向网络发送大量请求来使其过载，从而影响正常用户的访问。

① 斯雪明、徐蜜雪、苑超：《区块链安全研究综述》，《密码学报》2018 年第 5 期，第 458—469 页。

② 付梦琳、吴礼发、洪征等：《智能合约安全漏洞挖掘技术研究》，《计算机应用》2019 年第 7 期，第 1959—1966 页。

此外，针对区块链节点的网络攻击可能会试图破坏网络的共识机制，例如通过控制网络中的大部分节点来篡改交易记录。还有可能通过中间人攻击（MITM）来截取或篡改区块链网络中的通信。这些攻击可能会对区块链网络的稳定性和用户数据的安全性造成威胁。因此，尽管区块链提供了一定程度的安全性，但仍然需要采取有效的网络安全措施来防范这些潜在的网络攻击。

（五）技术依赖风险

区块链技术在提供去中心化、不可篡改和透明性等优势的同时，也带来了技术依赖风险。这种风险主要体现在对底层密码学技术的依赖上。区块链的安全性在很大程度上依赖于其使用的加密算法的强度。如果这些加密算法被破解，整个区块链系统的安全性可能会受到威胁。例如，量子计算的发展可能会对现有的加密技术构成挑战，因为量子计算机有潜力破解目前用于保护区块链交易的某些加密算法。此外，区块链技术的复杂性也要求开发人员和用户具备相应的技术知识和技能，以正确地配置和维护区块链系统，防止由于操作不当而导致的安全漏洞。因此，技术依赖风险要求区块链社区持续关注技术发展，不断更新和优化区块链的安全措施，以应对潜在的安全威胁。

（六）合规性和监管风险

区块链技术在提供去中心化、透明性和不可篡改性等优势的同时，也带来了合规性和监管方面的挑战。随着区块链技术的广泛应用，尤其是在金融服务、供应链管理和数据存储等领域，确保其符合现有法律和监管要求变得尤为重要。监管机构需要制定相应的法规来规范区块链的使用，以防止洗钱、欺诈和其他非法活动。同时，区块链技术的匿名性和跨境特性也给监管带来了难度。因此，如何平衡区块链技术的创新潜力与监管需求，确保其在合法框架内健康发展，是当前和未来监管机构、行业参与者和技术开发者共同面临的挑战。

（七）跨链操作风险

随着区块链技术的不断发展和多样化，不同区块链网络之间的交互（即跨链操作）日益频繁。这种跨链操作虽然有助于实现不同区块链网络之间的互操作性和资产流动性，但也带来了新的安全风险。例如，跨链桥接技术可能成为攻击者的目标，他们可能会利用桥接协议的漏洞进行重入攻击、双重支付或其他类型的安全攻击。此外，跨链操作的复杂性也可能导致操作失败或数据不一致，影响用户体验和系统稳定性。因此，设计和实施安全的跨链解决方案，以及对跨链操作进行严格的安全审计和监控，对于保障整个区块链生态系统的安全至关重要①。

为了应对这些潜在的风险，区块链技术的研究和实施需要不断地进行安全审计、漏洞修补和最佳实践的制定。同时，也需要跨学科的合作，结合密码学、网络安全、法律和伦理等领域的专业知识，以确保区块链技术的健康发展。

第二节　安全多方计算数据安全

一、安全多方计算

安全多方计算是一种密码学技术，它允许多个参与方在不泄露各自输入数据的情况下，共同计算一个函数的输出。这种技术的核心在于保护各方的隐私，同时允许他们协作完成计算任务。安全多方计算的关键在于，在计算过程中，每个参与方都无法获得其他参与方的任何输入信息，只能得到最终的计算结果。安全多方计算由四个基础协议构成：（1）混淆电路：通过将计算电路进行混淆，使得每个参与方只能看到与自己输入相关的部分，而无法看到其他参与方的输入。（2）秘密共享：将每个参与方的数据分割成多个份额，每个份额由不同的参与方持有，只有当足够多的份额被组合时，才能恢复出原始数据。（3）无意识传输：允许一方在不知道另一方选择的情况下，向另一方传输信息。（4）Goldreich - Micali - Wigderson（GMW）协议：一种基于布尔电路的多方计算协议，通过预处理和在线计算阶段，实现高效的多方计算②。

安全多方计算的核心在于实现在不泄露各自输入数据的情况下，多个参与者共同计算一个函数的值。这一目标的实现依赖于以下几个关键概念

---

① Sameena Banu Y, Kumar R, "Security in Cloud Computing Using Blockchain Technology", 3rd National Conference on Image Processing, Computing, Communication, Networking and Data Analytics, 2018.

② 郭娟娟、王琼霄、许新等：《安全多方计算及其在机器学习中的应用》，《计算机研究与发展》2021 年第 10 期，第 2163—2186 页。

和技术：(1）输入保密性，每个参与者的输入数据在计算过程中保持私密，其他参与者无法获取这些数据。这是通过各种密码学技术实现的，如秘密共享、混淆电路等。(2）计算正确性，安全多方计算协议确保计算结果的准确性，即如果所有参与者公开他们的输入，那么计算结果应该与公开输入时的结果一致。这意味着即使在没有完全信任的情况下，参与者也能确信计算过程的正确性。(3）去中心化，安全多方计算不依赖于任何可信的第三方来协调计算或验证结果。所有参与者在计算过程中都是平等的，这减少了对单一实体的依赖，从而提高了系统的安全性。(4）可验证性，在某些情况下，安全多方计算协议允许参与者验证计算过程的完整性和正确性，即使他们无法访问其他参与者的输入数据。(5）可扩展性，安全多方计算协议需要能够扩展到处理大量数据和多参与者的场景，同时保持计算效率和通信开销在可接受范围内。(6）协议设计，安全多方计算的核心是设计出能够在不泄露敏感信息的前提下执行计算的协议。这些协议通常基于密码学原理，如零知识证明、同态加密等。(7）安全性证明，安全多方计算协议的设计需要经过严格的安全性分析和证明，以确保在各种攻击模型下都能保持数据的隐私性和计算的正确性。

安全多方计算的核心挑战在于如何在不泄露任何敏感信息的情况下，设计出既安全又高效的计算协议。这通常涉及复杂的密码学构造和算法优化，以平衡隐私保护、计算效率和通信开销。随着密码学和计算技术的进步，安全多方计算在机器学习中的应用特别重要，正逐渐成为解决数据隐私问题的重要工具，因为它可以在不暴露训练数据的情况下，让多个参与方共同训练机器学习模型。

二、安全多方计算数据安全风险

安全多方计算是一种允许多个参与方在不直接共享原始数据的情况下，共同计算某个函数的隐私保护技术。尽管安全多方计算旨在保护数据隐私，但在实际应用中仍可能面临一些潜在的数据安全问题。

（一）通信安全问题

安全多方计算在实现数据隐私保护的同时，也引入了通信安全问题。在安全多方计算中，参与方需要通过不安全的通信渠道交换加密的数据和计算中间结果。这一过程中，如果通信通道未得到充分保护，攻击者可能会利用各种攻击手段，如窃听、篡改或重放攻击，来截获或操纵这些敏感信息。尽管安全多方计算协议通常设计为即使在存在恶意参与方的情况下也能保持计算的安全性，但通信安全仍然是一个关键的挑战。为了解决这一问题，通常需要采用安全的传输协议，如 TLS/SSL，以及可能的端到端加密技术，以确保数据在传输过程中的机密性和完整性。此外，对于传输的数据量和频率，也需要进行优化，以减少潜在的安全风险和提高整体的计算效率。

（二）计算安全问题

在安全多方计算中，计算安全问题主要涉及确保在多方协作计算过程中，数据不被未经授权的访问或篡改。尽管安全多方计算协议旨在保护各方数据的隐私，但在实际应用中，如果协议的实现存在漏洞或者参与方的计算环境不安全，攻击者可能会利用这些弱点来窃取数据或影响计算结果。例如，如果一个参与方的计算设备被恶意软件感染，攻击者可能通过这个设备来获取其他参与方的数据或操纵计算过程。此外，如果计算外包给不可信的第三方，如云服务提供商，那么即使计算过程本身是安全的，第三方也可能因为内部攻击或恶意行为而泄露数据。为了应对这些计算安全问题，安全多方计算系统通常需要采用严格的安全措施，如使用可信执行环境（TEE）、硬件安全模块（HSM）或安全启动机制，以确保计算代码和数据的完整性和机密性。同时，还需要对参与方的计算环境进行安全审计和监控，以防止潜在的安全威胁。

（三）协议实现错误

安全多方计算协议的实现错误可能导致严重的安全漏洞，从而破坏整个系统的安全性。由于安全多方计算协议通常涉及复杂的密码学操作和数据交换过程，任何小的实现错误都可能被攻击者利用，从而泄露敏感数据或破坏计算的完整性。例如，如果在加密和解密过程中存在逻辑错误，攻击者可能会恢复出原始数据；如果在协议的执行过程中没有正确处理异常情况，攻击者可能利用这些异常来获取额外信息。因此，开发和部署安全多方计算系统时，必须进行严格的代码审查、安全审计和测试，以确保协议的正确性和安全性。此外，考虑到安全多方计算的复杂性，使用经过验证的开源实现或与专业的安全团队合作也是降低实现错误风险的有效方法。

（四）侧信道攻击

侧信道攻击是指攻击者通过分析计算设备的物理特性（如功耗、电磁泄漏、声音、热量等）来获取敏感信息的攻击方式。尽管安全多方计算协议设计上旨在保护数据隐私，使得即使在存在恶意参与方的情况下也能安全地进行计算，但侧信道攻击可能绕过这些协议的逻辑安全保障。例如，攻击者可能会监控计算过程中的电力消耗模式，通过这些模式推断出加密密钥或计算结果。为了防止侧信道攻击，安全多方计算系统需要采取相应的防护措施，如使用侧信道攻击防护技术（如功耗均衡、噪声注入等）以及在硬件层面实施安全加固，以确保计算过程中的物理信息不被泄露。此外，对于执行安全多方计算的硬件环境，也需要进行严格的安全评估和防护，以抵御潜在的侧信道攻击。

（五）隐私泄露

安全多方计算虽然旨在保护参与方的数据隐私，但在实际应用中仍然存在隐私泄露的风险。这些风险可能来自于协议设计上的缺陷、实现过程中的错误、参与方的不诚实行为，或者是攻击者利用输出结果与输入数据之间的关联性进行推断。例如，即使数据在计算过程中保持加密状态，攻击者也可能通过分析输出结果的统计特性来推断出敏感信息。此外，如果参与方在计算过程中共享了过多的信息，即使这些信息是加密的，也可能被攻击者利用来重建原始数据。为了减轻这些风险，安全多方计算系统需要采用严格的隐私保护措施，包括但不限于使用零知识证明、差分隐私技术以及对协议的安全性进行详尽的分析和测试。同时，参与方应当遵守协议规定的操作流程，以确保数据在计算过程中的隐私不被泄露。

（六）恶意参与方

在安全多方计算中，恶意参与方的存在是一个重要的安全威胁。尽管安全多方计算协议设计上假设参与方可能是半诚实的，即他们遵循协议规则但试图从计算过程中获取额外信息，但在实际应用中，参与方可能完全不受协议约束，试图通过发送错误数据、篡改计算结果或利用协议漏洞来破坏计算过程的安全性和隐私性。这种恶意行为可能导致敏感数据的泄露，或者使得计算结果不可靠。为了防范恶意参与方，安全多方计算系统通常需要引入额外的安全机制，如零知识证明、差分隐私技术，或者依赖可信执行环境来确保计算的完整性和数据的隐私性①。此外，协议的设计

① 钱文君、沈晴霓、吴鹏飞等：《大数据计算环境下的隐私保护技术研究进展》，《计算机学报》2022 年第 4 期，第 669—701 页。

也需要考虑到恶意参与方的存在，并提供相应的防护措施，如设置阈值来确保即使部分参与方不诚实，计算结果仍然可靠。

（七）协议选择不当

在安全多方计算中，选择不当的协议可能导致安全漏洞，影响整个系统的安全性和隐私保护能力。不同的安全多方计算协议针对不同的安全需求和计算场景有不同的设计和性能特点。如果选择了不适用于特定场景的协议，可能会导致计算效率低下、隐私保护不足或易受攻击。例如，某些协议可能在处理大量数据时性能不佳，而另一些协议可能在处理小规模数据时过于复杂。此外，某些协议可能在面对特定类型的攻击时不够健壮。因此，在选择安全多方计算协议时，必须仔细考虑应用场景的具体需求，包括数据规模、计算复杂性、通信开销、隐私保护级别以及潜在的攻击模型。正确的协议选择对于确保计算的安全性、效率和隐私性至关重要。

（八）性能问题

安全多方计算在提供数据隐私保护的同时，可能会引入显著的性能开销。由于安全多方计算协议通常涉及复杂的加密和解密操作，以及多方之间的通信协调，这些过程可能会消耗大量的计算资源和网络带宽，特别是在处理大规模数据集或执行复杂计算任务时，性能问题尤为突出。为了解决这些问题，研究者们需要不断优化协议设计，减少不必要的计算和通信步骤，以及探索利用硬件加速技术（如 GPU 加速或专用硬件）来提升计算效率。此外，协议的选择和实现也应考虑到实际部署环境中的资源限制，确保安全多方计算方案在保护隐私的同时，也能够在可接受的性能范围内运行[①]。

（九）合规性和法律问题

安全多方计算在跨不同司法管辖区进行数据处理时，可能会遇到合规性和法律问题。由于不同国家和地区对于数据保护和隐私的法律要求不同，例如欧盟的《通用数据保护条例》和美国的《加州消费者隐私法》，在实施安全多方计算时必须确保数据处理活动符合这些法规。合规性问题可能包括数据的跨境传输、存储和处理的合法性，以及在安全多方计算过程中对个人数据的保护措施是否满足法律要求。此外，法律问题还可能涉

① Jiang L，Cao Y，Yuan C，et al. “An Effective Comparison Protocol over Encrypted Data in Cloud Computing”，Journal of Information Security and Applications，No. 48，2019.

及数据所有权和知识产权的界定，以及在安全多方计算协议中如何处理数据泄露或滥用的责任归属。为了解决这些问题，安全多方计算的实施者需要与法律顾问紧密合作，确保所有数据处理活动都符合相关法律法规，同时可能需要对协议进行定制化修改以适应特定的法律环境。

第三节　隐私计算数据安全

一、隐私计算

隐私计算是指在保护数据本身不对外泄露的前提下实现数据分析计算的技术集合，达到对数据“可用、不可见”的目的。在国外，隐私计算被定义为“Privacy Enhancing Technologies”（PETs），即隐私增强技术。2001年，隐私增强技术概念首次被提出，即“一套信息和通信技术措施系统，在保障系统功能的前提下，通过消除或减少个人数据或防止对个人数据进行不必要或不希望的处理来保护隐私”。在国内，2016 年发布的《隐私计算研究范畴及发展趋势》才正式提出“隐私计算”一词，并将隐私计算定义为“面向隐私信息全生命周期保护的计算理论和方法”在充分保护数据和隐私安全的前提下，实现数据价值的转化和释放[①]。

总而言之，隐私计算是面向隐私信息全生命周期保护的计算理论和方法，是隐私信息的所有权、管理权和使用权分离时隐私度量、隐私泄露代价、隐私保护与隐私分析复杂性的可计算模型与公理化系统。

隐私计算的关键技术主要有同态加密技术和安全多方计算技术。

（1）同态加密技术：是一种基于数学难题的计算复杂性理论的密码学技术。它允许对经过同态加密的数据进行处理，得到一个输出，将这一输出进行解密，其结果与用同一方法处理未加密的原始数据得到的输出结果相同。

（2）安全多方计算：是一种密码学技术，它允许两个或多个参与方在保持各自数据隐私的同时，共同计算一个函数。在这种计算过程中，参与方的输入数据不会泄露给其他参与方，最终的计算结果也是准确的，而不

① 李凤华、李晖、牛犇等：《隐私计算——概念、计算框架及其未来发展趋势》，《Engineering》2019 年第 6 期，第 1179—1192 页。

会被篡改或泄露。

二、隐私计算数据安全风险

隐私计算技术旨在保护个人隐私和数据安全，同时允许在不泄露原始数据的情况下进行数据分析和计算。尽管隐私计算为数据安全带来了许多优势，但它也带来了一些潜在的数据安全问题和挑战。

（一）技术复杂性

隐私计算技术的复杂性主要源于其设计的初衷，即在不直接暴露原始数据的情况下进行数据处理和分析。这种技术通常涉及高级的密码学原理，如同态加密、安全多方计算和零知识证明等，这些原理在理论上虽然可行，但在实际应用中却面临着巨大的挑战。首先，这些技术需要精确的算法实现，以确保在保护隐私的同时计算的准确性和效率。其次，隐私计算往往要求在多方之间进行复杂的协调和通信，这不仅增加了系统的复杂性，也提高了出错的风险。此外，隐私计算技术的实施还需要考虑到不同参与者之间的信任问题，以及如何在不完全信任的环境中确保数据的安全性。所有这些因素共同作用，使得隐私计算技术在设计、开发和部署过程中的技术复杂性显著增加。

（二）法规和标准缺失

隐私计算技术的快速发展在很大程度上推动了数据隐私保护的边界，但同时也暴露出法规和标准方面的不足。由于隐私计算涉及跨学科的复杂技术，包括密码学、分布式系统、数据安全等多个领域，现有的法律法规往往难以全面覆盖其应用场景。此外，隐私计算的多样性和动态性使得制定统一的技术标准变得具有挑战性。缺乏明确的法规指导和标准化框架，不仅影响了隐私计算技术的规范化发展，也给企业和用户带来了合规性风险。因此，迫切需要建立一套适应隐私计算特性的法律框架和标准体系，以促进技术的健康发展，同时确保用户隐私得到有效保护。

（三）数据泄露风险

隐私计算技术虽然旨在保护数据隐私，但其实施过程中仍然存在数据泄露的风险。例如，尽管采用了加密和安全多方计算等技术，但如果系统设计存在漏洞，或者在执行过程中出现错误，攻击者可能利用这些弱点获取敏感信息。此外，隐私计算的复杂性也可能导致新的安全威胁，如模型逆向工程和隐私泄露攻击。因此，尽管隐私计算为数据隐私提供了新的解决方案，但同时也要求开发者和用户对潜在的安全风险保持警惕，并采取适当的措施来降低这些风险。

（四）恶意行为

隐私计算技术在保护数据隐私的同时，也可能被恶意行为者利用，从而带来新的安全挑战。例如，攻击者可能会尝试通过构造恶意输入数据来影响模型训练结果，或者在多方计算过程中故意引入错误，以获取额外的信息或破坏计算过程的完整性。此外，隐私计算协议的复杂性可能为攻击者提供了更多的攻击面，例如通过分析通信模式来推测参与者的策略。因此，隐私计算不仅需要强大的加密和安全协议来防止数据泄露，还需要设计有效的机制来检测和抵御各种恶意行为，确保计算过程的公正性和可靠性。

（五）依赖硬件安全

隐私计算技术，尤其是基于可信执行环境的方案，高度依赖于硬件的安全特性。可信执行环境提供了一个隔离的执行环境，确保敏感数据和计算在不被外部攻击者访问的情况下进行。然而，这种依赖性也带来了新的挑战，因为硬件的安全性必须得到充分验证，并且需要防范潜在的硬件漏洞和侧信道攻击。此外，可信执行环境的实现和维护需要专业的硬件知识和持续的安全更新，以确保其在不断变化的威胁环境中保持有效。因此，隐私计算的安全性在很大程度上取决于硬件安全措施的强度和实施的完整性。

第四节　联邦学习数据安全

一、联邦学习

联邦学习是一种分布式机器学习方法，它允许多个参与方（如设备、服务器或组织）在不直接共享其原始数据的情况下共同训练一个共享的机器学习模型。这种方法的核心在于，每个参与方仅在本地处理和分析其数据，然后与中央服务器或其他参与方共享模型参数的更新，而不是原始数据本身。这样，联邦学习能够在保护用户隐私和数据安全的同时，实现模型的全局优化。

联邦学习的技术核心在于如何在不共享原始数据的情况下，实现数据的分布式处理和模型的联合训练。联邦学习的关键技术核心在于：

（1）本地模型训练：各参与方（客户端）使用其本地数据集独立训练模型。这个过程确保了数据的隐私性，因为原始数据不需要离开客户端。

（2）模型参数更新：在本地训练过程中，客户端计算模型参数的更新，如梯度或权重变化。这些更新包含了从本地数据中学习到的信息，但不包含原始数据内容。

（3）参数聚合：客户端将计算出的参数更新发送到中央服务器（或称为聚合服务器）。服务器负责收集所有客户端的更新并进行聚合。聚合过程可以是简单的平均，也可以是更复杂的加权聚合策略。

（4）全局模型更新：聚合后的参数更新被用来更新全局模型。这个更新后的模型代表了所有客户端数据的集体知识。

联邦学习的关键优势包括：（1）数据隐私保护。由于原始数据不离开本地，联邦学习减少了数据泄露的风险，符合数据保护法规，如欧盟的《通用数据保护条例》。（2）数据孤岛问题解决。联邦学习允许不同组织或设备共享模型训练的成果，而不必共享敏感数据，从而打破了数据孤岛，促进了跨组织的数据合作。（3）模型性能提升。通过聚合来自不同来源的数据，联邦学习能够训练出更全面、更健壮的模型，因为这些数据可能覆盖了更广泛的特征和场景。（4）计算和存储效率。联邦学习将计算任务分散到各个参与方的设备上，减轻了中央服务器的负担，同时利用了边缘设备的计算能力。（5）实时性和适应性。联邦学习可以实时更新模型，使其能够快速适应新数据和变化，这对于需要快速响应的应用程序尤为重要。

二、联邦学习数据安全风险

在联邦学习场景中，攻击者的主要目标通常是破坏模型或者推断隐私信息。攻击者可能来自参与方或者服务端。来自参与方的攻击者可能会是恶意的，也可能是诚实但好奇的，无论哪种情况下，他们都有可能威胁到系统的鲁棒性和隐私性。而来自服务端的攻击者通常被假设为诚实但好奇的，他们可能会威胁到系统的隐私性。这些攻击者可以在不同的时间点发动攻击。来自参与方的攻击者可以在本地训练阶段或与服务端进行信息交互的阶段发动攻击，而来自服务端的攻击者则只能在与客户端进行信息交互的阶段发动攻击。

联邦学习系统内存在的数据安全风险主要来源于攻击，而攻击主要分为针对系统鲁棒性的攻击和针对系统隐私性的攻击[①]。

（一）针对系统鲁棒性的攻击

1. 数据投毒

联邦学习中的数据投毒是指攻击者将中毒样本添加到模型的训练数据集中，利用训练或微调过程使模型中毒，从而破坏模型的可用性或完整性，最终使模型在测试阶段表现异常。这种攻击主要针对数据的完整性。可分为无目标的投毒攻击和有目标的投毒攻击两种。无目标的投毒攻击注重于完全破坏模型性能，使全局模型的准确率降低，甚至使模型不能收敛，才算攻击成功。而有目标的投毒攻击则注重于特定预测任务，攻击者不希望破坏模型对其他任务的预测，而是通过将原标签值更改为另一个标签值等方式，来干扰模型对特定任务的预测[②③]。

2. 模型投毒

联邦学习中的模型投毒是指攻击者通过发送错误的参数或损坏的模型来破坏全局聚合期间的学习过程，导致整个学习模型的参数变化方向偏离，甚至破坏整体模型的正确性，严重影响模型的性能。根据攻击者的目标和采取的技术，模型投毒可以进一步分为以下三种类型：

（1）恶意参与型模型投毒：攻击者通过发送带有恶意参数的模型更新来破坏全局聚合过程，导致整个模型的性能下降。这种类型的攻击通常发生在联邦学习的分布式训练过程中，攻击者的目标是破坏整个学习模型的准确性或可用性。

（2）窃取型模型投毒：攻击者通过发送伪造的模型更新来窃取全局聚合过程中的参数或模型，从而获取敏感信息或实现其他恶意行为。这种类

---

① 陈学斌、任志强、张宏扬：《联邦学习中的安全威胁与防御措施综述》，《计算机应用》，2024 年 1 月 6 日，http：//kns. cnki. net/kcms/detail/51. 1307. TP. 20230731. 1744. 024. html。

② Sun G，Cong Y，Dong J，et al.，“Data Poisoning Attacks on Federated Machine Learning”，IEEE Internet of Things Journal，Vol. 9，No. 13，2021，pp. 11365 – 11375.

③ Tolpegin V，Truex S，Gursoy M E，et al.，“Data Poisoning Attacks against Federated Learning Systems”，Computer Security，ESORICS 2020：25th European Symposium on Research in Computer Security，ESORICS 2020，Guildford，UK，Sep. 14 – 18，2020，pp. 480 – 501.

型的攻击通常发生在联邦学习的分布式训练过程中，攻击者的目标是窃取敏感信息或实现其他恶意行为。

（3）扰动型模型投毒：攻击者通过发送带有扰动的模型更新来干扰全局聚合过程中的参数或模型，导致整个模型的性能下降或产生不准确的预测结果。这种类型的攻击通常发生在联邦学习的分布式训练过程中，攻击者的目标是干扰模型的输出结果或性能。

3. 后门攻击

联邦学习中的后门攻击是指攻击者在模型的训练过程中通过某种方式对模型植入后门。当后门未被激发时，被攻击的模型具有和正常模型类似的表现；而当模型中埋藏的后门被攻击者激活时，模型的输出变为攻击者预先指定的标签以达到恶意的目的。后门攻击的实现方式通常包括以下步骤：①嵌入后门：攻击者在模型的训练过程中通过某种方式（例如修改模型参数或增加隐层）将后门植入模型中。②后门激活：攻击者通过某种方式（例如修改输入数据或触发特定事件）激活后门，使模型的输出变为攻击者预先指定的标签。③隐藏后门：攻击者通常会将后门隐藏在大量的正常模型参数中，使后门难以被检测和识别。

联邦学习中的后门攻击可以根据实施方式是否更改本地数据分为标记后门攻击和语义后门攻击两种类型。

（1）标记后门攻击[①]：在标记后门攻击中，攻击者通过在本地数据上添加标记来设置后门。攻击者会在本地数据上添加一个微小的标记，这个标记不会被普通用户察觉，但可以在模型推断时被激活。当模型推断时，如果输入数据中包含这个标记，后门就会激活，导致模型的输出变为攻击者预先指定的标签。标记后门攻击的优点是攻击者不需要深入了解模型的内部结构和训练过程，但缺点是攻击者需要预先知道要添加的标记，并且这个标记可能会被检测和识别。

（2）语义后门攻击[②]：在语义后门攻击中，攻击者通过修改本地数据的语义来设置后门。攻击者会通过某种方式（例如修改图像的像素或文本

---

① Xie C, Huang K, Chen P Y, et al., "Dba: Distributed Backdoor Attacks against Federated Learning", 8th International Conference on Learning Representations, 2020.

② Wang H, Sreenivasan K, Rajput S, et al., "Attack of the Tails: Yes, You really Can Backdoor Federated Learning", Advances in Neural Information Processing Systems, No. 33, 2020, pp. 16070 – 16084.

的单词）修改本地数据，使修改后的数据在模型推断时产生与原始数据不同的输出。攻击者可以通过修改数据的语义来设置后门，使模型在推断时产生错误的输出。语义后门攻击的优点是攻击者不需要添加任何标记，因此攻击更难被检测和识别，但缺点是攻击者需要深入了解模型的内部结构和训练过程。

（二）针对系统隐私性的攻击

1. 泄露攻击

联邦学习中，参与计算的各方都拥有自己的数据，需要将自己的模型发送给服务器进行更新。在此过程中，攻击者一旦获得参与方的数据或是贡献的模型，便可以获取到用户的隐私信息以及模型的内部结构和参数信息。这种攻击会造成严重的用户隐私信息泄露，揭示敏感信息，如患者的病史、人的种族和性别等等。

2. 重构攻击

重构攻击是指利用联邦学习建模过程中传递的模型信息重构出原始数据的一种方式，其实现方式通常包括以下步骤：①收集数据集：攻击者从联邦学习的客户端收集训练数据，形成一个新的数据集。②数据预处理：攻击者对收集到的数据进行预处理，以便进行后续的模型训练和重构。③二分类攻击：攻击者训练一个二分类模型，用于区分原始数据和重构数据。④重构原始数据：攻击者利用训练好的二分类模型对原始数据进行重构，得到尽可能接近原始数据的重构数据。

第五节　物联网数据安全

一、物联网

物联网（IoT）是一种新兴的网络技术，它通过将物理世界中的各种物体与互联网连接起来，实现物体间的智能识别、定位、追踪、监控和管理。

物联网的核心在于其能够实现物体与物体之间的智能互联，以及物体与人之间的无缝沟通。这一核心功能依赖于多种关键技术的集成，包括传感器技术、无线通信技术、数据处理和分析能力，以及云计算和大数据分析等。传感器作为物联网的“触角”，能够感知和捕获周围环境的各种数据，如温度、湿度、位置等。无线通信技术则确保这些数据能够被传输到中央处理单元或云端，实现远程监控和控制。数据处理和分析能力使得物联网能够从海量数据中提取有价值的信息，支持决策制定。云计算和大数据分析则为物联网提供了强大的计算资源和存储能力，使得复杂的数据处理和智能应用成为可能。随着技术的不断进步，物联网的核心功能将更加强大，为人类社会带来更多的便利和创新。物联网的应用范围广泛，涵盖了智能家居、智能交通、工业自动化、环境保护、医疗健康等多个领域。

物联网的体系结构通常包括感知层、网络层、平台层和应用层，是一个多层次、分布式的网络架构，它将物理世界中的物体与互联网相连接，实现智能化的感知、交互和控制。这一体系结构通常包括以下几个关键层次：

（1）感知层：这是物联网的基础层，由各种传感器、执行器和智能终端组成，负责收集和监测物体的状态信息，如温度、湿度、位置等，并执行相应的控制命令。

（2）网络层：负责将感知层收集的数据传输到数据处理中心。这一层包括有线和无线通信技术，如 Wi－Fi、蓝牙、ZigBee、LoRa 等，以及各种网络协议，确保数据的高效、可靠传输。

（3）平台层：作为物联网的中间层，它提供数据处理、存储、分析和应用开发的支持。平台层通常包括云计算服务、大数据分析工具和物联网操作系统，为上层应用提供必要的基础设施。

（4）应用层：这是物联网体系结构的最顶层，包含了各种面向特定行业和用户需求的应用服务。应用层通过平台层提供的服务，实现对物体的智能控制、数据分析和决策支持。

整个物联网体系结构的设计旨在实现不同设备和系统的互操作性，确保数据的安全性和隐私保护，同时提供灵活、可扩展的解决方案以适应不断变化的应用场景。随着技术的不断发展，物联网体系结构也在不断演进，以支持更广泛的应用和更复杂的系统需求①。

物联网技术的不断发展和成熟，正在逐渐改变我们的生活和工作方式，提高生产效率，促进资源的合理利用，并为人类的可持续发展提供支

① 孙其博、刘杰、黎羴等：《物联网：概念、架构与关键技术研究综述》，《北京邮电大学学报》2010 年第 3 期，第 1—9 页。

持。物联网被认为是继计算机、互联网之后的第三次信息技术革命，预示着一个更加智能化、互联互通的未来。

二、物联网数据安全风险

物联网技术的广泛应用在为社会带来便利的同时，也带来了数据安全方面的风险，具体有以下三个方面。

（一）数据泄露

物联网技术的广泛应用使得数以亿计的设备连接到网络，收集和传输大量数据。然而，随着设备数量的激增，数据泄露的风险也随之上升。物联网设备可能因为设计缺陷、软件漏洞或配置不当而变得脆弱，容易被黑客攻击，导致个人隐私、企业机密甚至国家安全信息的泄露。此外，数据在传输过程中如果没有得到充分的加密保护，也可能被截获和篡改。这些数据泄露事件不仅侵犯了用户的隐私权，还可能对企业和国家安全构成威胁，因此，物联网的数据安全问题亟待通过技术加固、法规完善和用户教育等多方面的努力来解决。

（二）安全防护问题

首先，许多物联网设备在设计时未能充分考虑安全因素，导致它们容易受到网络攻击，如弱密码、未加密的通信和缺乏安全更新机制。其次，物联网设备的固件更新往往滞后，使得已知的安全漏洞得不到及时修补，增加了被利用的风险。再次，物联网设备的多样化和分散性使得统一的安全标准难以实施，导致安全防护措施不一致。最后，物联网设备的供应链安全问题也不容忽视，恶意软件可能在生产过程中被植入，从而在设备投入使用后造成安全威胁。为了解决这些问题，需要从设备设计、生产到部署的整个生命周期中实施严格的安全标准，包括加密通信、定期安全更新、强化用户认证和访问控制，以及建立有效的供应链安全审查机制。

（三）法律法规缺失

物联网设备的法律监管问题主要涉及隐私保护、数据安全、责任归属以及合规性等方面。随着物联网技术的快速发展，设备数量激增，它们在收集、处理和传输数据时可能侵犯个人隐私，尤其是在缺乏明确法律框架的情况下。此外，物联网设备的安全漏洞可能导致数据泄露，对用户和企业造成损害，但责任归属往往不明确，难以追究。同时，不同国家和地区对物联网设备的监管法规存在差异，导致国际标准难以统一，给跨国运营的企业带来合规性挑战。为了解决这些问题，需要建立和完善相关的法律法规，明确物联网设备在数据收集、处理和传输过程中的法律要求，确保用户隐私得到保护，同时为设备制造商和用户提供清晰的责任指导和合规路径。

这些问题不仅威胁到用户隐私和数据安全，还可能对国家安全和社会稳定构成风险。因此，加强物联网设备的安全设计、完善相关法律法规、提升公众的安全意识和技能，以及建立有效的数据保护机制，对于解决物联网带来的数据安全问题至关重要。

第六节　人工智能数据安全

一、人工智能

人工智能（AI）是研究、开发用于模拟、延伸和扩展人的智能的理论、方法、技术及应用系统的一门新的技术科学。一般认为，人工智能的概念诞生于1956年的达特茅斯会议，在这次会议上，多位著名的科学家从不同学科的角度探讨用机器模拟人类智能等问题，并首次提出了人工智能这个术语，也确定了人工智能的研究使命："人工智能就是要让机器的行为看起来就像是人所表现出的智能行为一样。"

人工智能技术的特点体现在其模拟人类智能的能力，包括但不限于自主学习、模式识别、决策制定、自然语言理解以及适应性和灵活性。这些技术使得人工智能系统能够处理和分析大量数据，识别复杂的模式，理解自然语言以及在不断变化的环境中作出响应。人工智能还具有并行处理能力，能够利用高性能计算资源高效执行任务。此外，人工智能技术在不断进步，通过持续学习和优化，其性能和应用范围不断扩大，同时也在不断探索新的领域，如生成对抗网络、强化学习等，以解决更复杂的问题。然而，人工智能的发展也带来了伦理、隐私和安全等方面的挑战，需要在技术创新的同时，考虑其对社会的全面影响。

人工智能技术的核心在于构建能够模拟人类智能行为的系统，这通常涉及机器学习、深度学习、自然语言处理、计算机视觉等多个领域的交叉融合。这些技术使得人工智能系统能够从数据中学习模式，理解复杂的语言结构，识别图像和声音，以及进行决策和规划。核心算法如神经网络、强化学习、生成对抗网络等，使得人工智能能够在不断迭代中优化其性能，逐渐逼近甚至超越人类在特定任务上的表现。此外，人工智能技术的核心还包括对数据的高效处理和分析能力，以及对不确定性和复杂性的适应性。随着算法的不断进步和计算资源的增强，人工智能正朝着更加自主、智能和人性化的方向发展①。

人工智能的关键技术包括但不限于以下几个方面：

1. 机器学习：这是人工智能的核心技术之一，它使计算机系统能够通过数据自动学习和改进，而无需进行显式的编程。这种方法的核心在于构建和应用统计模型，这些模型可以从大量数据中识别模式，并利用这些模式来进行预测和决策。机器学习算法可以是监督的、无监督的或半监督的，它们在各种应用中发挥作用，如图像识别、自然语言处理、推荐系统和预测分析等。随着数据量的增加和计算能力的提高，机器学习已经成为解决复杂问题和推动创新的强大工具。

2. 深度学习：深度学习是机器学习的一个子领域，它专注于使用多层神经网络来模拟人脑处理信息的方式。这些网络，通常被称为深度神经网络，由多层的神经元组成，能够自动从原始数据中提取复杂的特征和模式。深度学习模型通过大量的训练数据进行训练，通过反向传播算法不断调整网络中的权重，以最小化预测误差。这种技术在图像和语音识别、自然语言处理、游戏和自动驾驶等领域取得了显著的突破，它使得计算机能够在没有明确编程的情况下，执行高度复杂的任务。随着计算资源的增强和数据集的丰富，深度学习正不断推动人工智能的边界，解决以前认为难以自动化的问题。

3. 自然语言处理：自然语言处理致力于使计算机能够理解、解释和生成人类语言。自然语言处理技术涵盖了广泛的任务，包括但不限于语音识别、文本分类、情感分析、机器翻译、问答系统和对话系统。通过自然语言处理，计算机能够从文本数据中提取有用信息，理解语言的上下文和含义，并以自然的方式与人类进行交流。这项技术的发展极大地促进了人机交互的自然性和效率，使得智能助手、搜索引擎、内容推荐系统等应用成

① 谭铁牛：《人工智能的历史、现状和未来》，《智慧中国》2019 年第 Z1 期，第 87—91 页。

为可能，同时也为文本挖掘、舆情监控和自动化客户服务等领域提供了强大的支持。随着机器学习和深度学习技术的进步，自然语言处理正变得更加智能和精确，不断拓展其在各个行业中的应用范围。

4. 计算机视觉：计算机视觉是人工智能的一个关键领域，它涉及开发能够使计算机“看”和理解视觉信息的技术和算法。这一领域的核心目标是使计算机能够识别和处理图像和视频中的对象、场景和活动，从而实现类似于人类视觉系统的功能。计算机视觉技术包括图像识别、目标检测、场景理解、3D 重建和运动分析等。它在自动驾驶汽车、机器人导航、医学成像、安全监控和增强现实等领域有着广泛的应用。随着深度学习技术的发展，计算机视觉在准确性和可靠性方面取得了显著的进步，使得机器能够更好地理解和与物理世界互动[①]。

二、人工智能数据安全风险

由于人工智能可以访问大量敏感数据来执行业务分析和个性化推送等任务，数据成为了攻击人工智能的主要侵害对象，人工智能领域下的数据安全成为数字时代下不可忽视的一大安全问题。

数据的使用贯穿人工智能工作过程，所以在创造、管理以及获取数据的每一个交互环节中，都存在着潜在的漏洞风险。因此，人工智能系统工作流程中的每一步都可以成为特定攻击的目标。为了更好地理解这一观点，此处将人工智能系统的工作流程划分为四个关键阶段，如图 5 –2 所示。首先是“训练阶段”，这是将训练数据输入机器学习模型以进行学习的阶段。训练数据的特点是规模庞大且种类多样，因此在使用之前，需要对其进行预处理和脱敏处理。对于某些领域的专业性数据，可能需要邀请相关行业专家进行内容审查。鉴于训练数据的生成需要大量的资源投入，且数据本身蕴含巨大的价值，因此它成为了数据安全的主要攻击目标之一。接下来是“模型阶段”，在这个阶段，机器学习算法从训练数据集中进行学习，生成了预测模型。这个模型具有一定的应用价值，因此也可能成为攻击的目标。随后，在“应用阶段”，新的数据会被输入经过训练的模型，产生预测结果。然而，在这个阶段，攻击者可能会借机侵入系统并

---

① 《中国网络安全产业白皮书》，中国信息通信研究院，2022 年 1 月 24 日，http：//www. caict. ac. cn/kxyj/qwfb/bps/202201/P020220124544366719425. pdf。

篡改预测结果，从而对结果产生影响。最后一个阶段是“推理阶段”，在这个阶段，系统会输出预测结果，但这些结果可能会携带敏感信息，导致信息泄露。

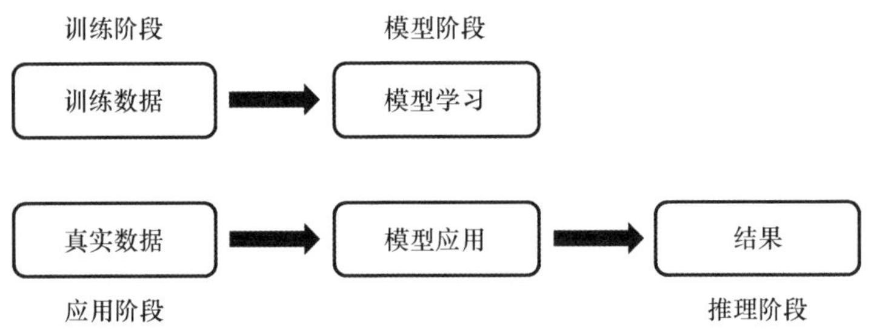

图 5－2　人工智能系统的工作流程

基于以上对人工智能系统工作流程的划分，从各个阶段介绍了人工智能可能带来的数据安全问题。

（一）数据泄露

作为一种常见的隐私事件，数据泄露是指在未经授权的访问中泄露机密或敏感数据，可能会发生在人工智能工作流程中的训练、模型和推理阶段。这种类型的攻击对于任何系统的保密性都会造成威胁，并不仅限于人工智能。然而，相较于其他系统，人工智能提高了从大数据中所获取信息的价值密度，因此，针对数据和隐私漏洞数量也随之增加①。

（二）数据偏差

尽管偏差没有与数据隐私和安全问题直接挂钩，但它作为数据的一部分会显著影响结果的准确性和可问责性。在人工智能系统所识别的不同类型的偏差中，以下是与数据相关的偏差：（1）样本偏差，描述了训练数据中样本的不平衡表征；（2）算法偏差，指系统中的系统误差；（3）偏见偏差，表明对单个数据的不正确态度。其他类型的偏差，如由于测量结果不佳而导致的测量偏差，不在讨论范围之内。偏见不是人工智能系统有意为之，而是用于训练系统的输入数据中呈现的偏见的结果。因此，它针对的是训练阶段，违反了人工智能系统的完整性。

① Al－Rubaie M，Chang J M，“Privacy－preserving Machine Learning：Threats and Solutions”，IEEE Security & Privacy，Vol. 17，No. 2，2019，pp. 49－58.

（三）数据中毒

数据中毒是基于利用污染数据影响模型学习的思想开发的最广泛的攻击之一。攻击者通过在学习过程中输入对抗性的训练数据来破坏模型或迫使系统产生错误的结果。因此，攻击有两种工作方式：一种常见的对抗类型是改变分类器的边界，使模型变得无用，针对系统的可用性；另一种类型是通过生成一个后门来瞄准系统的完整性，进而攻击者就可以滥用系统。

（四）模型提取

训练后的模型基于功能生成模型参数（如权重、系数）在人工智能系统中具有一定价值。根据训练后的数据（如医疗记录）的敏感性，攻击者可能会通过披露敏感信息而导致重大的隐私侵犯。通过观察输入和输出或发送查询和分析响应可以实现针对模型的反向工程，进而克隆相同的系统。

（五）逃逸

逃逸攻击是一种常见的攻击，攻击者的目的是通过欺骗系统使其分类错误进而逃避检测。它发生在人工智能工作流程的应用阶段，其中真实的数据被隐含在训练过的模型上。逃避攻击的著名例子是对抗性样本。对抗性样本是在原始示例基础上添加一些选择的字节后生成的恶意示例。虽然对抗性样本和中毒数据可能看起来相似，但它们的功能不同。以分类器为例，数据中毒攻击直接改变了分类边界，而对抗性样本修改了输入样本，让样本被分类进错误的类别。总体上，两者通过针对人工智能工作流程的不同阶段而导致分类错误这一最终结果。

在迅猛发展的人工智能技术背后，数据的价值日益凸显，同时也暴露出安全威胁的不容忽视的风险。数据泄露、数据偏差、逃逸攻击等多种攻击方式可能会对人工智能系统造成严重影响，不仅损害了系统的性能和准确性，还可能导致隐私泄露、不公平性问题以及业务中断等严重后果。在人工智能的发展中，需要关注隐私保护、数据脱敏、模型鲁棒性等各个层面，以确保人工智能系统的可持续发展和安全应用。数据安全不仅是技术的问题，更是一个与伦理和法律紧密相联的议题。只有在技术、伦理和法律的协调下，才能在人工智能时代实现数据的最大价值，同时确保用户和社会的权益得到充分尊重和保护。

第七节　大数据数据安全

一、大数据技术

随着互联网的普及、移动设备的广泛使用、物联网设备的激增以及社交媒体的兴起，数据的产生、收集和存储变得前所未有的容易和快速。这些数据不仅数量巨大，而且类型多样，包括结构化数据、半结构化数据和非结构化数据。传统的数据处理技术和方法已经无法满足对这些海量数据进行有效管理和深入分析的需求，因此，大数据技术应运而生，旨在通过分布式计算、高级分析工具和算法，从这些庞大且复杂的数据集中提取有价值的信息和洞察，以支持更智能的决策制定和业务创新。

大数据技术是指一系列用于处理、分析和从大规模数据集中提取价值的工具、框架、平台和方法。随着互联网、物联网和其他数据生成来源的快速发展，数据量呈现爆炸性增长，传统的数据处理方法已经无法满足对这些海量数据进行有效管理和分析的需求。大数据技术应运而生，旨在解决这一挑战。

大数据技术包括数据的存储、处理、分析、可视化等过程。数据存储，用于存储和管理大规模数据集的数据库系统，如分布式文件系统（如 Hadoop 的 HDFS）、NoSQL 数据库（如 MongoDB、Cassandra）等。数据处理，用于处理和分析大数据的工具和框架，如 MapReduce、Spark、Flink 等，它们能够并行处理数据，提高处理速度和效率。数据分析，用于从数据中提取有用信息和知识的工具和算法，包括统计分析、机器学习、数据挖掘等。数据可视化，将数据分析的结果以图形、图表等形式直观地展示出来，帮助用户理解和解释数据内容[①]。

大数据技术的应用范围广泛且深入，它跨越了金融、医疗、零售、制造业等多个行业，为决策制定提供了前所未有的洞察力。在金融领域，大数据用于风险评估、欺诈检测和市场趋势分析；在医疗健康领域，它助力疾病预测和个性化治疗；零售业则利用大数据优化库存管理和客户体验；

---

① 程学旗、靳小龙、王元卓等：《大数据系统和分析技术综述》，《软件学报》2014 年第 9 期，第 1889—1908 页。

制造业通过数据分析提升生产效率和产品质量；交通运输业利用大数据优化物流和交通管理；政府和公共服务部门利用大数据提升城市规划和应急管理能力；教育领域利用大数据个性化教育内容；媒体和娱乐业通过大数据优化内容推荐和用户体验；农业利用大数据提高农业生产效率；社交媒体和网络服务则通过大数据分析用户行为，提供更精准的服务。这些应用不仅提高了效率和创新能力，还推动了社会的整体进步。

二、大数据技术潜在安全问题

大数据技术的兴起带来了一系列数据安全问题，这些问题对个人隐私、企业资产和国家安全构成了潜在威胁。以下是大数据背景下的一些主要数据安全问题。

（一）数据泄露风险

大数据技术的兴起虽然极大地提升了信息处理和分析的效率，但随之而来的是数据泄露风险的显著增加。这些风险包括未经授权的数据访问、内部人员的错误操作或故意泄露、外部攻击者通过技术手段窃取信息，以及供应链中的安全漏洞。一旦发生数据泄露，不仅可能导致个人隐私的严重侵犯，还可能对企业造成巨大的经济损失和声誉损害，甚至可能影响到国家安全。因此，大数据技术的应用必须结合强大的数据安全措施，包括但不限于加密技术、访问控制、安全审计以及持续的安全监控和风险评估，以确保数据在收集、存储、处理和传输过程中的安全性。

（二）隐私侵犯

大数据技术的兴起虽然极大地推动了信息处理和分析的进步，但同时也带来了隐私侵犯的风险。随着个人数据的广泛收集和深入分析，个人的生活细节、消费习惯、健康状态等私密信息可能被无意识地暴露。这种隐私侵犯不仅包括未经授权的数据收集和使用，还可能涉及数据的不当共享和第三方的非法获取。在大数据的背景下，即使是看似无关紧要的信息，也可能通过关联分析揭示出个人的敏感信息。因此，保护个人隐私成为大数据应用中的一项重要挑战，需要通过法律、技术和伦理等多方面的努力，确保数据的收集和处理活动尊重个人隐私权，防止数据被滥用。

（三）数据滥用

大数据技术的广泛应用虽然为社会带来了诸多便利和价值，但也引发了数据滥用的问题。数据滥用可能表现为未经用户同意收集和使用个人数据，或将数据用于不道德或非法的目的，如精准营销中的隐私侵犯、歧视性定价以及在政治和社会领域的操纵行为。此外，大数据的分析结果可能被用来强化现有的偏见和不平等，如在就业、信贷和法律执行中的算法歧视。为了防止数据滥用，需要建立严格的数据治理框架，确保数据的收集、处理和分析过程透明、公正，并符合伦理和法律标准。同时，加强用户教育，提高公众对数据隐私保护的意识，也是防止数据滥用的重要措施。

（四）数据完整性和准确性问题

大数据技术的广泛应用虽然为决策提供了前所未有的数据支持，但也面临着数据完整性和准确性的挑战。在海量数据的收集和处理过程中，数据的来源多样、格式不一，且可能包含错误、重复或过时的信息。这些数据质量问题可能导致分析结果的偏差，影响决策的准确性和可靠性。为了确保大数据的价值，必须实施有效的数据清洗、验证和质量控制流程，以确保数据的一致性、准确性和可信度。此外，随着数据量的增长，传统的数据管理和验证方法可能不再适用，需要开发新的技术和工具来应对这一挑战。

（五）数据存储和处理安全性

大数据技术的实施依赖于大规模的数据存储和处理系统，这些系统必须具备强大的安全性以保护敏感信息免受未经授权的访问和篡改。随着数据量的激增，传统的安全措施可能不足以应对日益复杂的网络攻击和数据泄露风险。因此，大数据环境需要采用多层次的安全防护措施，包括数据加密、访问控制、身份验证、安全审计和实时监控等。此外，随着云计算和分布式计算的普及，数据的物理位置和控制权可能分散在不同的地理位置，这进一步增加了数据保护的复杂性。为了确保数据存储和处理的安全性，企业和组织需要不断更新和强化安全策略，同时遵循最佳实践和相关法规，以维护数据的完整性和保密性。

（六）合规性问题

大数据技术的实施和应用面临着日益严格的合规性挑战。随着全球范围内数据保护法规的不断加强，如欧盟的《通用数据保护条例》和美国的《加州消费者隐私法》，企业和组织在处理个人数据时必须遵守这些法规。

合规性挑战包括确保数据的收集、存储、处理和共享符合法律要求，保护个人隐私，以及在数据泄露事件发生时能够迅速响应。此外，合规性还涉及数据主体的权利，如数据访问、更正和删除等。为了应对这些挑战，企业需要建立全面的合规框架，包括数据治理、风险评估、员工培训和定期审计，以确保大数据活动的合法性和透明度[①]。

（七）技术漏洞

大数据技术在处理和分析海量数据时，可能会暴露出技术漏洞，这些漏洞可能被恶意利用来获取未经授权的数据访问、执行数据篡改或实施其他形式的网络攻击。例如，分布式计算框架中可能存在安全漏洞，使得攻击者能够通过这些漏洞执行远程代码或获取敏感信息。此外，大数据存储系统如 Hadoop 的 HDFS 也可能因为配置不当或软件缺陷而变得脆弱。为了防范这些风险，大数据系统的设计和维护必须考虑到安全性，包括实施严格的访问控制、定期进行安全审计、及时应用安全补丁和更新，以及建立应急响应机制来应对潜在的安全威胁。

思考题

1. 请结合对新兴技术数据安全的理解，提出三种方式来保护公司数据安全，并分析其优缺点。

2. 你认为人工智能在数据安全方面有哪些应用前景？结合实际案例说明其可能带来的影响。

3. 通过对比传统密码学和量子密码学的特点，探讨量子密码学在新兴技术数据安全领域的潜在应用价值和挑战。

① 侯郭垒：《大数据安全的立法保障研究》，中南财经政法大学博士学位论文，2020 年。

第六章　数据开放与保密

第一节　数据开放

数据开放是指将数据免费开放给每一个希望使用数据的人，没有版权、专利和控制机制等的限制。当前，数据开放主要是指政府和公共数据资源应该开放给公众，使公共数据能被任何人、在任何时间和任何地点进行自由利用、再利用和分发①。目前，我国政府数据开放仍处于地方探索过程中，对于数据开放的三种表述是政府数据、政务数据和公共数据，公共数据是主流。而对于公共数据的逻辑定义是，公共机构在依法履职过程中生成或获取的数据。它有两个要素：一是主体，即“公共机构”；二是数据应当在主体“履行职责”的过程中生成。

一、数据质量和标准

数据质量的控制标准可以分为两个部分：一是流程控制，二是内容控制。

（一）流程控制

在流程控制方面，可以从数据汇交的责任者、数据汇交内容、数据汇交方式、数据报送时间和数据汇交中数据质量控制五个方面入手。

以政务数据为例，数据汇交主要有两种模式②：一是按行政区划逐级

---

① 沈斌：《论公共数据的认定标准与类型体系》，《行政法学研究》2023 年第 4 期，第 64—76 页。

② 黄如花、温芳芳：《开放政府数据生命周期视角的我国政府数据资源管理政策文本内容分析——国家各部门的政策实践》，《图书馆》2018 年第 6 期，第 1—7、14 页。

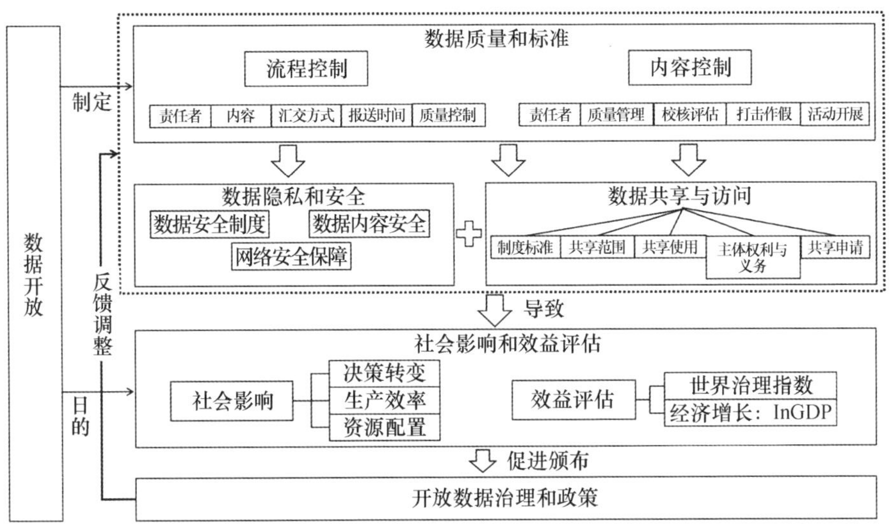

图6－1　数据开放概念图

汇交；二是由项目承担者汇交。这两种模式可以在一定程度上保证数据的质量以及数据的可追溯性。数据汇交方式，一种是传统的电子表格和介质拷贝报送数据，如以涵盖数据字段的标准 Excel 表格报送；另一种是在线汇交，这种方式成为目前数据汇交的主流。报送时间以定期报送为主、随时报送为辅，按月报送的居多，也有定期报送是按项目、成果数据验收或成果公布的时间为准，在规定期限内报送。汇集数据的质量控制是在汇交前、汇交中和汇交后三个阶段实现的。汇交前，由数据生产者对信息的真实性、准确性、及时性负责；在汇交过程中，由数据生产者和汇交责任部门共同保证数据质量；汇交后，数据质量通过生产者的数据更新和有关部门的考核监督加以保障。

（二）内容控制

内容控制方面分为数据质量的责任者、全生命周期质量管理、数据校核和评估检查、数据作假行为处理和开展数据质量活动五部分构成。

数据质量工作与数据管理联系紧密，因此政策一般要求由数据生产、汇交和（或）保管单位对数据质量负责。如科学技术部要求国家科技项目验收时，被验收者应对验收报告、资料、数据及结论的真实性、可靠性负责。《国土资源数据管理暂行办法》提到，数据的生产者对数据质量负责，数据汇交责任单位对数据质量负监督责任。数据在各业务部门的管理工作中形成，为保证数据质量，国家税务总局形成了由数据专业部门负责、各业务部门协作的数据质量保证模式。

数据质量贯穿于整个数据生命周期，必须保证政府数据开放共享过程中数据的真实性、准确性、完整性、及时性和一致性。国家统计局印发的《国家统计质量保证框架》（2013 年）和国家海洋局印发的《关于加强海洋质量管理的指导意见》（2016 年）均提出从数据采集、处理、发布与传播、整理归档、分析等环节对数据进行质量控制。

一些政策要求数据报送应有相应的信息校核对账机制，以确保数据的准确性以及与其他载体数据的一致性。如科学技术部要求，被验收的项目提供的数据必须经过核实或复测，资料不真实者不能通过验收。卫生部印发的《国家卫生统计信息网络直报管理规定（试行）》要求“建立疑义、错误信息快速校核机制，使用部门对获取的共享信息有疑义或发现有明显错误的，应及时反馈提供部门予以校核”。

数据作假行为处理方面，应当对公共数据及其弄虚作假行为进行清晰的界定，明确数据篡改、伪造以及涉嫌指使篡改、伪造数据的情形，对弄虚作假行为给予记入诚信档案、列入不良记录名单等处理。

开展数据质量活动方面，国家工商行政管理总局开展了“数据质量建设年”活动，将建立数据质量责任制度、构建数据质量评价系统、开展数据标准宣传贯彻月活动、检查数据质量及数据标准执行情况等作为主要任务。

二、数据共享和访问

数据共享部分包括数据共享的制度和标准、数据共享的范围、数据共享使用、共享主体的权利与义务和共享申请五个部分。

《国务院关于印发促进大数据发展行动纲要的通知》要求制定和完善数据共享制度和标准规范，如制订政府数据资源共享管理办法，建立数据资源共享交换机制，明确各部门数据共享的范围边界和使用方式，厘清各部门数据共享相关主体的权利和义务，各相关主体积极响应政策。

《政务信息资源共享管理暂行办法》规定，政务信息资源共享“以共享为原则，不共享为例外”。目前，在国家部委层面，中国地震局、国土资源部、农业部、国家海洋局以及海关总署制定的文件明确了政府数据共享的范围。

政府数据共享方式有两种：一是通过共享平台获取。《政务信息资源共享管理暂行办法》对无条件共享和有条件共享的信息资源分别采用向共享平台直接获取和提出申请两种方式。二是通过部门间数据交换获取，如国家卫生计生委、公安部和民政部按月交换人口死亡信息，并建立了本部门跨区域非户籍人员死亡信息交换机制。海关总署与有关部门就原产地证书数据共享签订了备忘录，实现跨部门数据共享。政府部门开始与企业共享数据，以实现政府数据的经济社会价值。国家旅游局就鼓励互联网企业、OTA 企业与政府部门之间采取数据互换的方式共享数据。

政府数据共享需明确各主体的权责，个别政府部门对共享主体的权利和义务作了具体的规定。同时，共享申请实行分级审批，并应在申请中说明共享数据的类型、范围和数量等基本内容。

在接口管理方面，为更好地支撑各部门及其他平台对城市数据开放、共享的需要，利用数据开放共享平台实现个性化的接口开发，提供城市数据开放系统、数据共享系统的对外接口，通过对接口的新增注册、审核、搜索、查看、修改、删除、权限管理、信息展示等功能，实现接口的编目、展示、检索、管理等，保证城市数据的开放性、完整性、安全性和实时性。

在数据开放共享系统方面，依据数据开放与共享相关政策制度，以海量城市数据资源为基础，建立完善多层级开放、安全合规的数据开放与共享机制，形成城市开放与共享目录集。以城市开放数据与目录为支撑，建设数据开放门户，实现城市开放数据对公众开放使用的各项功能，实现公共数据与社会数据的融合创新。建立公共数据平台共享体系，为结构化数据和非结构化数据提供标准化接口对接，便于其他业务系统、信息平台在业务处理与应用过程中能够高效地调用平台共享数据，从而实现与相关部门、其他平台的共享服务能力，支撑城市跨区域、跨部门、跨层级、跨业务的数据共享，打破信息孤岛，为城市服务管理、决策分析等提供全面的数据支撑。

三、数据隐私和安全

数据安全制度方面。首先在数据安全标准建设方面，培育国家信息安全标准化专业力量，健全大数据标准规范体系。其次在网络安全方面，建立网络信息安全相关法律法规，研究制定国家信息安全战略和规划；落实信息安全等级保护、风险评估等网络安全制度。最后在数据安全管理方面，建立保密审查制度，研究制定政府信息安全管理、个人和企业信息保护等管理办法；明确数据安全责任，建立安全防范、监测、通报、响应和处置机制；完善身份认证和授权管理机制，建立以行政评议和第三方评估为基础的数据安全流动认证体系。

数据内容安全方面。实行数据资源分级分类管理被政策决策者认为是保障数据内容安全的重要路径。数据内容安全主要针对涉密信息内容，着重对涉及国家秘密、商业秘密、个人隐私等重要数据的安全保护。对于涉密数据利用的安全问题，《国土资源数据管理暂行办法》规定①，用户需要利用涉密数据的，应当出具单位正式介绍信，未经批准不得擅自提供涉密数据；非法披露、提供涉密数据的，依照保守国家秘密法的规定予以处罚。商务部规定，能识别或推断单个对象身份的资料不得对外提供、泄露；若公布、泄露数据资料则要采取补救措施，并追究直接责任人和单位分管负责人的责任。

网络安全保障方面。随着国家大数据战略的实施，国家网络安全政策的出台也紧锣密鼓。继 2016 年 11 月全国人大常委会通过了《网络安全法》后，国家互联网信息办公室于 12 月发布《国家网络空间安全战略》，确立了坚定捍卫网络空间主权、坚决维护国家安全、保护关键信息基础设施、打击网络恐怖和违法犯罪等战略任务。工业和信息化部发布的《信息通信行业发展规划（2016—2020 年）》（2016 年）中指出将完善网络安全监管体系、加强网络基础设施安全防护、强化网络数据安全管理等作为网络安全工作的重点；《信息通信网络与信息安全规划（2016—2020）》（2017 年）明确了以网络强国战略为统领，以国家总体安全观和网络安全观为指引的信息安全指导思想。国家政策也不断强调网络安全基础性工作的重要性，提出强化网络信息安全设备和安全产品配备，增强网络安全防护能力，对基础信息网络安全工作进行指导和监督管理。如《网络产品和服务安全审查办法》（2017 年）提出，我国将成立网络安全审查委员会，统一组织网络安全审查工作等。

四、社会影响和效益评估

数据开放影响经济增长最为直接的方式就是公共数据转变为企业生

---

① 李秋月、何祎雯：《我国科学数据权益保护问题及对策——基于共享政策的文本分析》，《图书馆》2018 年第 1 期，第 74—80 页。

产、销售、物流等环节的数据资源，成为除资本、劳动力、创新外可能最为重要的投入要素。数据要素承载了大量有价值的信息，能够提高生产过程中劳动、资本等其他传统要素间的协同性，进而提升产出效率。此外，数据要素的非竞争性、非排他性和低成本复制特征将在宏观层面产生规模效应，支撑以数据信息为基础的模式创新，提高资源产品配置效率。本章认为数据开放将通过以下三种机制直接促进经济增长。

第一，数据开放将激励企业从经验型决策转向数据驱动型决策。案例研究发现，采用数据驱动型决策的企业有着更好的财务状况和更高的生产效率。结合政府数据与企业内部数据，利用同一领域的外部专家与内部职能团队，开展销售预测、期望库存水平管理、竞争对手行为预判和定价。长期来看，企业发展的投资决策需要依赖政府数据进行整体规划和布局。

第二，数据开放可以通过信息挖掘和协同创新提高企业生产效率。海量政务数据为企业经营决策的科学化提供了可能。借助大数据技术，通过信息挖掘企业能够洞察未来短期甚至长期的人口、经济、环境等变化趋势，为战略决策提供支撑。同时利用市场、人口等数据刻画复杂且完整的客户画像，有利于制定针对性的产品和服务，提升生产效率，此时政府数据将成为决定企业生产效率的信息资产。

第三，数据开放通过降低信息摩擦，提高金融资源配置效率与企业投资绩效。数据开放可以帮助金融公司评估寻求融资的企业，从初创企业、小企业到大公司，为涉及公司、特定行业、房地产、货币、商品和其他资产的各种投资决策提供信息。信贷公司使用企业、专业执照、财产、法庭记录等数据发现欺诈并降低风险。政府数据还有助于企业研究本国和全球经济前景，以了解消费者行为、识别和量化风险，并优化其战略布局。

对于效益评估，世界治理指数度量政府治理效能。具体选择其政府效率、监管质量、法治水平以及遏制腐败四个子维度的算数平均度量政府治理效能。经济增长采用 lnGDP 进行度量。实证过程中引入劳动（lnL，劳动力总数的自然对数），资本（lnK，固定资本的自然对数，2010 年不变价美元），金融环境（Fin，私人部门信贷占比），产业结构（Indu，工业增加值占 GDP 比重），国际贸易（Itrade，进出口额占 GDP 比重）和外商投资（FDI，外国直接投资净流入占 GDP 比重）控制影响经济增长的其他因素，通过统计学方法进行实证研究。

五、开放数据治理和政策

确立公共机构的数据持有者权，以此为基础构建公共机构的数据开放利用体系，意味着改变地方立法先界定公共数据、再构建数据开放制度的惯常做法。简言之，就是在法律明确公共机构对其形成的数据资源拥有相应持有权的前提下，按照数据使用目的或用途来确定开放数据的性质及配套的开放机制，以最终形成多元化的数据开放体系。

（一）数据开放二分

数据公共服务与数据要素供给。数据开放的二分理论是建立在原始数据和原始数据分析结果二分基础上的，原始数据基本上是存储在特定系统中，标准化的可机读或机器学习的数据，具有受控使用特性；而原始数据关联分析或机器学习的结果转化可公开发布和传播的，亦可为人识读的信息。能够满足大众消费（使用）的只有信息或知识，信息或知识经过大众学习和传播转化为人类智慧，形成社会生产力。而作为产生信息或生产知识的要素的原始数据，并非所有的社会主体都有这样的需求和转化能力，因而不适合公开的自由使用方式（这样的使用方式存在较大风险），只有在一定制度安排下，进行流通、汇集、融合以支撑机器智能或人工智能。我们也并不因此否定无条件开放的信息资源的要素性——对社会生产力有促进作用，只是原始数据更加基本，是支撑机器智能的关键生产要素。

（二）基于公共机构数据持有者权的数据开放机制

公共机构在运行过程中会形成两类有价值的“数据”。一类是信息资源，即公共机构在履行公共管理和从事公用或公益事业过程中形成的关于公共管理或服务业务的基本信息、统计报表等。这些成果可供全社会自由使用。另一类是原始数据，即为公共管理和公共服务运营所生成的支撑管理和服务业务的事实数据。这些数据在公共管理和公共服务中的直接使命已经完成（如支撑公共业务运营，产生业务成果），作为“副产品”，这类数据开放的目的则是为了更多地满足数据社会价值，为社会主体重用或再利用，这种再利用已经脱离了原始业务目的范畴。由此可见，原始数据的对外提供（开放）并不是原始公共业务的延续，不能简单地落入既有公共机构业务性质范畴。因此，我们不能因为原来业务属于公共服务，所产生的数据也当然地作为公共产品提供，还要重新定位或评估开放数据行为的性质。一旦我们承认公共机构持有数据资源，数据资源开放不再按照公共机构初始业务性质定位原始数据开放，而是按照数据作为生产要素的再利用性质定位数据开放，那么数据开放就应当在确立公共机构数据持有者权的基础上根据开放行为的性质，来选择数据开放运行机制。若数据开放可以视为非基本公共服务，那么可以选择“有条件＋有偿”或“有条件＋无偿”；若数据开放不具有普惠性，不能视为非基本公共服务，那么数据开放应当纳入市场化的方式。这样的定位是符合广义公共机构持有的数据的要素化和市场化利用制度需求的。为此，我们还需要分离作为公共管理机构的政府所持有的数据和公用或公益企事业组织等其他公共机构所持有的数据，为不同数据持有者配置不同权利，设计多元化的开放机制。

（三）建立多元化的数据开放机制

应当区分政府的数据持有者权和其他公共机构（公用或公益企事业组织）的数据持有者权，采用不同的数据开放（提供数据）行为，加上一般社会机构的数据持有者权，三类主体数据持有者权的区分可以构建适合数据特征和数据要素化利用规律的数据基础制度。

1. 基于政府数据持有者权的数据开放

政务信息资源开放亦被认为是数字政府的一项新的基础公共服务，应当无条件和无偿向社会提供。在当前公共数据开放实践中，所开放出来的数据基本属于可公开为大众使用的信息资源。此类数据开放可被视为公共服务在数字时代的延伸，应纳入基本公共服务范畴。但可机读、可再利用的原始数据不属于公共服务的延伸，此类数据因其治理和运营的高成本，可对获取者设置条件并收费。除非某些数据的开放被定位为普惠性服务，由财政支撑所有的运营成本。由于政府不能有经营行为，所以要实现有条件和有偿的政府数据开放，就需要以授权运营方式，通过引入社会资源将政府持有的数据要素化，并对接社会需求，按照政府调控的价格向社会供给数据。

2. 基于其他公共机构数据持有者权的数据开放

其他公共机构即是地方立法中公共服务机构，一般指医疗、教育、供水、供电、供气、通信、文旅、体育、环境保护、交通运输等公共企业事业单位。按照《中共中央　国务院关于构建数据基础制度更好发挥数据要素作用的意见》中提出的“谁投入、谁贡献、谁受益”原则[①]，应当以

---

① 高富平：《公共机构的数据持有者权——多元数据开放体系的基础制度》，《行政法学研究》2023 年第 4 期，第 19—36 页。

“谁投资数据治理，谁持有和决定流通利用，谁受益”来构建数据开放利用秩序，在确认其他公共机构数据持有者权的基础上，施加数据开放义务，由其成为数据开放的责任主体，允许其自主对外开放数据，包括通过政府的开放平台。这也意味着其他公共机构除支撑政府的数字化公共服务外，不再作为公共数据开放的主体或者承担政府开放数据的义务。虽然如此，这并不意味着减轻其他公共机构的数据开放义务，而是强化其开放义务，由其担负起提供非基本数据公共服务的职责，为社会提供更多更高质量的数据要素。

第二节　数据开放使用原则与例外

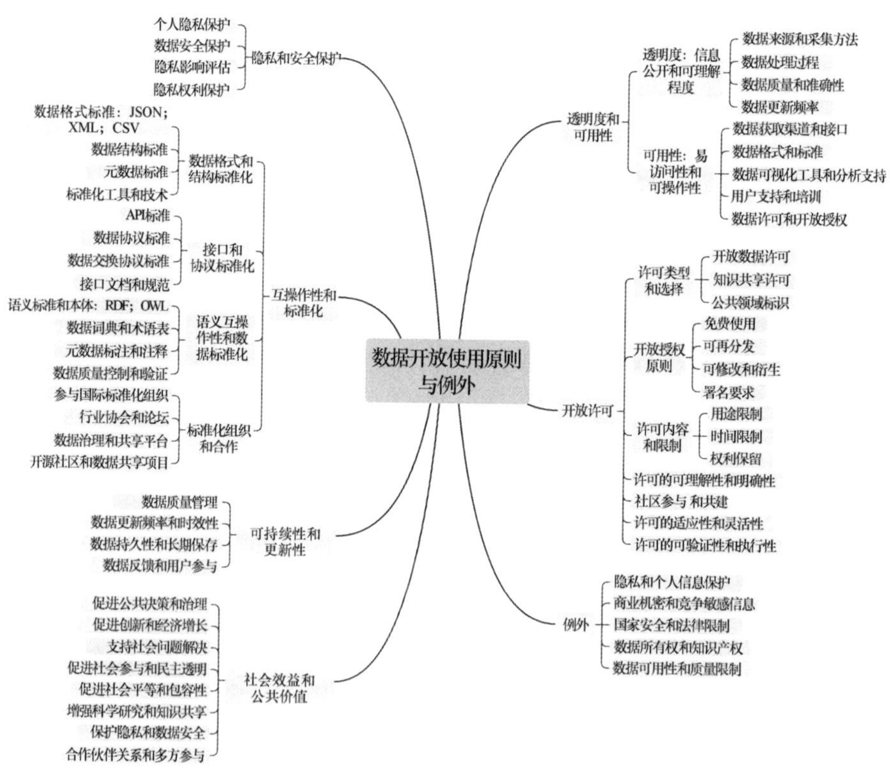

图6－2　数据开放使用原则与例外概念图

一、透明度和可用性

数据开放是指数据应该以开放和透明的方式提供，使公众和利益相关者能够轻松访问和使用数据资源。在数据开放使用原则中，透明度和可用性是指在数据开放过程中确保数据的透明性和易用性，以促进数据的广泛应用和可持续发展①。

（一）数据的透明度

数据的透明度是指数据开放过程中的信息公开和可理解程度。透明度要求数据提供者公开数据的来源、采集方法、处理过程、质量和更新频率等信息，使数据使用者能够了解数据的背景和特性。透明度的实现有助于建立信任关系，提高数据使用者对数据的信心，从而推动数据的广泛应用。

1. 数据来源和采集方法

数据提供者应该明确公开数据的来源，包括数据采集的方式、采集设备或传感器的类型等。这样的信息有助于数据使用者了解数据的质量和可靠性，以及是否适用于特定的应用场景。

2. 数据处理过程

透明度要求数据提供者公开数据的处理过程，包括数据清洗、融合、加工和分析方法等。这些信息使数据使用者能够了解数据的处理过程，确保数据的可信度和可用性。

3. 数据质量和准确性

透明度要求数据提供者公开数据的质量评估和质量控制方法。数据使用者需要了解数据的准确性、完整性、一致性和时效性等方面的信息，以便正确解读和使用数据。

4. 数据更新频率

数据提供者应该明确数据的更新频率，确保数据使用者能够获取最新的数据。这样的信息对于依赖实时或经常更新数据的应用非常重要。

（二）数据的可用性

数据的可用性是指数据的易访问性和可操作性。可用性要求数据提供

---

① 周大铭：《我国政府数据开放现状和保障机制》，《大数据》2015 年第 2 期，第 19—30 页。

者通过提供易用的接口、格式和工具，使数据使用者能够方便地获取、理解和利用数据。可用性的提高有助于降低数据使用的门槛，促进更多的人参与到数据应用和创新中。

1. 数据获取渠道和接口

数据提供者应该提供多样化的数据获取渠道和接口，包括网站、API、数据门户等，以满足不同用户的需求。这些渠道和接口应该易于使用、稳定可靠，能够提供高效的数据访问体验。

2. 数据格式和标准

数据提供者应该提供多种常用的数据格式和标准，如 CSV、JSON、XML 等，以适应不同用户对数据格式的需求。此外，还应该提供数据文档和元数据，明确描述数据的结构、字段含义和单位等信息，方便数据使用者正确理解和解析数据。

3. 数据可视化工具和分析支持

数据可用性还包括提供数据可视化工具和分析支持，使数据使用者能够以直观和交互的方式探索和分析数据。数据可视化工具可以将数据转化为图表、图形和地图等形式，帮助用户更好地理解数据的模式和趋势。同时，数据分析支持可以提供基本的数据处理和分析功能，帮助用户进行数据清洗、计算、筛选和聚合等操作。

4. 用户支持和培训

数据提供者应该提供用户支持和培训，帮助数据使用者更好地利用数据。这包括提供技术支持、常见问题解答、在线论坛等渠道，以及举办培训活动、工作坊和研讨会等形式，帮助用户掌握数据获取、处理和分析的技能。

5. 数据许可和开放授权

数据提供者应该明确数据的使用许可和开放授权方式，例如采用开放数据许可协议（如知识共享许可）、开放 API 接口等。这样能够让数据使用者清楚地知道数据的使用限制和权益，从而更好地规划和应用数据。

透明度和可用性是数据开放使用原则中的关键要素，它们相互依存并相互促进。透明度确保数据提供者提供关于数据的详细信息，使数据使用者能够对数据有充分的了解和信任。可用性则确保数据使用者能够轻松获取、理解和操作数据，以实现数据的最大化利用。通过加强透明度和可用性，数据开放可以更好地推动创新、决策和社会发展，为各个领域的数据应用带来更大的价值和影响力。

二、开放许可

在数据开放使用原则中，开放许可是指在数据开放过程中采用开放和可重用的许可方式，明确规定数据的使用范围和限制，并允许二次利用、再分发和转化，以促进数据的共享和再利用。开放许可的主要目的是降低数据使用的限制和门槛，鼓励更多的人和组织参与到数据应用和创新中①。

（一）许可类型和选择

开放许可需要明确规定数据使用者可以基于何种条件和方式使用数据。常见的开放许可类型包括开放数据许可、知识共享许可和公共领域标识等。数据提供者应该根据数据的性质、敏感性和共享目的选择适当的许可类型，并在数据发布时清晰地声明所采用的许可类型。

（二）开放授权原则

开放许可应遵循一些基本的授权原则，以确保数据使用者的权益和数据的可持续利用。这些原则包括：

（1）免费使用：应允许数据使用者以免费的方式使用数据，不得设置过高的许可费用或限制使用者的商业利用权。

（2）可再分发：应允许数据使用者将数据重新分发给其他人，以促进数据的广泛传播和共享。

（3）可修改和衍生：应允许数据使用者修改和创造衍生作品，以适应不同的应用需求和创新实践。

（4）署名要求：可以要求数据使用者在使用和分发数据时标明数据来源和作者信息，以确保数据的适当归属和知识产权的尊重。

（三）许可内容和限制

开放许可需要明确规定数据使用者可以进行的操作和使用范围，同时也需要明确一些限制和约束。这包括：

（1）用途限制：可以指定数据的使用范围和特定的应用领域。数据使用者应遵守这些限制，并确保在许可范围内合法使用数据。

（2）时间限制：可以设定数据使用的时间限制，例如仅限一定期限内

---

① 李昊、张敏、冯登国等：《大数据访问控制研究》，《计算机学报》2017 年第 1 期，第 72—91 页。

使用或限制数据的更新频率。这有助于数据提供者管理数据版本和保持数据的时效性。

（3）权利保留：可以保留一些权利，例如数据的商业利用权或特定数据的专有权。这有助于数据提供者在数据开放过程中维护一定的控制和收益。

（四）许可的可理解性和明确性

开放许可应该以清晰、简明和易理解的方式表达，使数据使用者能够准确理解许可条款和条件。许可文件应该使用清晰的语言和结构，避免使用过于复杂或模糊的措辞，以减少歧义和误解的可能性。

（五）社区参与和共建

开放许可应该鼓励社区的参与和共建，以促进数据的共享和创新。数据提供者可以邀请社区成员参与许可条款的制定和讨论，以确保许可符合各方的需求和利益。同时，数据使用者也应该提供反馈和建议，以改进许可条款和支持更广泛的数据使用。

（六）许可的适应性和灵活性

开放许可应该具有适应性和灵活性，以适应不同类型和特性的数据。不同的数据可能有不同的共享需求和风险考虑，许可应该能够根据具体情况进行调整和定制。数据提供者可以考虑提供多个许可选择，以满足不同用户的需求和要求。

（七）许可的可验证性和执行性

开放许可应该具备可验证性和执行性，以确保许可条款的有效执行和合规性。数据提供者应该提供明确的许可文件和相应的证据，证明数据的开放许可和使用条件。同时，数据使用者也应该遵守许可条款，并在数据使用过程中尊重数据提供者的权益和约束。

开放许可是推动数据开放和共享的重要机制，可以促进创新、提供公共服务和支持社会发展。通过采用开放许可，数据提供者能够鼓励更多的人参与数据的使用和再利用，推动数据的广泛传播和创新应用。同时，开放许可也需要平衡数据提供者的权益和数据使用者的需求，建立可持续的数据共享生态系统。

三、隐私和安全保护

在数据开放使用原则中，隐私和安全保护是指在数据开放过程中确保个人隐私和数据安全的原则。随着数据的广泛应用和共享，隐私和安全保护成为保障个人权益和促进可持续发展的重要因素。以下是对隐私和安全保护原则的详细概括。

（一）个人隐私保护

数据开放使用原则要求数据提供者在数据共享和开放过程中尊重和保护个人隐私权。

（1）匿名化和去标识化：数据提供者应该采取措施，对个人身份和敏感信息进行匿名化或去标识化处理，以防止个人被识别和追踪。

（2）合法合规：数据提供者应确保数据的采集和使用符合相关法律法规和隐私政策，不侵犯个人隐私权。

（3）透明通知：数据提供者应向数据使用者和受影响个人提供透明和明确的通知，说明数据的收集目的、处理方式和可能的风险。

（4）共享权限控制：数据提供者可以采用权限管理和访问控制机制，限制对特定数据的访问和使用，确保只有授权的用户可以使用数据。

（5）数据共享协议：数据提供者可以与数据使用者签署数据共享协议，明确双方的权责和数据使用规范，以确保数据的合法和安全使用。①

（二）数据安全保护

数据开放使用原则要求数据提供者采取措施保护数据的安全性，防止未经授权的访问、泄露和滥用。

（1）数据加密：数据提供者可以采用加密技术，对数据进行加密存储和传输，确保数据在传输和储存过程中的安全性。

（2）访问控制和身份验证：数据提供者可以建立访问控制和身份验证机制，限制对数据的访问，并确保只有经过身份验证的用户才能获得数据访问权限。

（3）安全审计和监控：数据提供者应该进行安全审计和监控，及时发现并应对数据安全事件和威胁，确保数据的安全性和完整性。

（4）防止数据泄露：数据提供者应采取技术和管理措施，防止数据在传输、存储和处理过程中发生泄露、损毁或被篡改。

（5）数据生命周期管理：数据提供者应该实施数据生命周期管理策

① 石晶金、于广军：《健康医疗大数据共享关键问题及对策》，《中国卫生资源》2021 年第 3 期，第 223—227、237 页。

略，包括数据的收集、存储、使用和销毁等环节。在每个阶段都要考虑数据安全和隐私保护的需求，并采取相应的措施，例如定期备份数据、限制数据存储时间、安全删除不再需要的数据等。

（6）安全培训和意识提升：数据提供者应该提供安全培训和意识提升活动，帮助员工和数据使用者了解数据安全和隐私保护的重要性，掌握安全最佳实践，减少安全风险和人为错误的发生。

（7）安全合规和认证：数据提供者应符合相关的安全合规要求，并考虑获取相应的安全认证，如 ISO 27001 认证等，以证明其数据安全管理体系的有效性和合规性。

（三）隐私影响评估

数据提供者在进行数据开放之前应进行隐私影响评估，评估数据开放可能对个人隐私产生的影响，并采取相应的措施进行风险管理和隐私保护。这包括对数据的敏感性和风险进行评估，制定隐私保护措施和风险缓解计划，以确保数据的安全和隐私保护得到妥善管理。

（四）隐私权利保护

数据开放使用原则要求数据提供者尊重个人的隐私权利，确保个人能够行使对其个人数据的控制权。这包括提供个人访问、更正、删除和反对处理等权利，以及建立个人数据保护机制和投诉渠道，保障个人隐私权益得到有效维护。

隐私和安全保护是数据开放使用原则中的重要方面，它们在促进数据开放和共享的同时，确保个人隐私和数据安全得到充分的保护。通过合理的隐私和安全保护措施，可以增强数据使用者和数据提供者之间的信任，推动数据的合法、安全和可持续利用。

四、互操作性和标准化

在数据开放使用原则中，互操作性和标准化是指确保数据之间能够相互交流、共享和使用的能力，以及制定和采用统一的数据标准和规范。互操作性和标准化是促进数据的无缝连接、集成和互操作的关键要素。以下是对互操作性和标准化原则的详细概括。

（一）数据格式和结构标准化

互操作性和标准化要求数据提供者在数据开放过程中采用统一的数据

格式和结构标准，以确保不同数据源之间的互操作性①。这包括：

（1）数据格式标准：制定和采用通用的数据格式标准，如JSON、XML、CSV等，使数据能够在不同系统和平台之间进行交换和共享。

（2）数据结构标准：制定和采用统一的数据结构标准，如数据模型、元数据定义和字段命名规范等，使数据能够按照一致的方式进行描述和组织。

（3）元数据标准：定义和采用统一的元数据标准，包括数据描述、数据质量、数据许可和数据使用规则等，以提供数据的详细信息和上下文。

（4）标准化工具和技术：提供标准化工具和技术，帮助数据提供者和使用者将数据转换为统一的格式和结构，实现数据的互操作性。

（二）接口和协议标准化

互操作性和标准化要求数据提供者制定和遵循统一的接口和协议标准，以便数据使用者能够方便地访问和使用数据。

（1）API（应用程序编程接口）标准：定义和采用统一的API标准，包括请求和响应格式、访问权限和认证机制等，以便数据使用者能够通过API进行数据交互。

（2）数据协议标准：制定和采用统一的数据协议标准，如HTTP、RESTful等，以确保数据能够以统一的方式在网络上进行传输和交换。

（3）数据交换协议标准：制定和采用统一的数据交换协议标准，如SOAP、XML－RPC、GraphQL等，以实现数据在不同系统之间的无缝交互和集成。

（4）接口文档和规范：提供清晰、详细和易理解的接口文档和规范，包括接口描述、参数定义和示例代码等，以帮助数据使用者快速接入和使用数据。

（三）语义互操作性和数据标准化

互操作性和标准化要求数据提供者在数据开放过程中关注语义互操作性，即确保不同数据之间能够共享和理解数据的含义和语义。这包括：

（1）语义标准和本体：制定和采用统一的语义标准和本体，如RDF、OWL等，以描述和表示数据的语义信息，使不同数据能够进行语义上的匹

---

① 冯登国、张敏、李昊：《大数据安全与隐私保护》，《计算机学报》2014年第1期，第246—258页。

配和集成。

（2）数据词典和术语表：提供数据词典和术语表，明确定义数据中使用的术语和概念，避免歧义和误解，促进数据的一致理解和使用。

（3）元数据标注和注释：对数据进行元数据标注和注释，包括属性和关系的描述、数据质量信息和数据来源等，以提供更丰富的数据上下文和语义信息。

（4）数据质量控制和验证：确保数据的质量和准确性，包括数据验证、清洗和纠错等，以提高数据的可信度和可用性，减少数据集成和分析过程中的错误和偏差。

（四）标准化组织和合作

互操作性和标准化要求数据提供者参与标准化组织和合作，与其他组织和利益相关者共同制定和推广数据标准和规范。

（1）参与国际标准化组织：参与相关的国际标准化组织和工作组，共同制定和推广数据标准和规范，以确保数据在全球范围内的互操作性和可持续发展。

（2）行业协会和论坛：参与行业协会和论坛，与行业内的组织和专家合作，制定和推广行业特定的数据标准和最佳实践，以促进行业内数据的互操作性和共享。

（3）数据治理和共享平台：建立数据治理和共享平台，与其他数据提供者和使用者合作，共同制定和遵循数据标准和共享规则，以实现数据的互操作和共享。

（4）开源社区和数据共享项目：参与开源社区和数据共享项目，与其他开发者和研究人员合作，共同开发和维护开放数据标准和工具，促进数据的互操作性和创新应用。

互操作性和标准化的实施可以促进数据的无缝连接和集成，降低数据使用的成本和复杂性，促进数据的共享和应用。通过统一的数据格式、结构和接口标准，数据使用者可以更加轻松地访问和使用数据，而无需面对不同数据源和系统之间的兼容性和集成难题。

五、可持续性和更新性

数据开放应该是可持续的，需要考虑数据的更新和维护，确保数据的及时性和可靠性。它强调了数据的可靠性、持续性和时效性，以满足数据使用者的需求并支持可持续的数据开放生态系统。

（一）数据质量管理

可持续性和更新性要求数据提供者建立和实施有效的数据质量管理机制，以确保数据的准确性、完整性和一致性。这包括：

（1）数据采集和录入：采用标准化的数据采集和录入方法，确保数据的准确性和完整性，并在数据收集过程中进行数据验证和清洗。

（2）数据更新和维护：定期更新数据，及时反映数据的变化和更新，并建立数据更新和维护流程，确保数据的时效性和可靠性。

（3）数据质量评估：建立数据质量评估机制，对数据进行定期的质量检查和评估，识别和修复数据质量问题，提高数据的可信度和可用性。

（4）数据文档和元数据管理：提供清晰、详细和准确的数据文档和元数据，包括数据描述、数据来源、数据更新频率等信息，使数据使用者能够了解数据的来源和更新情况。

（二）数据更新频率和时效性

可持续性和更新性要求数据提供者明确数据的更新频率和时效性，以确保数据及时反映现实世界的变化和进展。这包括：

（1）更新策略和计划：制定数据更新策略和计划，明确数据的更新频率和时间表，确保数据的及时性和一致性。

（2）实时数据和定期更新：对于需要实时反馈的数据，提供实时数据接口或数据流服务，使数据使用者能够及时获取最新的数据。对于其他类型的数据，确保数据的定期更新，以反映数据的变化。

（3）数据订阅和通知：提供数据订阅和通知服务，使数据使用者能够订阅数据更新的通知，并及时了解数据的最新变化。

（4）数据历史记录和版本管理：保留数据的历史记录和不同版本，使数据使用者能够追溯数据的演变和变化，并选择适合自己需求的数据版本。

（三）数据持久性和长期保存

可持续性和更新性要求数据提供者确保数据的持久性和长期保存，以满足数据使用者的长期需求和保护数据的完整性。

（1）数据备份和灾难恢复：建立数据备份和灾难恢复机制，定期备份数据，并采取相应的措施确保数据在意外情况下的安全和可恢复性。

（2）数据归档和存档策略：制定数据归档和存档策略，将重要的历史数据和不再活跃的数据进行归档和存档，确保数据的长期保存和可访问性。

（3）数据格式和存储标准：采用常见的数据格式和存储标准，尽量避免数据依赖特定软件和硬件环境，以确保数据在长期存储和访问过程中的兼容性和可用性。

（4）数据许可和合规性：确保数据的合法性和合规性，包括数据许可、数据保护和隐私规定等，以保证数据的安全和合法使用。

（四）数据反馈和用户参与

可持续性和更新性要求数据提供者积极获取用户的反馈和需求，并根据用户的反馈和需求进行数据更新和改进。这包括：

（1）用户反馈机制：建立用户反馈渠道和机制，接收用户对数据质量、时效性和更新需求的反馈，并及时处理和回应用户的反馈。

（2）用户需求调研：定期进行用户需求调研，了解用户对数据更新频率、数据范围和数据格式等方面的需求，以调整数据更新策略和计划。

（3）用户参与和合作：与数据使用者建立合作关系，包括开展联合研究、合作开发和共享数据更新等，以满足用户的需求并推动数据的持续更新和改进。

（4）数据使用反馈循环：建立数据使用反馈循环机制，及时了解数据使用情况和效果，并根据反馈结果进行数据更新和改进，以提高数据的质量和可用性。

通过遵循可持续性和更新性原则，数据开放使用可以实现长期的数据可用性、时效性和准确性，确保数据能够持续为用户提供价值，并推动数据开放生态系统的可持续发展。同时，数据提供者和使用者的合作与反馈也是促进数据更新和质量改进的重要途径。

六、社会效益和公共价值

数据开放应该追求社会效益和公共价值，促进创新、决策制定和公众参与，以实现社会利益和公共价值的最大化。该原则鼓励数据提供者将数据以符合法律、伦理和安全要求的方式开放给广大的社会用户，并促进数据的广泛应用和利用。

（一）促进公共决策和治理

数据的开放使用可以为公共决策和治理提供支持和参考。政府部门、公共机构和研究机构等可以通过开放数据来提供相关的社会、经济和环境信息，以帮助政策制定者和公众做出更加明智的决策和推动更有效的治理。

（二）促进创新和经济增长

数据的开放使用可以促进创新和经济增长。开放的数据资源为创业者、开发者和企业家提供了丰富的信息和机会，以开发新的产品、服务和商业模式。这不仅能够促进创新的发展，还能够推动经济的增长和就业的创造。

（三）支持社会问题解决

开放的数据可以为解决社会问题提供支持。例如，通过开放医疗和健康数据，可以促进医疗研究、疾病监测和公共卫生政策的制定；通过开放环境数据，可以支持环境保护和可持续发展；通过开放教育数据，可以提供更加个性化的教育服务等。

（四）促进社会参与和民主透明

数据的开放使用可以促进社会参与和民主透明。通过开放政府数据和公共服务数据，可以增加公众对政府活动的了解和监督，提高公共决策的透明度和参与度。同时，也可以鼓励公众参与数据分析和研究，提供对政策和社会问题的更全面的见解。

（五）促进社会平等和包容性

数据的开放使用可以促进社会平等和包容性。通过开放多样化的数据资源，可以为社会各个群体提供平等的机会和资源，减少信息和数字鸿沟。同时，也可以促进数据的多样性和包容性，反映社会的多样性和特殊需求，推动包容性的创新和发展。

（六）增强科学研究和知识共享

开放的数据对科学研究和知识共享具有重要意义。科学家和研究者可以通过访问开放数据集，进行数据分析和验证，推动科学研究的进展。此外，开放数据还可以促进研究结果的复制和再现，提高研究的可信度和可持续性。知识共享也可以通过开放数据来实现，研究者可以将其数据公开共享，以促进合作研究、交流和创新。

（七）保护隐私和数据安全

在追求社会效益和公共价值的过程中，保护个人隐私和数据安全是至关重要的。数据提供者应采取必要的措施来确保数据的匿名化和脱敏，以防止个人身份的泄露。同时，也需要建立适当的安全措施，保护数据不受未经授权的访问和滥用。

（八）合作伙伴关系和多方参与

实现数据开放的社会效益和公共价值需要建立合作伙伴关系和多方参与的机制。政府、业界、学术界、非营利组织和公众等各利益相关者应共同参与数据开放的决策和实施，共享资源和知识，形成合力，以实现更广泛的社会效益。

通过遵循数据开放使用原则中的社会效益和公共价值原则，我们可以推动数据开放的广泛应用和利用，为社会各个领域带来积极的影响。同时，我们也要重视隐私和数据安全的保护，建立合作伙伴关系和多方参与的机制，以确保数据的可持续开放和共享，实现数据的最大社会价值。

七、例外

尽管数据开放具有许多优点和适用原则，但在某些情况下，开放数据可能不适用或需要特殊考虑。以下是一些不适用数据开放的例外或场景。

（一）隐私和个人信息保护

数据中可能包含个人身份信息或敏感信息，如医疗记录、财务信息等。在这种情况下，数据开放可能违反隐私法规或侵犯个人权利，需要采取特殊的隐私保护措施。

（二）商业机密和竞争敏感信息

某些数据可能包含企业的商业机密或竞争敏感信息，如研究和开发数据、市场情报等。在这种情况下，数据开放可能损害企业的商业利益或竞争优势，需要进行适当的保护。

（三）国家安全和法律限制

某些数据可能涉及国家安全或受到法律限制，如军事情报、国家机密等。在这种情况下，数据开放可能对国家安全产生风险或违反法律要求，需要遵守相关法规和限制。

（四）数据所有权和知识产权

数据可能受到特定的所有权或知识产权保护，如版权、专利等。在这种情况下，数据开放可能需要考虑权利人的意愿和合法权益，确保数据的合法使用和再利用。

（五）数据可用性和质量限制

某些数据可能因为可用性限制或质量问题而不适合开放。例如，数据可能缺乏充分的验证、整理或文档，或者数据可能受到技术或法律限制，使其无法适当地开放和使用。

在这些例外或场景中，需要进行仔细的权衡和评估，确保数据的合法性、安全性和隐私保护。在决定是否适用数据开放时，应考虑特定情况下的法律要求、道德准则、隐私保护和商业利益等因素。

第三节 数据保密的法律与实践

一、欧洲《通用数据保护条例》

欧洲《通用数据保护条例》（GDPR）是欧洲联盟于 2018 年 5 月 25 日生效的一项法规，旨在保护个人数据的处理和隐私。《通用数据保护条例》的实施对组织和企业在处理个人数据方面提出了更严格的要求，对企业和组织来说是一项重大挑战，但也为个人数据的保护提供了更强有力的法律框架。它促使组织加强数据保护措施、提升透明度，并增加对个人数据隐私的尊重，旨在建立信任，促进可持续的数据驱动经济发展。

《通用数据保护条例》适用于处理欧洲经济区（欧盟成员国以及冰岛、列支敦士登和挪威）内的个人数据的组织，无论其是否位于该地区。除此之外，它还适用于处理与在该地区提供商品或服务相关的个人数据的组织。

《通用数据保护条例》对个人数据的定义非常广泛，包括任何与被识别或可识别的自然人有关的信息，例如姓名、地址、电子邮件地址、IP 地址等。《通用数据保护条例》规定了六种合法处理个人数据的法律基础。这些基础包括事先获得明确同意、合同履行、法律义务、保护生命利益、公共任务或行使公权力以及合法利益。

《通用数据保护条例》赋予个人一系列权利，以保护其个人数据的隐私和安全。这些权利包括访问个人数据、更正不准确的个人数据、删除个人数据、限制处理、数据可携带性等。

（1）数据处理者和数据控制者：《通用数据保护条例》区分了数据处理者和数据控制者的角色和责任。数据控制者决定个人数据的处理目的和方式，而数据处理者代表数据控制者处理个人数据。《通用数据保护条例》对数据处理者和数据控制者都施加了明确的责任和义务。

（2）合规措施：《通用数据保护条例》要求组织采取适当的技术和组织措施，确保个人数据的安全性。这包括数据加密、访问控制、风险评估和数据保护影响评估等。

（3）数据保护官（DPO）：一些组织需要指定数据保护官，特别是那些大规模处理敏感数据或进行系统性监视的组织。数据保护官负责监督组织的数据保护活动，并提供指导和建议。

（4）数据迁移和国际数据传输：《通用数据保护条例》要求在将个人数据传输到非欧洲经济区的国家或组织时，确保适当的数据保护措施。这包括签署标准合同条款、采用认证的机构规则或依据适用的隐私盾框架等方式来保护数据的隐私和安全。

（5）处罚和罚款：《通用数据保护条例》对违反其规定的组织施加了严厉的罚款制度。违反《通用数据保护条例》规定的罚款可高达全球年营业额的4%或2000万欧元（以较高者为准）。此外，《通用数据保护条例》还赋予了监管机构采取其他强制措施的权力，如警告、暂停数据流转、撤销认证等。

（6）跨境合作和一致性：《通用数据保护条例》建立了一套跨境合作机制，以确保数据保护规定的一致应用。这包括欧盟成员国间的数据保护监管机构协作和互助，以及与非欧盟国家的数据保护监管机构之间的合作机制。

（7）违反通知和数据泄露：《通用数据保护条例》规定了在发生数据泄露或违反个人数据安全的情况下，组织需要及时向相关监管机构和受影响的个人通知。通知内容应包括泄露的性质、可能的影响和采取的纠正措施。

（8）合规和证明：《通用数据保护条例》要求组织记录其个人数据处理活动，并保持适当的文件和证明，以证明其合规性。这包括数据处理目的、处理的合法基础、数据传输和存储的安全措施等。

二、美国隐私法

美国的隐私法律框架是分散且多样化的，由多个联邦法律、州级法律和行业标准组成。这些法律和规定旨在保护个人数据的隐私和安全，以平衡个人权利和商业利益，并促进数字经济的可持续发展。

第四修正案：美国联邦宪法第四修正案确保公民免受不合理搜查和扣押的侵犯。这项修正案为个人提供了一定的隐私保护，限制了政府的权力，以防止非法获取和滥用个人数据。

HIPAA（《健康保险可移植性和责任法案》）：HIPAA 是一项联邦法律，旨在保护个人的医疗信息。它规定了医疗机构和相关组织在处理和共享个人健康信息时必须遵守的规定和标准。

FCRA（《公平信用报告法》）：FCRA 是一项联邦法律，主要关注个人信用信息的收集、使用和披露。它规定了信用报告机构、债权人和雇主等组织在使用个人信用信息时必须遵守的规定和程序。

COPPA（《儿童在线隐私保护法》）：COPPA 是一项联邦法律，专门保护 13 岁以下儿童的在线隐私。它设置了在线服务提供商收集、使用和披露儿童个人信息的规定，以及家长同意的要求。

CAN - SPAM 法案：CAN - SPAM 是一项联邦法律，旨在规范商业电子邮件的发送和营销实践。它要求发送商业电子邮件的组织提供明确的退订选项，标明邮件为广告，以及遵守其他披露和反垃圾邮件要求。

CALOPPA（《加州在线隐私保护法》）：CALOPPA 是加利福尼亚州颁布的一项法律，要求网站和在线服务提供商向加利福尼亚州用户披露其数据收集和共享实践，并提供选择退出的机制。

标准行业实践：许多行业制定了自己的隐私和数据保护标准，例如 PCI DSS（支付卡行业数据安全标准）适用于支付卡数据的保护。这些行业标准有时被认为是一种合规要求，要求组织在特定行业中保护个人数据的安全和隐私。

州级隐私法：除了联邦法律外，一些州还制定了自己的隐私法。目前，加利福尼亚州的《加州消费者隐私法》和《加州隐私权法案》是最为知名的州级隐私法律。《加州消费者隐私法》于 2020 年生效，为加利福尼亚州居民提供了更多对个人数据的控制权。它要求组织披露其数据收集和共享的实践，并提供消费者选择退出的权利。消费者还有权访问和删除他们的个人数据。此外，《加州消费者隐私法》规定了对数据泄露的通知要求和罚款机制。《加州隐私权法案》是《加州消费者隐私法》的修订版，于2023年开始生效。《加州隐私权法案》在《加州消费者隐私法》的基础上，进一步加强了个人数据的保护，并创造了一个独立的监管机构——加州数据保护局。它增加了对敏感个人信息的定义和保护要求，并要求组织进行更严格的风险评估和数据保护影响评估。

除了以上法律，其他州也在考虑或制定类似的隐私法律。例如，弗吉尼亚州的《消费者数据保护法》（CDPA）于2021年通过，于2023年生效。该法律要求组织遵守特定的数据安全措施和通知要求，以保护弗吉尼亚州居民的个人数据。

三、加拿大《个人信息保护与电子文件法》

加拿大《个人信息保护与电子文件法》（PIPEDA）是加拿大联邦法律，于2001年生效，旨在保护个人信息的隐私和安全。《个人信息保护与电子文件法》适用于在联邦管辖领域内从事商业活动的组织，包括企业、非营利组织和个体经营者。它规定了这些组织在收集、使用和披露个人信息时必须遵守的规定。

《个人信息保护与电子文件法》规定个人信息的收集必须有合法和合理的目的，并且应该经过个人同意。组织应该明确告知个人信息收集的目的，并不得超出这些目的进行使用或披露。此外，《个人信息保护与电子文件法》要求组织以合理和适当的方式收集、使用和披露个人信息。它要求组织仅收集必要的信息，确保信息的准确性，并采取措施保护信息的安全。

《个人信息保护与电子文件法》强调个人同意的重要性。组织在收集、使用或披露个人信息之前必须获得明确的同意。个人有权在任何时候撤回他们的同意，并要求组织停止使用或披露他们的个人信息。

访问和更正权利：《个人信息保护与电子文件法》确保个人有权访问他们的个人信息，并有权要求更正不准确的信息。组织应提供途径，使个人能够访问、更正或更新他们的信息。

数据安全保护：在数据安全方面，《个人信息保护与电子文件法》要求组织采取适当的安全措施，以保护个人信息免受未经授权的访问、使用、披露或破坏。组织应制定合理的安全政策和措施，并采用技术和物理手段来保护信息的安全。

通知和数据泄露：《个人信息保护与电子文件法》规定组织在发生个人信息泄露或丢失时必须及时通知相关的个人和监管机构。通知应包括泄露的性质、可能的影响和采取的纠正措施。

跨境数据传输：《个人信息保护与电子文件法》规定在将个人信息传输到国外时，组织必须确保接收国家的数据保护水平不低于加拿大。为了确保这一点，组织可以通过与接收方签订合同或其他安全措施来保护个人信息的安全。

抱怨和争议解决：《个人信息保护与电子文件法》确保个人有权向相关监管机构提出投诉，如加拿大隐私专员办公室（OPC）。个人还可以通过协商、调解或诉讼等方式解决与个人信息保护相关的争议。

异常情况和例外：《个人信息保护与电子文件法》允许组织在某些特定情况下例外处理个人信息，例如在紧急情况下保护个人安全，进行法律调查或合规审计，以及保护组织的合法权益等。然而，这些例外必须符合《个人信息保护与电子文件法》中的规定和限制。

四、日本数据安全法律和规定

日本的数据安全法律和规定旨在保护个人隐私、促进数据安全和合规性，以确保个人信息的保护和数据的安全性。以下是一些重要的法律和规定。

《个人信息保护法》（PIPA）：《个人信息保护法》于2005年实施，旨在保护个人的隐私权和个人信息。该法律规定了个人信息的处理原则，包括信息收集的目的、使用范围、安全管理措施等。该法律还确立了信息主体的权利，如访问、更正和删除个人信息的权利。此外，《个人信息保护法》规定了个人信息泄露时的通知和责任等方面。

《电子商务法》（EC法）：《电子商务法》于2001年实施，为在电子商务环境下保护个人信息提供了法律框架。该法律规定了个人信息的处理和保护措施，包括信息收集的方式、使用和提供的限制，以及个人信息泄露的通知和赔偿责任。

金融机构等向金融消费者提供信息和保护金融消费者权益的法律（《金融商品交易法》）：该法律于2002年实施，要求金融机构在处理金融消费者的个人信息时采取适当的安全措施，并保护金融消费者的权益。金融机构需要制定和实施信息保护措施，包括个人信息的安全管理、数据的保密性和完整性。

信息安全管理体系（ISMS）认证制度：该制度于2005年实施，鼓励组织建立和实施信息安全管理体系，以确保数据的机密性、完整性和可用性。信息安全管理体系认证是一种自愿性认证，组织可以通过信息安全管理体系认证来证明其信息安全措施符合一定的标准和要求。信息安全管理体系认证要求组织进行信息资产管理、风险评估和安全控制等方面的工作。

《特定商业交易法》（以下简称《特商法》）：《特商法》包括了关于电子商务和在线交易的规定，要求经营者在处理个人信息时采取必要的安全措施，并明确个人信息的收集、使用和提供规则。《特商法》规定了个人信息保护的基本原则，包括信息收集的目的和使用限制。

《网络安全基本法》：《网络安全基本法》于2015年实施，旨在确保网络的安全和稳定，保护国家和个人的利益。该法律规定了网络安全的基本原则和政策，鼓励公共部门、私营部门和个人共同参与网络安全的保护和防御。《网络安全基本法》要求建立网络安全的组织结构和体系，并提供相关的技术支持和协调机制。

《通信秘密保护法》：《通信秘密保护法》于1988年实施，旨在保护通信的秘密性和私密性。该法律规定了通信服务提供者的责任和义务，要求他们保护通信的秘密性和隐私，并禁止非法窃听、监视或干扰通信。《通信秘密保护法》还规定了通信监视和窃听的条件和限制，以平衡国家安全和个人隐私的权益。

这些法律和规定旨在维护网络安全、保护个人隐私和促进数据安全的合规性。《网络安全基本法》强调网络安全的重要性，鼓励各个部门合作，加强网络安全的保护和防御能力。《通信秘密保护法》则保护通信的秘密性和隐私，禁止非法窃听和监视通信内容，确保通信的保密性和安全性。

五、中国数据安全领域相关法规

中国数据安全领域有一系列法律和规定，旨在保护个人隐私、维护国家安全和促进数据安全。以下是对中国数据安全法律和规定的详细总结。

《个人信息保护法》：于2021年6月1日实施，是中国首部专门针对个人信息保护的综合性法律。该法旨在保护个人信息，规定了个人信息的收集、使用、处理和传输的规则。法律要求个人信息处理者获得明确的、自由的、知情的同意，同时明确了个人信息处理者的责任和义务。《个人信息保护法》还规定了个人信息泄露和滥用的处罚措施。

《国家安全法》：于 2015 年实施，旨在维护国家安全和社会稳定。该法律强调国家安全的重要性，规定了国家安全的保护范围、基本原则和各方面的责任。《国家安全法》要求各组织和个人在涉及国家安全的活动中履行安全保密义务，不得从事危害国家安全的活动。

《中华人民共和国电子商务法》（以下简称《电子商务法》）：于 2004 年实施，规范了电子商务活动的法律地位和运作规则。该法律要求电子商务经营者保护个人信息的安全，并明确了信息收集、使用和保护的规则。《电子商务法》还规定禁止虚假宣传和欺诈行为，对违法行为进行处罚。

《中华人民共和国通信保密法》（以下简称《通信保密法》）：《通信保密法》是中国的核心通信法律，于 1993 年颁布。该法律规定了通信的秘密性和保密性原则，保护通信的隐私权。《通信保密法》禁止未经授权的窃听、监视、截获和泄露通信内容，并规定了通信服务提供者的保密责任和义务。

此外，中国还制定了其他一些法律和规定，如《网络安全法》《反垄断法》《数据出境安全评估办法》。《网络安全法》于 2017 年实施，旨在加强网络安全的保护和管理。该法律规定了网络基础设施的安全保护措施、网络安全监测和预警、网络安全事件的应急响应等方面的要求。《网络安全法》还要求网络运营者采取必要的措施，防止网络安全事件的发生，并配合有关部门进行调查和处理。

《反垄断法》是中国的反垄断立法基础，旨在保护市场竞争，维护消费者利益。该法律适用于垄断行为的禁止和限制，包括滥用市场支配地位、搭售、限制竞争和垄断协议等。《反垄断法》也涉及数据安全方面，例如对数据垄断行为的监管。

《数据出境安全评估办法》于 2019 年实施，规定了涉及个人信息跨境流动的安全评估要求。根据办法，个人信息处理者在将个人信息出境前，需进行数据出境安全评估，并确保合法合规的数据传输。该办法旨在保护个人信息的安全，在跨境数据流动中加强数据保护。

这些法律和规定是中国数据安全领域的重要法律框架，旨在保护个人隐私、维护国家安全和促进数据安全合规。它们规定了个人信息的保护原则、网络安全要求、反垄断规定以及数据跨境流动的安全评估等方面的规则。

当然，在我国保密工作领域最为重要的保密法，也对数据保密做出了相关规定。从目前保密法修订的内容看，我国对于大数据时代数据保密的重要性给予了高度关注。

六、数据安全事件案例

（一）美国国家安全局和爱德华·斯诺登事件

2013 年，前美国国家安全局承包商员工爱德华·斯诺登向媒体披露了美国国家安全局大规模监控计划的存在，引起了全球的关注。斯诺登泄露了美国国家安全局的秘密文件，揭示了美国政府通过大规模数据收集和监视活动侵犯了全球公民的隐私权。他透露了美国国家安全局的“棱镜计划”，该计划允许美国国家安全局在未经任何法庭批准的情况下从一些主要互联网公司（如谷歌、苹果、微软等）获取用户的通信数据。这个事件引发了对国家安全与个人隐私之间平衡的广泛讨论，促使许多国家对数据安全和隐私保护加强监管和立法。

（二）英国剑桥分析公司数据滥用丑闻

2018 年，英国剑桥分析公司滥用脸书用户数据的丑闻曝光。剑桥分析公司通过一款名为“这是你的数字生活”的应用程序，获取了数百万脸书用户的个人数据。这些数据被用于创建精确的选民模型，并用于政治广告定向投放。该事件引发了关于个人数据隐私和社交媒体平台数据使用的广泛争议。随后，脸书受到严厉的批评和法律调查，并采取了更严格的数据隐私保护措施。

（三）美国 Equifax 信用信息泄露

2017 年，美国信用评级机构 Equifax 遭遇一次严重的数据泄露事件，影响了约 1.4 亿美国人的个人信息。黑客入侵了 Equifax 的网络，获取了包括姓名、社会安全号码、信用卡信息等在内的大量敏感数据。这次泄露引发了对个人身份信息安全的担忧，并对信用评级机构的数据安全措施提出了质疑。Equifax 遭遇的巨大损失也导致了全社会对数据安全法规和监管的更高关注。

（四）中国大规模个人信息泄露事件

自 2018 年以来，中国陆续发生了一系列大规模个人信息泄露事件，引起了广泛的关注和担忧。其中最著名的是 2018 年一家在线酒店预订平台泄露了超过 5000 万用户的个人信息，包括姓名、手机号码、身份证号码等。此后，还发生了一系列类似的事件，涉及健康领域、教育领域和电商平台等多个行业。这些泄露事件暴露了中国在个人信息保护和数据安全方面的薄弱环节，促使政府加强相关法规和监管措施，并呼吁企业加强数据安全意识和技术保障。

思考题

1. 数据开放中各要素之间的关系是怎样相互影响的？
2. 如何理解数据开放使用的各项原则的相互影响？
3. 思考归纳在数据开放使用例外场景中的共性规律。
4. 进一步查找关于欧洲《通用数据保护条例》的资料，思考其对我国数据安全的影响。

第七章　数据产权与交易流通

第一节　数据产权的概念

2017 年，习近平总书记在中共中央政治局第二次集体学习时强调，“要运用大数据提升国家治理现代化水平”，“要制定数据资源确权、开放、流通、交易相关制度，完善数据产权保护制度”①。随着信息技术的发展和数字化时代的到来，我国的数据要素市场高速发展，数据成为一种重要的生产要素，对传统产权交易、配置、治理等制度带来冲击。

2019 年 11 月 5 日，党的十九届四中全会发布《中共中央关于坚持和完善中国特色社会主义制度　推进国家治理体系和治理能力现代化若干重大问题的决定》，首次将“数据”列为生产要素。2020 年 4 月 9 日，中共中央、国务院公布《关于构建更加完善的要素市场化配置体制机制的意见》，明确提出要引导培育大数据交易市场，依法合规开展数据交易。2020 年 5 月 11 日，《中共中央、国务院关于新时代加快完善社会主义市场经济体制的意见》提出，进一步加快培育发展数据要素市场，建立数据资源清单管理机制，完善数据权属界定、开放共享、交易流通等标准和措施。2021 年 1 月 31 日，中共中央办公厅、国务院办公厅印发的《建设高标准市场体系行动方案》提出要建立数据资源产权、交易流通、跨境传输和安全等基础制度和标准规范，积极参与数字领域国际规则和标准制定。

---

① 《中国数字经济发展研究报告（2023 年）》，中国信息通信研究院，2023 年 4 月 1 日，http：//www. extension：//bfdogplmndidlpjfhoijckpakkdjkkil/pdf/viewer. html？ file = http%3A%2F%2Fwww. caict. ac. cn%2Fkxyj%2Fqwfb%2Fbps%2F202304%2FP020230427572038320317. pdf。

2021 年 3 月 13 日，《中华人民共和国国民经济和社会发展第十四个五年规划和 2035 年远景目标纲要》提出，要对完善数据要素产权性质、建立数据资源产权相关基础制度和标准规范。2021 年 11 月 30 日，《“十四五”大数据产业发展规划》提出要建立数据价值体系，提升要素配置作用。2022 年 1 月 6 日，国务院办公厅印发的《要素市场化配置综合改革试点总体方案》提出，要探索建立数据要素流通规则。2022 年 1 月 12 日，国务院印发的《“十四五”数字经济发展规划》提出，2025 年要初步建立数据要素市场体系，数据确权有序开展。2022 年 4 月 10 日，《中共中央国务院关于加快建设全国统一大市场的意见》提出加快培育统一的技术和数据市场。2022 年 6 月 22 日，中央全面深化改革委员会第二十六次会议审议通过《关于构建数据基础制度更好发挥数据要素作用的意见》，提出要建立数据产权制度，要建立合规高效的数据要素流通和交易制度。

综上，中央四年时间连续出台 10 个文件说明了国家对推动数据经济的决心和力度，与此同时，四年来各类文件反复强调数据“产权”，最新的《关于构建数据基础制度更好发挥数据要素作用的意见》更是将数据产权聚焦在“数据基础制度”，说明数据产权及权属界定是通往数据经济的第一只拦路虎，亟待解决。

本章将探讨数据产权的定义、背景及数据产权与数据安全的关系，了解数据产权在不同领域中的重要性，厘清数据产权概念，构建数据要素市场下的数据产权制度。

一、数据产权定义

数据产权的概念由经济学领域中的“产权”这一概念衍生而来。在传统经济学领域中，产权是由所有权、使用权、收益权、处置权、占有权等一系列权利所组成的权利束集合。而在法学界，产权的定义与经济学界有所不同，且法学界自身关于“产权”概念亦存在一定分歧。通常，产权被定义为财产权、财产所有权以及财产权利的简称，这种观点将对应的客体看作一种财产，而产权是对其占有、使用、收益以及处分的权利；也有观点认为，产权不能与财产权、财产所有权划等号。

简言之，法律意义上的产权即财产权利，是经济所有制关系的法律表现形式，指民事权利主体对其财产所持有的所有权、经营权、收益权、处置权等权益的总称[①]，是一种物权。由于需要从生产要素的角度运用经济学的相关理论，故而无法完全避开经济学普遍使用的“产权”概念。

产权包括了所有权、使用权和利益获得的相关权益，当事人在特定财产物品上所取得的法律上的权利都是产权，它不仅涵盖了个人对其所有财产物品的拥有权，也表明了拥有者具有使用、改变、转让或销毁这些财产物品的权利。数据产权是指拥有者拥有对经济活动中数据生成和使用过程中产生的数据信息的法律上的权利，主要包括数据所有权、数据使用权、数据转让权、数据收益权、数据隐私权。

对数据产权的概念和内容，学界尚未形成一致的共识。学者们对数据产权的理解存在多样观点。有的学者认为数据产权类似于传统产权，表现为一种排他性权利集合[②]，呈现出多主体和多层级的特性；有的学者将数据产权视为一种法律保护机制，旨在实现数据主体权益和调整数据利益关系[③]；还有的学者将数据产权解释为对数据资源的持有和使用权。

同时，关于数据产权应包含的权利，也存在颇多争议。严宇等人提出了财产权、人格权和共有产权这三种权利的数据产权设计路径[④]。还有的学者提出了“有限产权”的概念，即根据数据的类型、使用目的、使用场景、使用时效以及经济属性等活动链来设计数据产权，为“数据的分类保护”研究提供理论支持[⑤]。

在是否应该授予主体数据产权的问题上，有些学者认为，数据并不像物理财产那样可以被真正拥有，更像是一种资源或一种能力，不是一种可以拥有产权的实体。这种观点强调数据的共享和开放使用，以促进创新和合作。对于为数据赋予权利的观点，冯晓青等人担心在当前法律体系中引入某些实体法可能导致新的实体权利因“水土不服”而在法律实践中难以

---

① 韩双林、马秀岩主编：《证券投资大辞典》，黑龙江人民出版社 1993 年版。

② 童楠楠、窦悦、刘钊因：《中国特色数据要素产权制度体系构建研究》，《电子政务》2022 年第 2 期，第 12—20 页。

③ 冯晓青：《数据财产化及其法律规制的理论阐释与构建》，《政法论丛》2021 年第 4 期，第 81—97 页。

④ 严宇、孟天广：《数据要素的类型学、产权归属及其治理逻辑》，《西安交通大学学报》（社会科学版）2022 年第 2 期，103—111 页。

⑤ 唐要家：《数据产权的经济分析》，《社会科学辑刊》2021 年第 1 期，第 98—106、209 页。

适用。关于财产权，有学者根据财产权赋权逻辑，认为数据本身并不具有权利，只有在对其使用或投入精力与财力的过程中产生劳动力消耗的情况下，数据才拥有相应的产权。也有学者根据数据的共享性与公开性，认为赋予数据一定形式的产权符合法律的激励机制，可以有效促进数据的传播与使用。正如一些学者所述，现代市场经济的有效运行基于产权制度①。

在数据的开放共享和个体的隐私保护方面，一些观点认为，在数字时代，数据更应该是一种公共资源，而不是私人产权。这种观点强调数据的开放性和共享，以推动创新和社会福祉；也有观点强调了个体对于自己的数据具有所有权，并且应该有权控制其数据的使用，这与一些大数据和商业实践中，个人数据被广泛收集和使用的情况形成了对立。在商业领域，特别是在大数据和云计算的环境下，公司经常收集和处理大量数据，对于公司是否应该对这些数据拥有产权，以及数据使用的边界在哪里，都没有统一的规范，数据产权界定不清引发对数据的保护以及保护类型的路径选择的争议。

如同数据、信息、知识三者相互联系却存在层次上的差异，数据产权和知识产权、信息产权的概念也有所不同。数据产权主要涉及新兴技术中数据产生和使用的过程，强调拥有者对数据信息的拥有权；信息产权涉及企业对信息资源的开发、利用、保护等内容；知识产权是产权、财权、民权、文权等共同形成的一项知识性权利，它的主要目的是保护知识产品及其创作者所享有的权利。和知识产权、信息产权相比，数据产权更加强调数据的生产者权益。

数据产权问题是中国加快数字化发展与建设过程中最基础最核心的问题之一。数据产权与传统产权的最大区别在于拥有人格权和财产权的双重属性，无论是原始数据还是加工处理数据，都难以像资本、土地、技术一样清晰界定归属。也正因为如此，近年来国家和地方对数据确权都进行了积极探索，但均处于起步阶段，数据产权尚未摆脱“灰色地带”的困境。简言之，数据产权尚未适应数据资产交易的需求②。

---

① 朱宝丽：《数据产权界定：多维视角与体系建构》，《法学论坛》2019 年第 5 期，第 78—86 页。

② 陈梅芬、刘雯：《以完善数据产权推动数据资产交易研究》，《决策咨询》2022 年第 5 期，第 94—96 页。

因此，在数据产权争议颇多的背景之下，承认数据保护中的财产性利益，可以防止数据在未经授权的情况下被使用和滥用，维护数据的价值和权益，促进数据的流通和共享，实现对数据利益关系的调整和数据生产者等数据利益主体权益的保护①。

由于数据的特殊性和所涉及利益主体的多元性，数据产权本质上涉及在个人、企业、国家三个主体之间的权利分配，实现个人隐私保护和信息安全、企业数据产权清晰和竞争利益维持、国家数据安全和数字经济的协调发展②，将成为未来数据权构造的重点，对激活数据要素市场、促进数字经济发展具有根本性意义。

总体而言，对于数据产权的争议主要涉及数据的本质、所有权、开放性和隐私等方面。这些观点的不同反映了数字时代面临的复杂伦理和法律挑战，需要综合考虑技术、商业和社会的多重因素。中共中央、国务院发布的《关于构建数据基础制度更好发挥数据要素作用的意见》（以下简称“数据二十条”）就我国数据基础制度体系的构建提出了全面、系统的指导意见，特别是就数据产权制度的建构提出了一套与数据生产要素的形态和特点相契合的现代方案，并就数据权利的分置结构与权利类型作了系统安排。“数据二十条”明确提出了数据处理主体享有的主要数据财产权利，包括数据资源持有权、数据加工使用权和数据产品经营权，并确认了数据处理主体在依法行使数据财产权利过程中取得收益的权利。

二、数据产权的发展历程

数据作为数字经济时代的核心资源，其产权问题牵涉法律、伦理、技术等多个层面。从信息时代到数字经济的崛起，数据产权的发展历程是一个由浅入深、逐步完善的过程。从早期的技术基础到当今的法律框架，数据产权的认知和保护经历了一个漫长而复杂的过程。

根据文献分析法，学者何培育基于 CiteSpace 对近几年有关数据产权的

---

① 冯晓青：《数据财产化及其法律规制的理论阐释与构建》，《政法论丛》2021 年第 4 期，第 81—97 页。

② 魏远山：《我国数据权演进历程回顾与趋势展望》，《图书馆论坛》2021 年第 1 期，第 119—131 页。

文献进行分析，发现数据产权的主题内容研究分为三个阶段[①]。

数据产权的早期发展源于计算机的普及和信息处理的电子化，人们逐渐开始意识到数据是一种可以被收集、存储和处理的数字形式的信息。在这一时期，数据主要由政府和大型企业垄断，而普通个体对于自己的数据很少有直接的拥有感，人们对于数据的所有权和控制权并没有引起足够的关注。数据的价值主要被看作是对组织和机构的服务，而非一种独立的权益。

20 世纪 80—90 年代开始，信息技术的迅猛发展使得数据规模和复杂性大幅度增加。个人计算机的普及、互联网的兴起以及大数据概念的提出，为数据产权的觉醒奠定了基础。这一时期，人们逐渐开始认识到数据不仅是一种资源，更是一种具有经济价值和社会意义的资产。个体用户的数据开始在商业交易和社会活动中发挥重要作用，从而催生了对于数据产权的讨论。学者和企业家开始提出数据产权的概念，并试图界定数据产权的边界和属性。在数据产权研究的酝酿期，研究主要讨论数据库涉及的消费者权益保护和数据库产权保护问题，主要涉及"商业秘密""信息产权""数据库""法律保护"等主题。齐爱民在研究中提及数据主体的报酬支付请求权[②]，即保障用户基于数据的财产性价值而获得财产性收益。黄瑞华则认为个人对个人数据的支配权是一项人格权，信息在法律意义上并不是财产，对于个人数据的保护应当寻求一些不同于财产权保护的原则或方法[③]。

随着数字化时代的深入，各国纷纷认识到数据产权需要得到法律保护。1995 年，欧洲颁布了《个人数据保护指令》，成为第一个系统规范个人数据处理的国际法规。这一法规的实施标志着对于数据产权的法律保护进入了一个新的阶段。此后，其他国家也纷纷出台了一系列法规和法律，以强化对数据的保护。这些法规不仅关注个人数据的隐私，也关注数据在商业和政府活动中的使用。

21 世纪初，随着大数据、人工智能等新技术的兴起，数据的复杂性和

① 何培育、邹汶瑾：《基于 CiteSpace 的数据产权研究现状与趋势分析》，《浙江工业大学学报》（社会科学版）2023 年第 3 期，第 309—315 页。

② 齐爱民：《个人资料保护法原理及其跨国流通法律问题研究》，武汉大学出版社 2004 年版，第 8 页。

③ 杨宏玲、黄瑞华：《个人数据财产权保护探讨》，《软科学》2004 年第 5 期，第 14—17 页。

多样性进一步提升，对数据产权的法律保护提出了新的挑战。因此，各国不断修订现有法规，以适应新时代对数据产权的需求。这一时期，人们开始关注产权性质、利益冲突等问题。数据的讨论主要集中在数据安全和个人数据等主题，其中“数据产权”“财产权”“隐私权”“个人数据”“数据安全”等关键词被广泛提及。2010 年，“数据产权”作为一个整体概念在国内首次被提出。学者们讨论了数据产权的法律概念、数据产权的知识产权法律保护、图书馆建设中的数据产权法律问题等议题。对于数据的开放共享与知识产权制度的冲突，朱雪忠等人分析了科学数据共享与知识产权保护的对立统一关系。[①] 他们从利益平衡的角度对科学数据的产权界定与激励创新机制、共享主体之间的产权交易机制和利益协调机制作了初步探讨。此外，还有些研究成果主要探讨数据权利的定义、权利类型、归属问题和重要性问题。例如，蓝蓝认为数据权利是兼具人格权与财产权性质的二元化的权利；[②] 何培育提出个人数据保护关系权利主体边界不甚明晰，有必要对个人数据的所有权和开发权的归属问题展开讨论。[③] 总体而言，数据产权的研究呈现以下特点。

1. 从隐私权利的关注转向对数据权利和数据产权的关注

随着信息时代的到来，数据隐私问题备受关注，“隐私权”被视为数据法律问题的代称。然而，人们逐渐认识到“数据安全”问题更为复杂，对于数据的知情和控制变得更为重要。这导致“隐私权”向“数据权”演变，最终形成“数据产权”的概念。随着经济形态向“数字经济”转变，数据被确定为“数据资产”和“生产要素”，“数据交易”市场不断完善，数据产权问题成为必然涉及的课题。未来，数据产权研究应关注数据产权的界定划分和产权激励问题，促进数据跨境流动和便捷交易，以完善数据产权制度。

2. 研究视角逐步融入多元视角

数据产权的提出源于对数据法律问题的研究，但随着数据资源价值的

---

① 朱雪忠、徐先东：《浅析我国科学数据共享与知识产权保护的冲突与协调》，《管理学报》2007 年第 4 期，第 477—482、487 页。

② 蓝蓝：《网络用户个人数据权利的性质探析》，《网络法律评论》2012 年第 1 期，第 3—18 页。

③ 何培育：《电子商务环境下个人信息安全危机与法律保护对策探析》，《河北法学》2014 年第 8 期，第 34—41 页。

显露，数据交易促使数据产权研究关注数据产权的定价、交易成本以及交易管制的问题，研究逐步引入经济学经典理论。根据“数据二十条”对数据进行产权分置的要求，数据确权应基于数据的生成与应用场景和数据产业链的不同环节分级分类。技术手段的引入，如区块链技术和人工智能技术，将降低制度实施成本。数据产权研究逐渐走向多学科、多元视角的综合性研究，不同学科间的合作显得越来越有必要。

3. 从聚焦“个人数据和商业数据”转向“公共数据及科学数据”

从数据来源或制作主体划分，数据产权客体可分为公共数据、科学数据、商业数据和个人数据。目前，研究多关注个人信息的产权和企业数据的利用，对公共数据与科学研究数据的研究相对较少。这两种数据类型的产权关系相对复杂，需要明晰公共数据的利用原则、全生命周期安全管理和激励措施。解决科学数据的权利治理问题需要研究者对各方数据客体进行分析，分级探讨数据确权授权问题，构建政府、企业、社会多方协同的数据治理模式。

4. 新制度框架的尝试与探索

在大数据发展初期，一些学者主张运用传统法规框架对数据进行规制，但随着数据经济价值的突显，单一的保护路径难以涵盖和回应数据多重权益与特性。因此，建立多重法规和规则共治或构建专门针对数据的产权制度成为必要。为了促进数据有效开发和利用，数据产权制度需要解决数据专用与数据分享、数据控制与数据传播、数据保护与数据利用之间的矛盾与冲突，平衡和协调围绕数据产生的各种利益关系。明确数据权属与利益分配关系、规范数据产权不同主体资格和相关行为以及权利行使中的数据安全，是建立更为完善的数据产权保护制度的关键。

三、数据产权和数据安全的关系

数据产权概念的定义强调数据的资产价值。资产价值可以从两方面进行描述，分别是资产的经济属性和资产的法律属性。同理，数据资产的概念也可以从经济属性和法律属性两方面进行关注——数据是有用的，能够体现出一定的价值；数据的资产属性还对数据的质量方面提出要求，数据资产需要有一定的质量保障，因而数据也是有成本的。对数据资产安全的保障也表明，一定程度上数据的产权与数据安全相关联。

数据产权和数据安全之间存在着密切的联系，数据产权是保护数据安全的有力手段。数据产权可以清晰界定数据归属者，即指明了数据的所有者，确定了数据权益，赋予了数据安全法律依据，可以避免数据因个体间的纠纷而导致的无形损失。而且，数据产权可以制约数据用途，即指定使用者获得数据仅能使用于特定用途，可以有效避免数据的不当使用，保护数据安全；数据产权可以对数据加以合理限制，即规定数据的使用者必须遵守一定的权限要求，有效防止数据泄露，保护数据安全。尤其是在涉及不同系统之间数据交换及传输的情况下，如果无法对不同系统或数据类型的使用者设置有效的访问权限和操作权限，可能会导致数据被非法访问、篡改或盗取，从而安全性受到潜在威胁。

总之，数据产权的概念和数据安全之间存在着密切的联系，数据产权的建立及合理规范可以避免数据安全泄露及灰色收益，也为保护数据安全提供有力保障。

第二节　数据产权的确权与交易

一、数据权利与数据确权

数据权利是“数据主体的权利”的简称，也称为“个人数据保护权”，是指数据主体就其个人数据所享有的权利。《数据安全法》第七条规定：“国家保护个人、组织与数据有关的权益，鼓励数据依法合理有效利用，保障数据依法有序自由流动，促进以数据为关键要素的数字经济发展。”《网络安全法》第四十条规定：“网络运营者应当对其收集的用户信息严格保密，并建立健全用户信息保护制度”；第四十一条规定：“网络运营者收集、使用个人信息，应当遵循合法、正当、必要的原则，公开收集、使用规则，明示收集、使用信息的目的、方式和范围，并经被收集者同意。”2022 年 1 月 1 日起实施的《深圳经济特区数据条例》规定，自然人对个人数据享有人格权益，自然人、法人和非法人组织对其合法处理数据形成的数据产品和服务享有财产权益。从法律层面确认了数据权利，并从人格权、财产权两个层面进行区分。

简单地将数据看作某一类单一的权利，显得有失偏颇。有学者认为数据权益是财产权，就数据产品而言，这种观点不无道理，但此种观点忽略了数据作为个人信息载体的属性，个人信息是一项人格权益，不是单纯的财产性权利。因此，在这个层面上，数据又具有人格权益的属性。此外，数据中还存在其他权益，数据权益是多项权益的集合。这就意味着，对数据权益的赋权来自于法律的多个领域。在侵害了数据的财产权益时，就触发了侵害财产的损害赔偿责任；在侵害了数据的人格权益时，就涉及侵害人格权的责任；如果以侵害知识产品的方式窃取具有独创性的数据，就会受到知识产权法等法律的规制。如前所述，《中华人民共和国民法典》第一百二十七条虽然将数据规定在财产权之后，但其并没有明确将其界定为财产权，该条将数据置于“民事权利”一章中规定，也宣示了数据的民事权益属性，既然数据在性质上属于民事权益，其应当受到民法保护。

数据权利是数据确权的基础，明确数据权利的概念后，数据的确权即主要解决以下三个基本问题：一是数据权利属性，即给予数据何种权利保护；二是数据权利主体，即谁应该享有数据上附着的利益；三是数据权利内容，即明确数据主体享有哪些具体的权能。通俗地讲，就是有一个数据，我们能明确知道不同人对它都有哪些权，这些数据权又都有哪些权益。

数据不同于其他的实体资源，它的虚拟性、可复制性造成了数据的非稀缺性和不可控性，数据关系的复杂性又加剧了数据确权的难度。数据确权如此重要却又探索艰难，以下几个方面的观点值得关注。

一是限定明确的权属主体还是摈弃单一产权思维模式。数据资产是由组织合法拥有或控制，并且能够给企业带来经济效益和社会效益的数据资源。数据治理专家石秀峰认为，从数据资产的定义中看，数据要成为资产，必须要有一个明确的权属主体，否则数据滥用的问题无法解决，数据的质量问题也无法溯源，更重要的是数据资产无法进入企业的财务报表，那就无法被视为资产。清华大学法学院院长申卫星建议，可摒弃非此即彼的单一产权思维模式，根据不同主体对数据形成的贡献来源和程度不同，设定数据原发者拥有数据所有权与数据处理者拥有数据用益权。

二是基于场内外交易的现实情况探索数据确权问题。不少观点提出，数据交易可以绕过确权，尝试其他方式代替确权或者不确权。南都大数据研究院数字政府研究中心发文表示，当前，超九成的数据交易在场外进行①。也就是说，有大部分数据交易，是在没有确权的情况下进行的。场外交易存

---

① 陈丽：《数据确权是数据资产管理的关键》，人民数据，2022 年 12 月 21 日，https：//baijiahao. baidu. com/s？ id = 1752824295115581667&wfr = spider&for = pc。

在必然——只要在现行法律框架范围内就可进行。但是，场外交易就像路边的小商贩，虽然便宜方便但缺乏必要的质量管理和声誉保障，购买品质和声誉较好的商品还是需要去正规的商超。大数据交易场所就如同商超，不仅提供买卖场景，还在数据质量、价格、买卖双方权利及服务等方面提供必要的保障。预计在相当长一段时间内，场内外交易会长期共存，数据确权的过程仍需考量该情况。

三是探索数据确权需要从国家层面给出标准和框架。探索数据确权，除了技术原因以外，核心是法律界定和执行标准。目前，数据分级分类还没有明确规定，数据的权属也没有明确定义，个人数据确权或授权缺少可操作性的办法，监管部门也不明确。在国家层面，需要对数据权利形成各方认可的框架和标准，让数据权利流动起来。设立国有第三方机构，如大数据交易、大数据产品检验检测、分级、治理、数据资产化配置等机构，有助于确认数据权属问题，确权也可以先从这样的共识共商机制开始。

二、数据产权确权困境

数据产权的确权是数据流动与交易的基础，数据产权也和数据安全息息相关。数据的非排他性、易变性和多重归属[①]特性导致了数据产权界定不清，容易出现安全问题。多名全国人大和政协代表委员也曾提出了明确数据产权的建议和提案，我国正迫切需要对数据产权界定方法进行创新性的探索。然而，数据产权最核心的问题依然在于产权难以界定。

数据产权界定不清晰会带来很多问题。首先，数据产权作为数据综合治理体系的重要一环，其界定不清会导致与之相关的数据流通、数据交易等制度缺乏基础，大量数据无法进行合规交易，导致数据黑市泛滥，数据交易双方权益无保障[②]。数据黑市是指非法买卖、获取、盗窃或者交换数据的市场[③]，这些数据包括个人身份信息、财务数据、商业机密、医疗数据等，如果这些数据被不法分子获取并出售，就会对个人、组织和社会造

---

① 李淮男：《数据产权界定的困境与纾解》，《北京政法职业学院学报》2022 年第 2 期，第 80—87 页。

② 童楠楠、窦悦、刘钊因：《中国特色数据要素产权制度体系构建研究》，《电子政务》2022 年第 2 期，第 12—20 页。

③ 田杰棠、刘露瑶：《交易模式、权利界定与数据要素市场培育》，《改革》2020 年第 7 期，第 17—26 页。

成严重危害。其次，数据产权界定不清会导致数据垄断问题[①]。一些互联网公司在掌握大量用户数据的基础上，通过数据垄断等方式增强市场竞争优势，限制其他企业进入市场，形成一种数据壁垒[②]，比如拥有搜索数据的搜索引擎公司（谷歌、百度等）、掌握着社交数据的社交媒体（推特、QQ 等）、拥有消费数据的电子商务（亚马逊、阿里巴巴等）等互联网公司，这些公司通过收集、分析和利用大量的用户数据来获得竞争优势，进而垄断市场。这种数据壁垒不仅妨碍了数据要素统一市场的形成，还对消费者和其他企业造成了不利影响。同时，一些公司也会利用掌握的数据进行大数据杀熟、捆绑销售、定向推广等损害消费者利益的行为[③]，进一步加深了数据不公平的问题。此外，数据产权界定涉及多方利益主体，各方主体之间既共生互赢，又存在利益冲突，数据产权界定不清，加剧了数据上利益主体之间的冲突。例如如何既满足个人对个人数据保护的诉求，又实现企业对于数据的利用，同时满足国家基于国家安全需要对数据活动实施管理，对此目前还未找到较为有效的解决办法。

数据产权的确权本身存在一定难度，学界也未对此给出统一的结论。数据本身的复杂性使数据产权确权难度较大，数据概念的内涵和外延多样，在不同场景具有不同含义；数据内容组合多样属性多变且数据形态可以不断流动。除了数据本身的复杂特性之外，数据的利益主体诉求多样也是导致数据产权确权困境的原因。

在数字经济发展过程中，个人、企业、行业、产业、社会、国家甚至整个人类命运共同体对数据均存在不同的利益诉求，具有很大的复杂性甚至冲突性。在数据产生和流动过程中，数据行为链可能会涉及多个主体，但具体涉及多少主体难以完全提前预判，具有多元性和不确定性。对数据上利益的诉求及社会认知并非固定，会随着社会发展和社会认知的调整不断变化。

个人信息是一种特殊的数据，涉及个人隐私和权益保护。由于数据产权界定不清，一些互联网公司或数据收集者可能会收集、使用或转让个人

---

① 邱国侠、范美云：《平台经济反垄断规制——基于数据产权立法的策略》，《中州大学学报》2022 年第 4 期，第 79—85 页。

② 陈兵：《“数据垄断”：从表象到本相》，《社会科学辑刊》2021 年第 2 期，第 129—136 页。

③ 韩文龙、王凯军：《平台经济中数据控制与垄断问题的政治经济学分析》，《当代经济研究》2021 年第 7 期，第 5—15 页。

信息，而这些个人信息的产权归属不明确，使得个人信息难以得到保护。例如一些互联网公司收集用户的浏览记录、搜索记录、购买记录等个人信息，然后将这些信息出售给广告公司或其他第三方机构，从而导致用户个人信息被滥用、泄露或被不法分子盗用等问题。另外，一些互联网公司滥用其对个人信息的掌控权，采取大数据杀熟等方式对用户进行定向广告或价格歧视，从而威胁到用户的权益和利益。

三、数据产权确权方法

目前没有权威、公认的界定数据产权的方法，理论层面存在多项探索。确定数据权属方法的核心特点是试图通过解决数据归属问题，实现界分数据产权的目的。在此背景下，有学者进一步将数据产权分为数据所有权、支配权、使用权、收益权、转让权、处置权、数据隐私权和数据许可权等。也有学者认为由于数据上利益主体诉求多样，在界定数据产权时需要摈弃“一刀切”的幻想，充分考虑不同主体在不同场景下利益诉求的不一致性，综合多种因素进行界分。对此，学者秦天雄提出以场景化的方式界定数据产权。

需要明确的是，数据产权的确权需要正确处理好数据的原始生产者、采集者（集合者）与挖掘者之间的关系，充分确保数据赋权主体能够有利于数据流通与共享。换言之，数据产权的合理确权有助于数据交易与流通①。

数据产权涉及多利益主体的特点，使得以分类法作为数据产权的分类方法逐渐成为学界的常用方法与共识。学者朱宝丽将数据分为基础数据和增值数据，基础数据如显名数据主要包括数据主体的姓名、名称、联系方式等，又可以分为私有、公有和共有——单体或多边交易形成的数据原则上属于私有，政府数据产权应属于公有，基于平台产生的商业数据归参与方共有。

四、数据产权问题治理策略

针对数据黑市泛滥问题，应该加强数据产权法律法规建设，明确数据的产权和流通规则，减少数据交易的不确定性和风险；建立数据交易信用

---

① 朱宝丽：《数据产权界定：多维视角与体系建构》，《法学论坛》2019 年第 5 期，第 78—86 页。

评价机制，对数据交易双方进行信用评估和监管，提高数据交易的透明度和信任度[①]；推进数据开放和共享，扩大数据交易市场规模，降低数据交易门槛和成本，减少数据黑市的出现[②]。

针对数据垄断问题，应该实行反垄断监管，对具有市场支配地位的企业进行监管，限制其不正当行为和数据垄断行为；鼓励多元化竞争，通过政策引导和扶持措施，促进市场竞争格局的多元化和竞争力的提升，降低数据垄断的风险；加强国际合作，促进全球数据交流和共享，避免跨国企业对数据资源的垄断和控制[③]。

针对个人信息保护问题，应该加快制定个人信息保护相关法律法规，明确个人信息的权利和保护措施，规范企业数据收集、使用和保护行为；强化个人信息保护监管，加大监管机构的执法力度，加强对企业数据安全管理和违法行为的处罚力度，提高个人信息保护的实效性；培育个人信息保护文化，通过宣传教育和意识提高活动等途径，增强公众对个人信息保护的意识和能力，形成全社会的个人信息保护文化。

五、数据产权交易

数据交易是指需求者和供应者以数据商品为交易对象进行的货币或货币等价物交换数据商品的行为[④]。其中，数据交易对象既包括原始数据，也包括加工后的数据衍生产品。从权利的角度来说，交易是指对商品或服务的财产权，即所有权、使用权、收益权、转让权等权利的转让。交易费用是指与所有权转移、取得、保护相关的费用[⑤]。

数据交易必须有明确的产权归属，如果产权存在瑕疵，就意味着交易

---

① 窦悦、易成岐、黄倩倩等：《构建国家“数联网”根服务体系的技术路径与若干思考——打造面向全国统一数据要素市场体系的国家数据要素流通共性基础设施平台》，《数据分析与知识发现》2022 年第 1 期，第 2—12 页。

② 梁宇、郑易平：《我国数据市场治理的困境与突破路径》，《新疆社会科学》2021 年第 1 期，第 161—167 页。

③ 冉从敬、何梦婷、刘先瑞：《数据主权视野下我国跨境数据流动治理与对策研究》，《图书与情报》2021 年第 4 期，第 1—14 页。

④ 冯晓青：《数字经济时代数据产权结构及其制度构建》，《比较法研究》2023 年第 6 期，第 16—32 页。

⑤ ［美］Y. 巴泽尔著，费方域、段毅才译：《产权的经济分析》，上海人民出版社 2008 年版。

存在法律风险①。2017 年 12 月 8 日，习近平总书记在主持中共中央政治局实施国家大数据战略第二次集体学习时，明确指出要制定数据资源确权、开放、流通、交易相关制度，完善数据产权保护制度。但目前，我国对大数据交易中数据的产权归属界定还十分模糊。通过对我国目前的数据交易实践的考察可以发现，我国的数据交易业务类型复杂多样，同时缺乏相应的数据交易模式规则。

（一）数据交易类型复杂多样

主流数据交易平台的业务形态现状，经调查、汇总，整理如下：

表 7－1　各大数据交易平台现状②

序号	平台名称	业务板块	交易类型	数据形式	数据分类	交付方式	举例	备注
1	东湖大数据	东湖AI	数据交易	数据集或数据包	文本数据、图片数据、语音数据	\	气象数据国际地面交换站日间数据、街景图片精细标注数据、全国 187 个城市公交线路数据	东湖 AI 和数据定制都置于数据服务板块下，东湖 AI 专注于人工智能数据服务
		数据定制	服务交易	\	车辆数据、企业数据、征信数据、电商数据、通信服务、医疗数据、气象数据等	API 调用	\	提供数据增值技术服务及其他应用服务
		解决方案	服务交易	\	\	\	长江中游城市（工商）政务云平台、云南招商引资大数据中心	\
		应用产品	服务交易	\	\	\	\	\

① 陈一：《我国大数据交易产权管理实践及政策进展研究》，《现代情报》2019 年第 11 期，第 159—167 页。

② 图表信息整理自以下网站：“东湖大数据中心”，http：//www.chinadatatrading.com/index.html，最后访问日期：2023 年 11 月 20 日；“上海数据交易中心”，https：//www.chinadep.com，最后访问日期：2023 年 11 月 20 日；“数据堂”，https：//www.datatang.com/aboutus，最后访问日期：2023 年 11 月 20 日。

续表

序号	平台名称	业务板块	交易类型	数据形式	数据分类	交付方式	举例	备注
2	上海数据交易中心	数据流通业务	服务交易	\	\	\	数据流通安全合规产品、中国受众画像库、中国信用风险画像库	\
		数据开放业务	\	\	\	\	中国数据开放平台	\
		数据服务业务	\	\	\	\	CEP 中国企业画像服务、GDPS 通用数据治理服务	\
3	数据堂	数据解决方案	标准化服务方案	\	\	\	语音合成、智能驾驶、智能文娱、智能家居、智慧银行、智能翻译、新零售、语音识别	成熟的最终解决方案
		训练数据集	数据产品交易	数据产品	图像数据、语音数据、文本数据	\	活体检测数据、德语手机采集语音数据、中文新闻语料	已标注的可用于机器学习的数据
		数据定制服务	提供服务	\	\	\	\	定制化数据采集和标注服务
		数据标注平台	提供技术服务	\	\	\	某大型电信运营商 9000 小时语音标注服务、某大型外卖平台数据标注服务	为企业对数据进行标注提供技术

数据交易存在以下几种业务形式：

1. 一般意义上的服务交易

例如东湖大数据提供的数据定制服务、数据堂提供的定制数据集和标记服务，实际上是普通的服务。又如数据汇总提供的数据增值技术服务、数据堂提供的数据处理技术支持服务，实质上就是技术服务。天元数据提供的介绍数据供求关系的服务就是中介服务。

2. 数据交易辅助服务

例如上海数据交易中心提供的数据流通安全守法产品就是保障数据流通安全和守法的服务。这类服务通常也包括在服务交易中，但由于支持数据交易行为或其过程的安全性和便利性，因此需要单独列出以进行分析。

3. 以数据为基础的服务或数据产品服务

各大数据交易平台都有数据查询验证服务和数据应用产品。搜索验证服务必须基于现有的数据库，因此被称为基于数据的服务。数据应用产品在某些情况下可能与基于数据的服务有所不同，也可能有实质性的不同。例如，京东万象提供的积分舆论系统、新浪微热点服务就是典型的数据应用产品。天元数据和京东万象以数据为基础的成果报告，就是从数据中分析提取的。由于这已经不是原始数据，平台将其分类为数据应用产品。但是，数据应用产品如认证宝等，可以是在原始数据中进行处理分析而成的数据应用，也可以是一种本质上基于数据库的查询验证服务。因此把下列二者归纳为同一类型。

（1）以数据为商品的交易。如东湖大数据中的数据集或数据包交易、天元数据中的数据集交易、数据堂的训练数据集交易、京东万象的数据块交易等，这些形态中的数据是经过整理、分类形成的，数据纳入商品交易的原因在于，使用的数据是在服务过程或在结果报告分析后提炼的，是用于交易的标的物。

（2）以数据为载体的其他商品。例如京东万象展示的中国水系流域区划图，实际上可以视为著作权的客体，如出版物。在此指出，之前提到的各种事业形态之间的区分可能并不明确。例如在某种程度上，成果报告本身如果抛开与原数据的关系，单独来看可以是以数据为载体的具有著作权属性的对象，也可以是以数据为载体的其他商品交易的对象。从表 7－1 可以看出，实践中交易的数据种类很多。从性质上看，有图像数据、语音数据、文本数据。从行业来看，有金融、保险、物流、新零售、互联网等各行业的数据。从领域来看，有公安大数据、运营商数据、交通大数据、车辆大数据、高速大数据、企业大数据、气象大数据和政务大数据等。数据的形态多种多样。尽管如此，表格中的数据仍多以 API 调用的方式传递。

数据形态区分模糊也容易造成法律属性模糊。法律属性模糊和监管空白导致许多企业对大数据交易持观望态度，严重阻碍大数据交易市场的发展。在法律层面上，急需明确规定数据流通和交易的范围、交易的数据所有权确认问题。产业方面也有必要提供数据来源、数据用途、使用时间、数据形式、数据交易方式等的所有权确认指南。

（二）数据交易模式规则缺失

由于数据产权归属没有明确规定，在实际交易中，各大交易所都颁布了自己的交易规则和规范，对交易对象进行严格的规定，避免了知识产权的风险。除了政府支持建立的大数据交易平台，2011 年建立的中国第一个大数据交易共享平台——数据堂，接受用户自主上传和交易数据。交易前还按照法律规定对用户的可识别信息进行了认证。但其交易数据还包括用户发布的纯文字内容，涉及知识产权，其交易和使用存在侵权危险。原因如下：

1. 缺乏实践积累

我国的大数据交易实践时间不长，交易次数也比较少，许多产权问题在实践中还没有暴露出来。但是，目前我国的行业标准和法规细节不足，在产权纠纷发生的实际情况下未能有效解决问题。

2. 相关法律法规存在空缺

“北京法宝”法律数据库以“数据交易”为关键词全文搜索结果显示，法律文件 3 个，行政法规 7 部，司法解释 2 部，部门规章 24 部，地方性法规 9 部，地方政府规章 6 部。除了数据交易的议案或人大代表提出的制定数据交易相关法律的议案（第 296 号）外，这 3 个法律文件对数据交易没有进一步规定。7 部行政法规中有关数据交易的内容都是为探索数据交易市场的培育和发展而采取的，或者提出制定相应的机制和制度。24 部部门规则中有关数据交易内容的条文与行政法规中的内容大同小异。9 部地方性法规和 6 部地方政府规章中有关数据交易的内容也大都提出探索、培育和发展数据交易市场，研究制定相关制度和机制，规范数据交易行为。山西省和海南省出台的相关条例规定了数据交易应遵循的原则。贵州和海南省条例的数据交易要求应当依法订立合同，并应当被包括在数据交易合同规定的内容里，并且对数据交易平台应当制定和完善相关的规章制度。但现实是，数据交易中心和数据交易平台并没有制定相应的交易规则。此外，《数据安全法（草案）》和《深圳经济特区数据条例（征求意见稿）》等最近的立法也不包括有关数据交易的规定。不仅没有数据交易规则的法律规定，学界对数据权限赋予问题的研究也极少。这是因为数据权限的交付问题更具基础性和专制性。例如，在数据的所有权问题上，如果一事物不能归属于现有的法律体系或确立其法律地位，就不能进行后续交易。

六、健全数据要素市场化制度

2022 年 12 月“数据二十条”的发布，为健全数据要素市场化发展指明了方向。在数据要素市场化中，作为其中重要组成部分的公共数据的开放至关重要。目前来看，公共数据存在开放数据可用性低、开放利用效果不佳、数据安全风险高等问题，限制了数据要素的流通和价值实现。应在界定公共数据范畴的基础上，以法治方式推进公共数据开放共享。探索建立数据产权制度，推动数据产权结构性分置和有序流通，结合数据要素特性强化高质量数据要素供给；在国家数据分类分级保护制度下，推进数据分类分级确权授权使用和市场化流通交易，健全数据要素权益保护制度，逐步形成具有中国特色的数据产权制度体系。

“数据二十条”确立了公共数据开放利用的基本框架，根据数据内容和用途的不同，设置不同的开放模式和运营标准，明确围绕数据分类开放与授权运营构建公共数据开放制度体系。构建统一的标准体系。为更好推进公共数据开放利用和有效治理，在公共数据采集和存储标准设定、开放共享平台建设、市场化配置管理、数据授权路径等方面，应分别构建统一的标准体系。如四川省健全公共数据管理体系，对公共数据资源进行“一本账”管理；浙江省推出一体化智能化公共数据平台，是数字化改革的创举。高质量推进市场化授权运营。可通过市场化方式选拔合适的运营机构来管理运营公共数据开发应用平台，通过统一数据授权路径、建立数据的回传机制等提高数据开放平台的服务能力。建议开拓多元化的数据中介模式，健全数据定价议价机制，探索安全合规的数据交割模式，使数据供需有效对接。例如，湖南省娄底市授权搭建的住建行业减负平台，通过对公共资源交易数据和住建“四库一平台”数据的融合应用，为企业减负增效。

“数据二十条”确立了公共数据、企业数据、个人数据的分类分级确权授权制度。根据数据来源和数据生成特征，分别界定数据生产、流通、使用过程中各参与方享有的合法权利，建立数据资源持有权、数据加工使用权、数据产品经营权等分置的产权运行机制，推进非公共数据按市场化方式“共同使用、共享收益”的新模式，为激活数据要素价值创造和价值实现提供基础性制度保障。研究数据产权登记新方式。在保障安全前提下，推动数据处理者依法依规对原始数据进行开发利用，支持数据处理者依法依规行使数据应用相关权利，促进数据使用价值复用与充分利用，促进数据使用权交换和市场化流通，审慎对待原始数据的流转交易行为。

对各级党政机关、企事业单位依法履职或提供公共服务过程中产生的公共数据，加强汇聚共享和开放开发，强化统筹授权使用和管理，推进互联互通，打破“数据孤岛”。鼓励公共数据在保护个人隐私和确保公共安全的前提下，按照“原始数据不出域、数据可用不可见”的要求，以模型、核验等产品和服务等形式向社会提供，对不承载个人信息和不影响公共安全的公共数据，推动按用途加大供给使用范围。推动用于公共治理、公益事业的公共数据有条件无偿使用，探索用于产业发展、行业发展的公共数据有条件有偿使用。依法依规予以保密的公共数据不予开放，严格管控未依法依规公开的原始公共数据直接进入市场，保障公共数据供给使用的公共利益。

对各类市场主体在生产经营活动中采集加工的不涉及个人信息和公共利益的数据，市场主体享有依法依规持有、使用、获取收益的权益，保障其投入的劳动和其他要素贡献获得合理回报，加强数据要素供给激励。鼓励探索企业数据授权使用新模式，发挥国有企业带头作用，引导行业龙头企业、互联网平台企业发挥带动作用，促进与中小微企业双向公平授权，共同合理使用数据，赋能中小微企业数字化转型。支持第三方机构、中介服务组织加强数据采集和质量评估标准制定，推动数据产品标准化，发展数据分析、数据服务等产业。政府部门履职可依法依规获取相关企业和机构数据，但须约定并严格遵守使用限制要求。

对承载个人信息的数据，推动数据处理者按照个人授权范围依法依规采集、持有、托管和使用数据，规范对个人信息的处理活动，不得采取一揽子授权、强制同意等方式过度收集个人信息，促进个人信息合理利用。探索由受托者代表个人利益，监督市场主体对个人信息数据进行采集、加工、使用的机制。对涉及国家安全的特殊个人信息数据，可依法依规授权有关单位使用。加大个人信息保护力度，推动重点行业建立完善长效保护机制，强化企业主体责任，规范企业采集使用个人信息行为。创新技术手段，推动个人信息匿名化处理，保障使用个人信息数据时的信息安全和个人隐私。

健全数据开放和交易制度不仅能够促进数据资源的有效利用，激发数据要素的潜在价值，还能增强数据驱动的创新能力，从而为各行各业提供新的发展动能和增长点。此外，通过建立规范的数据市场，能够吸引更多投资，培育新型数字经济企业，促进经济结构优化升级。同时，加强数据开放和流通的法律框架和监管机制，有助于保护个人隐私和数据安全，确保数据在合法、合规的前提下开放和交易，为数字化社会的健康发展提供坚实基础。

第三节　数据跨境流动与案例

党的十九届五中全会提出要建立数据资源产权、交易流通、跨境传输和安全保护等基础制度和标准规范，推动数据资源开发利用。开发利用数据资源、发挥数据资源潜在价值、提升事务处理效率、赋能产业发展，数据流动是前提。后疫情时代，全球经济增长比任何时候都更加依赖数据跨境流动。当前数据跨境流动的国际规则和标准的话语权主要掌握在欧盟和美国手中。中国要增强数据这种新生产要素的全球竞争力，需要探索在数据安全的前提下，促进数据跨境要素充分流动的路径，以获取全球数据资源。在探索中，中国可以学习并借鉴欧盟、美国的治理体系，在部分区域先行先试、逐步推广。

一、数据跨境流动

近年来，数据作为战略资源的地位日益凸显，但其自由流动受到个人隐私保护、国家数据安全以及主权安全等多方面因素的影响，风险显著增加。为此，各国纷纷出台政策和法规，旨在平衡数据自由流动与保护之间的关系。例如，欧盟实施了严格的数据保护法规，如《通用数据保护条例》，以确保个人数据的安全和隐私权。美国则侧重于通过行业自律和市场机制来实现数据的保护和合理利用。中国在推动数据跨境流动的同时，也在加强数据安全的立法工作，如《网络安全法》和《个人信息保护法》等，以确保数据流动的合法性和安全性。这些措施在保障数据自由流动的同时，也对数据的跨境传输提出了更高的要求和标准。

二、数据跨境流动的法律保障——欧盟、美国、中国

（一）欧盟

在数字经济日益发展的背景下，数据跨境流动成为全球经济发展的重要驱动力。为了在保护个人隐私、维护国家安全和促进数字经济之间实现平衡，欧盟设立了一系列法律来保障跨境数据的流动。

（1）设立充分保护原则。欧盟在《通用数据保护条例》中规定，个人数据的跨境传输必须遵循充分保护原则，即数据接收国或地区的数据保护水平应与欧盟相当。这一原则要求数据传输双方确保数据主体的权益得到充分保障。

（2）制定充分性认定机制。欧盟通过充分性认定机制评估非欧盟国家或地区的数据保护水平。一旦某国家或地区获得充分性认定，个人数据可以在欧盟与该国或地区之间自由流通，无需额外授权。这为数据跨境流动提供了便利条件。

（3）设立标准合同条款和约束性公司规则。欧盟制定了标准合同条款（SCCS）和约束性公司规则（BCRs），为企业提供了合规的数据跨境传输途径。这些条款和规则明确了数据传输双方的权利和义务，确保数据跨境流通中的个人数据得到充分保护。

（4）加强监管与合作。欧盟设立了欧洲数据保护监管官，负责监督各成员国的数据保护工作。此外，欧盟还与其他国家和国际组织建立了合作关系，共同应对数据跨境流通中的挑战。通过这些合作机制，欧盟推动全球数据保护水平的提高。

（5）完善法律体系。欧盟的数据保护法律体系以《通用数据保护条例》为核心，对个人数据处理设定了严格的规定。为了促进非个人数据在欧盟内部的自由流动，欧盟颁布了《非个人数据自由流动条例》，消除数据传输的障碍。同时，《电子隐私指令》关注电子通信领域的隐私保护，规定了跨境传输电子通信数据时的保护要求。

（二）美国

美国在数据跨境流动方面的法律保障呈现出强调数据自由流动、保障个人信息保护和维护国家安全的特点。美国一直在国际经贸协定中推动数据跨境自由流动的规则，并在联邦和州层面通过立法保护个人信息。与此

同时，美国的外国投资审查和出口管制法规也对涉及国家安全的数据流动施加限制，以维护国家安全利益。在法律执行上，美国主要依靠行业自律和联邦贸易委员会的执法行动实现数据隐私保护。

联邦法律层面，美国有《外国情报监视法》（FISA），该法案授权美国情报机构在获得授权的情况下，可以收集包含外国民众个人数据在内的信息。此外，还有《出口管理条例》（EAR）和《国际武器贸易条例》（ITAR）等法规，这些法规都包含了对数据跨境流通的规定。

行业法规层面，美国各行业也制定了相应的法规来保障数据跨境流通。例如金融行业的《金融服务现代化法案》和医疗行业的《健康保险可移植性和责任法案》都对数据跨境流通提出了要求。美国还与其他国家签订了双边协议，以保障数据跨境流通。例如美国与欧盟签订的《美欧隐私盾协议》，该协议规定了美国公司在将欧盟公民的个人数据传输到美国时需要遵守的规则。美国政府还通过制定行政命令来保障数据跨境流通。例如，美国总统特朗普于2018年签署了“云法案”，该法案允许美国执法机构在特定情况下访问存储在境外的数据。

这些法律、法规和协议共同构成了美国保障数据跨境流通的法律框架，为数据的自由流动提供了法律保障，同时也对数据隐私权和国家安全等问题提出了挑战。

（三）中国

中国在数据跨境流动的法律保障上经历了一个逐步完善的过程。2017年，《网络安全法》正式生效，首次提出了关键信息基础设施运营者在境内收集的个人信息和重要数据应在境内存储，如需跨境提供，需进行安全评估。2021年，《数据安全法》和《个人信息保护法》相继生效，进一步加强了对数据安全和个人信息保护的要求，明确了数据处理者在数据跨境流动中的安全评估和保护责任。同时，中国还发布了一系列的行政法规和国家标准，如《个人信息和重要数据出境安全评估办法（征求意见稿）》和《信息安全技术 数据出境安全评估指南（征求意见稿）》，为数据跨境流动提供了具体的操作指南。这些法律法规的出台，标志着中国在数据跨境流动管理上的法律框架日益成熟，旨在确保数据流动的安全性和合规性，同时促进数据的合理利用和国际合作。

这些法律法规构成了中国在数据跨境流动方面的法律框架，旨在保护个人信息和重要数据的安全，同时促进数据的合理流动。企业在处理数据跨境流动时，必须严格遵守这些法律法规，确保合规性。

中国数据跨境流动的法律特点以国家安全和数据主权为核心，强调个人信息保护和数据安全评估，同时在国际合作框架内寻求平衡，以促进数据的合理流动，具体来说有以下特点。

（1）数据主权与安全：中国的法律强调数据主权和国家安全，认为数据是国家的重要资源，应当在国家法律框架内进行管理和流动。《数据安全法》和《个人信息保护法》等法律明确规定了数据出境的安全评估要求，以确保数据流动不会损害国家安全和社会公共利益。

（2）数据出境安全评估：《数据出境安全评估办法》要求对涉及重要数据和个人信息的数据出境进行安全评估。这种评估旨在确保数据出境不会对国家安全、公共利益、个人或组织合法权益造成威胁。

（3）个人信息保护：中国的法律对个人信息的收集、处理、存储和传输有严格的规定。《个人信息保护法》要求个人信息处理者在处理个人信息时必须遵循合法、正当、必要的原则，并采取适当的安全措施保护个人信息。

（4）重要数据与关键信息基础设施：中国法律特别关注重要数据和关键信息基础设施的保护。这些数据和设施的跨境流动受到更严格的监管，以防止潜在的安全风险。

（5）数据本地化要求：在某些情况下，中国法律要求数据在境内存储，以便于监管和保护。这反映了中国对数据流动的控制力度，以及对数据安全和主权的重视。

三、数字主权与数字知识产权

数据主权和安全问题是制定跨境数据流规则的重要议题。区域协议中计算设施的位置，即数据区域化条款，反映了对数据流的有限态度和国家保护数据主权的必要性。在计算架构的位置条款中，《区域全面经济伙伴关系协定》《全面与进步跨太平洋伙伴关系协定》和《数字经济伙伴关系协定》都没有强制数据区域化。不同之处是，《区域全面经济伙伴关系协定》将成员国的基本安全利益排除在外，而《全面与进步跨太平洋伙伴关系协定》和《数字经济伙伴关系协定》均排除了安全例外原则。也就是说，在这种情况下，两个成员的数据管辖权可能会相对减弱[①]。这反映了《全面与进步跨太平洋伙伴关系协定》和《数字经济伙伴关系协定》更加强调数据流动的自由。

在数字知识产权保护规则方面，《全面与进步跨太平洋伙伴关系协定》是三者中最突出的，它对数据跨境流动引起的数字知识产权保护问题进行了明确说明，并在源代码规则的制定中也有具体体现。《全面与进步跨太平洋伙伴关系协定》禁止缔约方以转移或获取软件源代码为条件来要求软件或包含软件的产品进行进口、分配、销售或使用。这一规定不仅强调了会员国对源代码知识产权保护所承担的义务，也表明《全面与进步跨太平洋伙伴关系协定》对数据所有权高度重视。与此相反，在《数字经济伙伴关系协定》和《区域全面经济伙伴关系协定》中只有电子商务对话条款中出现了源代码一词，而且没有源代码规则，数字知识产权保护被削弱[②]。

四、数据跨境流动完善机制建议

为了更好地将发展和安全相结合，更好地为数字经济和数字贸易提供支持，积极与《美墨加三国协议》《全面与进步跨太平洋伙伴关系协定》等地区贸易协议中的高标准数据跨境流动进行对接[③]，现提出以下建议来完善我国数据跨境流动治理体系建设。

1. 建立数据局（境）外流动监督管理机构，完善数据局（境）外流动立法。参照欧盟设置欧洲数据保护委员会的做法，统一数据安全事项。建立符合我国国情的数据国际流动的监管职能框架，境外的资料或数据规范的具体监督，由独立行政机关负责落实数据安全风险评估和数据的国际流动性治理等活动。

2. 积极推行高标准数字经贸规则，打破数据国际流动的制度性障碍。在数据跨境流动的规则和政策、数字平台监管等方面先行试点，积极开展

① 周念利、于美月：《中国应如何对接 DEPA——基于 DEPA 与 RCEP 对比的视角》，《理论学刊》2022 年第 2 期，第 59—60 页。

② 吴希贤：《亚太区域数字贸易规则的最新进展与发展趋向》，《国际商务研究》2022 年第 4 期，第 91 页。

③ 李俊、赵若锦、范羽晴：《我国数据跨境流动治理成效、问题与完善建议》，《国际商务研究》2023 年第 6 期，第 84—95 页。

国际数字贸易规则和制度的衔接。以新加坡等国在《数字经济伙伴关系协定》框架内实施的数据间流动安全、可靠、可控制的认证制度为参考，积极运用多边、区域、双边渠道，推动履行中国倡议的《全球数据安全倡议》，深入参与国际数据管理和国际监管建设，不断扩大数字贸易“朋友圈”。

3. 探索建立数据局（境）间数据流动“白名单”机制，建立有针对性的各国数据局（境）间流动制度布局。“白名单”机制是使数据的多国流动通道畅通的一种重要手段。我国建立的“白名单”机制也要做好评估工作，保证数据自由流入国家，充分保护数据安全。

4. 围绕数字贸易企业在发展过程中存在的突出问题，不断优化数字化营商环境。以企业与行业合作为导向，针对跨国贸易与投资过程中的数据跨境流动进行研究，以解决数字企业所面临的共性问题为切入点，促进数字营商环境的优化。研究建立数据跨境流动的肯定清单、绿色通道等措施，持续优化数字贸易企业的营商环境。

5. 在特定区域内进行数据流动的监管，并研究制定相应的法律法规。在跨境贸易、电子商务、金融、医药研发等方面，设立一个与境内外相似的境外数据中心，使之能够在境外自由、方便地流通，并在特定地区设立对离岸数据进行特殊监管的机构，为跨境经济合作提供更好的服务。

五、数据跨境流动案例

数据跨境流动中，粤港澳大湾区是一个良好的例子。粤港澳大湾区涉及一个国家、两种制度、三个关税区、三种货币，是中国开放度最高的区域之一，这种制度特殊性赋予其进行数据跨境流动压力测试和规则探索的使命担当，能够为我国提供一个难得的数据跨境流动测试平台，以率先探索制定数据跨境流动规则。大湾区、广东省、港澳层面均对数据跨境流动作了不少先行探索，并以政策文件的形式予以规范和落实，积累了不少数据跨境流动经验。

一是大湾区层面。《粤港澳大湾区发展规划纲要》首次提出了智慧城市群的建设要求，并对数据的跨境管理提出了一系列安排和要求。如共同开发大湾区数据中心，加强医疗数据和生物样本跨境使用的管理以及探索建立通用标准，促进人员、货物、资本和信息的跨境和区域流动，开发数据端口，开发互联的公共应用平台等。国家发展和改革委员会、广东省人民政府、香港特别行政区政府、澳门特别行政区政府联合发布的《深化粤港澳合作 推进大湾区建设框架协议》和内地与香港签订的《内地与香港关于建立更紧密经贸关系的安排》(CEPA)及其系列协议，也针对促进数字贸易协同作出了一系列合作安排。

二是广东省层面。2021 年 7 月，广东省人民政府印发《广东省数据要素市场化配置改革行动方案》，明确提出“支持广州南沙（粤港澳）数据要素合作试验区、珠海横琴粤澳深度合作区建设，探索建立‘数据海关’，开展跨境数据流通的审查、评估、监管等工作”。《广州市建设国家数字经济创新发展试验区实施方案》提出，广州率先探索数字经济创新发展，将广州打造成为粤港澳数字要素流通试验田。《关于深圳建设中国特色社会主义先行示范区放宽市场准入若干特别措施的意见》也明确赋予深圳市开展数据跨境传输（出境）安全管理试点的任务。与此同时，深圳数据交易所于 2022 年 11 月成立，并于 2023 年 3 月出台《深圳市数据交易管理暂行办法》，为大湾区探索数据跨境流通交易迈出了坚实的一步。

三是港澳层面。港澳地区与国际间联系紧密，已出台相关的数据安全法律政策。香港特别行政区政府早在 1995 年便制定了《个人资料（私隐）条例》，并于 1996 年 12 月正式生效，这是亚洲最早订立的单一的完整的个人信息保障法律，涵盖个人信息由产生到销毁的整个生命周期，保障信息数据的自由流动，具备较完整的法治体系和数据流通保障体系。澳门特别行政区政府颁布《澳门网络安全法》(MCSL)，以规范澳门特别行政区内的网络安全系统，旨在保护关键基础设施营运者的信息网络安全、计算机系统安全以及数据安全，澳门《个人资料保护法》中也针对个人信息跨境转移的一般原则和例外情况分别作出规定。港澳完备的立法体系及二者在大湾区中的重要角色，均有利于助推粤港澳大湾区率先探索数据跨境流动规则。

(一) 粤港澳大湾区基础设施

大湾区地区有两大优势，一是数据跨境流动的应用场景丰富，二是保障数据跨境流动的基础设施建设成效显著。广州、深圳是国内重要的数字经济要地。珠海、佛山、东莞、中山、江门、肇庆等湾区城市复合场景丰富，市场层次多样。香港作为亚太地区的金融、国际贸易及物流枢纽，带来庞大的国际数据流。澳门公共服务数字化快速发展。大湾区内的华为、腾讯、比亚迪、大疆等众多国际数字经济知名企业对数据流通规则和标准具有国际发言权，也具有巨大的数据国际需求。广东、香港、澳门地区的5G基站数、专利数、国家级工业互联网多行业平台数等均居全国首位，大湾区在5G、人工智能等领域具有领先优势。广东、香港、澳门加快跨境通信物理频道建设，三大电信运营商国际网络数据专用频道建设已经完成，珠海、香港、澳门网络连接和通信服务水平不断提高。同时，在《内地与香港关于建立更紧密经贸关系的安排》框架下，广东—香港—澳门通信企业的门槛持续降低，成熟的基础设施建设，坚实保障大湾区地区数据的国际流动。

（二）粤港澳大湾区的数据跨境流动的政策现状

2023年9月28日，中国人民银行、国家金融监督管理总局等七部委决定进一步优化粤港澳大湾区“跨境理财通”业务试点，提出优化投资者准入条件、扩大投资产品范围，提高个人投资额度、提出宣传销售等方向目标。同日，国家互联网信息办公室在官网发布《规范和促进数据跨境流动规定（征求意见稿）》，内容包括建立数据跨境安全评估豁免机制、提高数据海外安全评估问题、设立自由贸易区负面清单等。

近年来，在粤港澳大湾区建设、数字经济、双循环新发展格局等背景下，“跨境理财通”业务试点和跨境数据流等问题受到广泛关注。但数据多边活动也可能影响个人信息权益，涉及国家安全和社会公共利益，而且涉及不同国家和地区的法律制度；保护水平的差异也相应凸显了数据的国际流动安全风险，各国和地区相继建立了数据多边安全管理制度，我国也颁布实施了《个人信息保护法》《数据出境安全评估办法》等法规规定。金融数据密集且较为敏感，尤其是在粤港澳大湾区等战略区域的跨境流动需求十分迫切，考虑到这个因素，深圳市人大常委会副秘书长何杰在经过大量调研后提交了《关于在粤港澳大湾区先行先试，优化金融数据跨境合规体系的建议》提案，希望多方面将现有的安全性评价审查机制以优化遵守安全为前提，尽可能满足行业的要求①。

（三）粤港澳大湾区数据跨境流动的特点

粤港澳数据跨境流动案例展现了在“一国两制”框架下，如何通过技术手段和制度创新来解决法律、税收和监管差异带来的挑战，强调了数据

---

① 吴姝静、郭允臻：《让粤港澳大湾区融合发展更进一步》，《团结报》2023年10月24日。

安全和隐私保护的重要性，通过采用先进的技术如区块链和加密技术，确保数据在跨境传输中的安全性。此外，案例中的数据流动涵盖了多个领域，包括金融、医疗、教育和科研等，反映了不同行业对数据流动的特定需求。案例还体现了风险管理和政策协调的重要性，通过建立统一的数据分类分级标准和数据跨境流动平台，促进了三地政府在数据政策和监管标准上的统一。最后，这些案例旨在通过数据的自由流动，提高生产效率、创新能力和市场竞争力，从而推动区域经济一体化和高质量发展。

在“一国两制”的背景下，粤港澳大湾区数据跨境流动案例展现了独特的挑战与机遇。这一区域包含内地的珠三角地区和香港、澳门两个特别行政区，各自拥有不同的法律体系、税收政策和数据保护法规。数据流跨境动案例必须在遵守各自法律框架的同时，寻求统一的监管标准和流程，以确保数据的安全、隐私和合规性。这些案例不仅体现了技术在克服数据跨境流动障碍中的关键作用，如区块链和加密技术的应用，还反映了三地政府在政策协调、监管合作和法律框架对接方面的努力。通过这些案例，粤港澳大湾区正在探索如何在尊重各自制度差异的同时，实现数据资源的高效流通和区域经济的一体化发展。

粤港澳大湾区数据跨境流动案例中，数据安全与隐私保护是核心关注点。在“一国两制”的框架下，三地在数据保护法规和隐私政策上存在差异，这要求跨境数据流动必须在遵守各自法律的同时，确保数据的安全和个人隐私不被侵犯。案例中通常采用先进的加密技术、数据脱敏处理以及严格的访问控制措施，以保护数据在跨境传输过程中不被未授权访问或泄露。此外，案例还强调了建立透明和可追溯的数据流动机制，通过技术手段如区块链来记录数据的传输和处理过程，确保数据流动的合规性和可审计性。这些措施旨在构建一个既符合法律要求又能保障数据主体权益的数据跨境流动环境。

粤港澳大湾区数据跨境流动案例在场景应用上展现了多样性，涵盖了从金融、医疗、教育到科研等多个领域。例如，在金融领域，数据跨境流动有助于提高金融服务的效率和透明度，支持跨境支付和结算；在医疗领域，数据流动可以促进医疗服务的跨境协作，如远程诊断和医疗记录的共享；在教育领域，数据流动可以支持跨境教育合作，如在线课程和学历认证；在科研领域，数据共享可以加速科研进程，促进创新和知识传播。这些案例不仅反映了大湾区内不同行业对数据流动的迫切需求，也体现了通过技术手段和政策协调，实现数据安全、合规跨境流动的显著成效。

粤港澳大湾区数据跨境流动案例在设计和实施过程中，积极借鉴了国际上的先进经验和做法。例如，参考欧盟的《通用数据保护条例》和美国的《加州消费者隐私法》等数据保护法规，以确保数据跨境流动的合规性。同时，案例中也考虑了国际数据治理的最佳实践，如数据分类分级、数据安全评估和数据跨境流动的监管框架。此外，案例还关注了国际合作在数据流动中的作用，如通过建立数据流动“白名单”机制和信任体系，以及参与国际数据治理规则的制定，以促进数据的国际流通。这些国际经验的借鉴，不仅有助于提升大湾区数据跨境流动的安全性和效率，也为全球数据治理提供了中国视角和中国方案。

思考题

1. 阐述数据产权的概念。
2. 阐述数据确权的难点。
3. 阐述数据跨境流动的主要问题。

第八章 个人数据安全和隐私保护

第一节 个人数据的概念

第二次世界大战后，现代科学技术迅速发展，大多数西方国家为了更好地管理公民个人数据，纷纷建立有关公民个人数据的巨型信息库。面对政府借助科技手段扩张自身权力的举措，西方社会出现了种种担忧。例如，谁能看到这些信息，这些信息将被用于何种目的，信息被转化为数据后进行储存本身是否安全，等等。诸如“棱镜门”网络数据监听事件、滴滴出行违法违规收集使用个人信息事件等的曝光，更是引起了恐慌。正是在这样的担忧下，人们开始逐渐重视个人数据保护，而瑞典、德国、法国等国家也从20世纪70年代开始纷纷制定个人信息保护法，并最终形成了全球性个人信息保护立法浪潮。1968年联合国国际人权会议提出个人信息的概念。德国黑森州在1970年颁布了全球第一部个人数据保护法。1973年，瑞典议会通过了世界上第一部国家级个人信息保护法。国家立法的出现，使得个人信息开始受到了法学界的广泛关注。

2018年，欧盟出台《通用数据保护条例》，将个人数据定义为与一个已识别或者可识别的自然人相关联的任何信息。可识别的自然人指借助标识符，例如姓名、识别号码、位置数据、网上标识符，或借助其生理、心理、基因、精神、经济、文化或社会特征相关的一个或多个因素，可直接或间接识别出的自然人。其范围包括：（1）姓名；（2）家庭地址；（3）电子邮件地址；（4）各种身份识别号码；（5）位置信息；（6）IP地址；（7）Cookie ID；（8）移动电话的广告应用标识符；（9）特定场景下可以识别个人的识别符等。

2020 年，《中华人民共和国民法典》[1] 第一千零三十四条规定：“个人信息是以电子或者其他方式记录的能够单独或者与其他信息结合识别特定自然人的各种信息。这些信息包括但不限于自然人的姓名、出生日期、身份证件号码、生物识别信息、住址、电话号码、电子邮箱、健康信息、行踪信息等。”就法律概念使用的名称而言，当前世界各国和地区对个人数据的称谓主要有个人数据、个人资料、个人信息和个人隐私四种。根据各个国家和地区历史习惯的不同，在实际应用中对相关用语的选择也各有不同。一般而言，个人数据和个人资料的概念均翻译为“Personal Data”，欧盟成员国均使用个人数据，而中国习惯于使用个人资料。美国、加拿大和澳大利亚等国家认为个人信息属于大隐私的范畴，其相应的立法称为“信息隐私法”，故使用个人隐私的概念。日本、韩国、俄罗斯等国则主要使用个人信息的说法，其翻译自“Personal Information”。

尽管从情报学角度上，数据是通过观察测量直接获取到的原始记录，但信息需要对数据进行处理、加工或总结，才能成为相互关联的数据。现阶段，我国从法律上定义的个人数据概念，如表 8 - 1 所示，所表达的内容与欧盟《通用数据保护条例》中规定的个人数据是一致的，且我国现有法律条款中均使用个人数据的概念，而较少使用个人信息的说法。但学术研究中，也有部分学者认为两者概念并不能等同。

在对个人数据与个人信息两个概念的分析中，余筱兰认为个人数据更严谨地符合了翻译语义，但其内涵与个人信息并无实质区分，其区别在应用场景中。在强调人格利益保护的场景中用个人数据更准确，例如姓名、身高、住所等；在强调财产利益保护的场景中用个人信息更准确，例如对个人数据的抓取，用于匿名化清晰，进而用于大数据分析，大数据交易。但周斯佳、刘练军等从个体对其隐私权力范畴的角度出发，认为个人信息、个人数据与个人资料这三个概念具有不同的内涵与外延，并不能互相替代[2]。“个人信息”是一种知识，而个人数据则是一种载体。个人信息的权利话语主要有个人信息的自主决定权和控制权，以及个人信息的知情权、查阅复制权、更正补充权、删除权、要求解释说明权等。而个人数据

---

① 余筱兰等：《论法学上的个人信息与个人数据》，《上海法学研究》集刊 2021 年第 5 期。

② 刘练军：《个人信息与个人数据辨析》，《求索》2022 年第 5 期，第 151—159 页。

的权利话语主要包括访问权、更正权、擦除权（被遗忘权）、限制处理权、数据携带权等①。随着数字经济时代的到来，万物皆可被数据化。对于当代中国来说，可以对个人数据赋予一个时代新定义：个人数据是个人所有可数据化信息的总称。

表8-1　我国现有法律法规中对个人信息的定义

年份	法律法规	内容
2017	《网络安全法》第七十六条	个人信息，是指以电子或者其他方式记录的能够单独或者与其他信息结合识别自然人个人身份的各种信息，包括但不限于自然人的姓名、出生日期、身份证件号码、个人生物识别信息、住址、电话号码等
2017	《最高人民法院、最高人民检察院关于办理侵犯公民个人信息刑事案件适用法律若干问题的解释》第一条	公民个人信息，是指以电子或者其他方式记录的能够单独或者与其他信息结合识别特定自然人身份或者反映特定自然人活动情况的各种信息，包括姓名、身份证件号码、通信通讯联系方式、住址、账号密码、财产状况、行踪轨迹等
2020	《信息安全技术—个人信息安全规范》（GB/T35273-2020）	个人信息，是以电子或者其他方式记录的能够单独或者与其他信息结合识别特定自然人身份或者反映特定自然人活动情况的各种信息。包括姓名、出生日期、身份证件号码、个人生物识别信息、住址、通信通讯联系方式、通信记录和内容、账号密码、财产信息、征信信息、行踪轨迹、住宿信息、健康生理信息、交易信息等。个人信息控制者通过个人信息或其他信息加工处理后形成的信息，例如，用户画像或特征标签，如果能够单独或者与其他信息结合识别特定自然人身份或者反映特定自然人活动情况的，属于个人信息。判定某项信息是否属于个人信息，应考虑以下两条路径：一是识别，即从信息到个人，由信息本身的特殊性识别出特定自然人，个人信息应有助于识别出特定个人。二是关联，即从个人到信息，如已知特定自然人，由该特定自然人在其活动中产生的信息（如个人位置信息、个人通话记录、个人浏览记录等）即为个人信息。符合上述两种情形之一的信息，均应判定为个人信息

① 周斯佳：《个人数据权与个人信息权关系的厘清》，《华东政法大学学报》2020年第2期，第88—97页。

续表

年份	法律法规	内容
2020	《中华人民共和国民法典》第一千零三十四条	个人信息，是以电子或者其他方式记录的能够单独或者与其他信息结合识别特定自然人的各种信息，包括自然人的姓名、出生日期、身份证件号码、生物识别信息、住址、电话号码、电子邮箱、健康信息、行踪信息等
2021	《个人信息保护法》第四条	个人信息，是以电子或者其他方式记录的与已识别或者可识别的自然人有关的各种信息，不包括匿名化处理后的信息

在2020年的《信息安全技术—个人信息安全规范》中列举了多种属于个人信息的内容，如表8－2所示。

表8－2　个人信息举例

名称	内容
个人基本资料	个人姓名、生日、性别、民族、国籍、家庭关系、住址、个人电话号码、电子邮件地址等
个人身份信息	身份证、军官证、护照、驾驶证、工作证、出入证、社保卡、居住证等
个人生物识别信息	个人基因、指纹、声纹、掌纹、耳廓、虹膜、面部识别特征等
网络身份标识信息	个人信息主体账号、IP地址、个人数字证书等
个人健康生理信息	个人因生病医治等产生的相关记录，如病症、住院志、医嘱单、检验报告、手术及麻醉记录、护理记录、用药记录、药物食物过敏信息、生育信息、以往病史、诊治情况、家族病史、现病史、传染病史等，以及与个人身体健康状况相关的信息，如体重、身高、肺活量等
个人教育工作信息	个人职业、职位、工作单位、学历、学位、教育经历、工作经历、培训记录、成绩单等
个人财产信息	银行账户、鉴别信息（口令）、存款信息（包括资金数量、支付收款记录等）、房产信息、信贷记录、征信信息、交易和消费记录、流水记录等，以及虚拟货币、虚拟交易、游戏类兑换码等虚拟财产信息
个人通信信息	通信记录和内容、短信、彩信、电子邮件，以及描述个人通信的数据（通常称为元数据）等
联系人信息	通讯录、好友列表、群列表、电子邮件地址列表等
个人上网记录	指通过日志储存的个人信息主体操作记录，包括网站浏览记录、软件使用记录、点击记录、收藏列表等

续表

名称	内容
个人常用设备信息	指包括硬件序列号、设备 MAC 地址、软件列表、唯一设备识别码（如 IMEI/AndroidID/IDFA/OpenUDID/GUID/SIM 卡 IMSI 信息等）等在内的描述个人常用设备基本情况的信息
个人位置信息	包括行踪轨迹、精准定位信息、住宿信息、经纬度等
其他信息	婚史、宗教信仰、性取向、未公开的违法犯罪记录等

第二节　个人数据权利内容

一、个人数据权利的性质

（一）个人数据权利的界定

个人数据权利是指个体对涉及其个性特征的数据所享有的权利。个人数据涵盖了在网络环境中用于标识特定主体的信息。在网络世界中，个人数据具备识别个体的功能。个人信息权则是信息主体对其合法获取的个人数据所形成的个人信息所拥有的权利，包括对个人数据信息的拥有、使用、获益和处置权利。值得区分的是信息与数据。在网络环境中，信息是数据所反映的内容，而数据则是信息的表现形式。同样的数据对于不同主体可能具有不同的意义，数据主体关心的是这是否为其个人数据，而信息主体关心的是信息是否具有价值。在网络世界中，个人数据与个人信息之间存在联系，个人信息是信息主体通过合法手段收集并处理数据主体的个人数据而形成的。因此，个人信息权归属于信息主体的财产权，而个人数据权则是数据主体的人格权①。

至于个人数据权利的性质归属，是人格权还是财产权，尚无明确的定论。笔者认为个人数据权应当被视为一种受民事法律调整的人格权。人格权是一种满足个体社会需求的人格利益。而个人数据权利源自数字经济时代数据广泛应用的背景，旨在满足个体对其数据保护的需求。个人数据权的主要功能在于通过与个体相关的信息来识别该个体，并为该个体专属，

---

① 蒋贞：《个人数据权研究》，《河南工程学院学报》（社会科学版）2018 年第 3 期，第 32—35 页。

这与个体的人身权益密切相关，体现了人格利益。随着商品经济和社会科技的发展，“人格权商品化”的趋势也逐渐显现，数据在市场经济中广泛应用，不可避免地具备财产属性。虽然个人数据权具备财产属性，但并不等同于财产权。财产权具备可分割性，可以用货币等衡量，并且可以继承，如房产等；而个人数据权更多地体现为保护个体权益，与人的身份不可分离，无法继承，如个体的血型、心理状态、家庭背景等。个人数据权具备物质财产性，数据本身的价值可以转化为个人数据的所有者或占有者获得的金钱等物质利益；个人数据权具备可转让性，个人数据的所有者或占有者可以在法律范围内将个人数据权转让给他人，以实现充分利用；个人数据权具有排他性，其内容、对象等差异使其在一定程度上成为特定个体享有而非一般人共有的权利，可以排除他人的使用；个人数据权具备救济性，当个体权利受到侵害时，可以根据相关法律规定恢复对个人数据权的支配权，或者要求对因此造成的损失进行赔偿[①][②]。

（二）个人数据的法律属性

在时代的浪潮中，大数据被视为一把双刃剑，明智的应用可带来无法估量的收益，尤其在经济领域；然而，滥用可能危及个人数据安全、公共利益以及国家安全。数字经济时代，侵权者通常拥有强大的技术手段，其带来的潜在破坏不可轻视。因此，应清晰定义数据权利的属性，明确理清个人数据所有权的分配，从而更好地保护个人数据。

1. 数据财产权说

探讨个人数据所有权的分配必然涉及个人数据的法律属性，而这一问题在学术界引发了争议。一派学者主张数据财产权说，例如莱格斯教授认为，数据交易已跻身市场交易的范畴，因此必须确立个人对数据的权利。这种权利不仅是人身权利，还包含附着于人身权利上的财产权。数据财产权说有助于解决由个人数据引发的一系列法律问题，其优点和不足如表 8－3 所示。

---

① 周斯佳：《个人数据权的宪法性分析》，《重庆大学学报》（社会科学版）2021 年第 1 期，第 133—140 页。

② 张文亮：《个人数据保护立法的要义与进路》，《江西社会科学》2018 年第 6 期，第 8 页。

表 8-3　数据财产权说的优点与不足

优点	不足
数据财产权说将个人数据归纳为虚拟物，具有一定的积极方面，看到了个人数据的经济价值，并肯定了数据作为财产权利的客体	数据财产说在强调数据的经济价值时，没有关注数据本身不会单独发生作用或产生价值；而需要与其他信息或技术结合，在大量数据的收集、整合之后，才能充分实现经济价值。虽然数据具有经济价值，也适用《中华人民共和国民法典》中的物权编、侵权责任编，但是在处理个人数据发展所带来的问题上具有一定局限性

数据财产化理论推崇数据具有经济价值，此观点在学术界产生了深远影响，引发了激烈的讨论，并成为主流学说之一。然而，由于其固有的弊端，这一观点也受到不同声音的挑战。曾有学者对于将具有经济价值的数据视为财产的观点提出质疑，因此这一观点后来演化为基于数据财产权的新型财产权概念。

2. 物权说

部分学者提倡产权理论观点，将数据视为物，主张通过物权法有力地保障个人数据。在这一观点内部，关于数据是否具有实体性、物权法是否适用于非实体物产生了争议。作为第五大生产要素，数据与传统交易方式有所不同。因此，一些研究者认为数据交易并不必然导致个体所有权的丧失，数据接收方未必对数据拥有排他性权利。物权说的优点和不足如表 8-4 所示。

表 8-4　物权说的优点与不足

优点	不足
物权说肯定了数据作为民法上的“物”，肯定了数据的价值，运用多元的视角为个人数据保护提供了一定的借鉴意义	第一，物权法的保护对象为动产、不动产这样的有形物。根据物权法定原则，数据作为一种非有体物或者无体物，《中华人民共和国民法典》中的物权编不能保护数据。物权说否定数据作为有体物，但是没有提出支撑物权编可以保护数据的有力证据 第二，数据不具有独占性、排他性的特征

3. 知识产权说

知识产权与个人数据有着密切关联。数据的收集者和保管者在处理和整合个人数据时，需经过一系列步骤，最终形成完整的数据。有学者提出，将经过数字化处理的个人数据纳入知识产权的范畴，以商业秘密、著作权等方式进行创造性保护。然而，在知识产权保护范围内，商业秘密和著作权保护仍存在争议。尽管如此，这一观点仍然是最具影响力的主流之一，其优点和不足如表 8 –5 所示。

表 8 –5　知识产权说的优点与不足

优点	不足
知识产权说将数据纳入知识产权的保护范围，肯定了数据是大量数据的集合，赋予了数据收集者、保存者的专有权。赞成该学说的学者认为经过数字化的个人数据不再具有明显的个人识别性	知识产权保护的对象主要是智力成果，其类型包括发明、专利、商标等。一方面，个人数据经过收集、整合之后，可能不具有显著的独创性，尤其是在其原始状态下；另一方面，知识产权说在实践中面临的一个挑战是权利人申请权利的过程可能较为复杂和耗时，这可能会限制个人数据知识产权的及时确认和保护

4. 人格权说

有些学者提出人格权观点，着重强调精神利益，其中包括个人信息权观点、隐私权观点以及肖像权观点等。其中，个人信息权观点和隐私权观点占主导地位，这主要受到欧美国家的影响。在这些国家，对隐私权的研究已经达到一定的深度，因此许多权利都被纳入了隐私权的范畴。

人格权观点与财产权观点存在显著差异。当人格权遭受侵害时与数据遭受侵害时的救济方式存在明显区别。人格权受损时，主要通过《中华人民共和国民法典》中的侵权责任编来寻求救济。而当数据受到侵害时，主要采用财产方面的手段来寻求补救。人格权说的优缺点如表 8 –6 所示。

表 8 –6　人格权说的优点与不足

优点	不足
人格权说的学者看到了数据的可识别性，把个人数据和主体联系起来，认为个人数据是通过数字化的形式呈现个人信息，与人格权的很多权利都有交叉	第一，只看到了个人数据和人格的片面联系，认为数据与自然人享有的人格权具有相同特征 第二，过于强调人格特征，忽略了数据的财产属性

5. 新兴权利说

我国的《网络安全法》授予公民在其信息被收集时拥有拒绝权，然而正如前文所述，许多个人数据在被收集时，公民并不知情，或是被迫接受收集。因此，尽管《网络安全法》在一定程度上有益于解决问题，但并不能涵盖个人数据引发的全部议题。个人数据的汇聚是大数据分析的先决条件，是大数据交易的重要环节，也是数据交易发展和商业化利用的基础。为实现这一目标，确立个人数据权利变得至关重要。权利的明确界定是解决实践中不同案例下判决不一的问题的重要途径。数据产权的明确界定是推动大数据交易的前提和基础。

应当在平衡数据、数据收集者、数据保管者以及其他利益相关方的复杂利益关系的基础上，建立完善的数据权利体系，而不应仅仅简单的套用某一领域的制度来解决新问题。在数字经济时代，个人数据保护需要确立数据权，这一概念符合时代发展需求，它是一种存在于实际中但尚未法定化的新兴权利。这种新兴权利与全新的权利范式有所不同，它是法律有限制的产物，尚未被法律明确确立。显然，数据权需要在法律范畴内加以调整，但并不等同于法定权利。学界普遍采纳了新型权利说来描述这一现象。

二、个人数据权与其他权利的比较

不同权利之间的界定既有自主性，也有模糊性，有时甚至可以相互转化。个人数据权与信息权、隐私权也不例外。

（一）个人数据与个人信息辨析

个人数据和个人信息之间的关联性涉及学界存在的两种截然相反的观点。一方面，有部分学者认为个人数据和个人信息没有必要进行区分，在表述上可以完全等同使用；另一方面，也有学者持有批判性观点，认为数据强调客观事物，信息则是数据所揭示的个人内容，因此二者不应混为一谈[①]。

就我国法律对个人信息的规定而言，个人信息的定义受到欧盟数据立法的影响，强调将可识别性作为关键要素。然而，我国法律在表述上对个

---

① 申卫星：《数字权利体系再造：迈向隐私、信息与数据的差序格局》，《政法论坛》2022 年第 3 期，第 89 页。

人信息和数据进行了一定的区分。《中华人民共和国民法典》和《个人信息保护法》中强调个人信息是以电子或其他方式记录的能够单独或者与其他信息结合识别特定自然人的各种信息，而《数据安全法》则将数据定义为以电子或其他方式记录的信息。前者强调被识别，后者强调记录。从我国法律规范的角度看，个人数据是承载个人信息的载体，而个人信息则是个人数据的内容。随着法律的不断精进，相信对于个人数据和个人信息的定义将会随着时代的发展与时俱进，变得更加明晰。

从主体和客体两方面，梳理个人数据权与信息权的区别。个人数据权的主体仅限于自然人，而信息权的主体则不仅包括自然人本人，还包括与自然人无关的其他社会主体，如他人、企事业单位、国家、国际组织等。个人数据权与信息权的区别主要在于它们的客体。个人数据权以数据为客体，而信息权则以信息为客体。此外，将个人这一限制用于数据权使得个人数据权的范围相对缩小，这也突显了二者的差异。信息又可称为消息，广义上指有关社会生活的内容，供人传播和了解。数字经济时代，信息数据化完成度越来越高，数据和信息间的界限越来越模糊。在这个时代，信息更易于数据化，可以将可数据化转换的信息称为数据。这揭示了数据、信息、数据权和信息权之间的联系，它们在本质上是相同的，但经过特殊处理后呈现出不同的外在表现形式。

（二）个人数据与隐私辨析

如上所述，个人数据可以被视为个人信息的承载体，因此在实质上，比较个人数据与隐私的关系实际上是在比较个人数据作为承载个人信息的载体与隐私之间的关系。根据《中华人民共和国民法典》的规定，个人信息和隐私既存在区别也存在联系。区别在于，自然人享有对个人隐私的隐私权，这是一种具体的人格权利，而个人信息仅属于一般的人格权益，两者是并列关系。因此，隐私权规则和个人信息保护规则在适用范围和规则属性上都存在不同。但是，二者在保护范围上存在交叉点，即个人信息中的私密信息适用于有关隐私权的规定。

通过调整范围，个人数据权与隐私权在一定程度上具有相似性，如个人银行账户口令。尽管这些口令属于个人数据权的客体，但不应为他人所知，涉及个人隐私问题。然而，个人数据权与隐私权之间也存在一些差异：个人数据不仅包括可公开的信息，还包括不宜公开的信息，而隐私仅包括不宜公开的信息；个人数据具有可交易性，可以进行买卖，而隐私一般不可在市场上进行交易，否则会构成侵权行为；个人数据可以被复制多次并多次使用，而隐私不具备复制性，当隐私被无限制复制使用时，其隐秘性会丧失；数据的所有者和隐私的所有者对其关注程度不同，隐私的关注程度往往更高；个人数据权的范围较隐私权的范围更广泛。这些差异表明，尽管个人数据与隐私之间存在联系，但它们在权利的性质和适用范围上仍有所区别①。

三、个人数据权的构成要素

（一）个人数据权的主体

个人数据的产生源于自然人在各类平台上通过各种行为产生的电子数据，这些数据能够识别其身份并反映其各种特点。由于个人数据与自然人的人格利益紧密相关，因此个人数据权的主体是与个人数据所关联的自然人。个人数据权的主体指的是对可识别的与其相关的数据享有生成、收集、管理、交易、存储等权利，并在必要的情况下负有提供个人数据、不侵犯他人数据权等义务的人。由于数据具有可控性，个人数据权的主体在行使权利时需要对数据进行实际的管理和控制。作为最灵活、最普遍的权利主体，自然人有权维护其所有数据不受他人侵害。

数据主体的权利可以分为三类：

第一类是维护主体尊严的权利，包括知情权、访问权和更正权；

第二类是消极控制数据使用的权利，包括清除权（被遗忘权）、限制处理权、拒绝权、拒绝自动分析权；

第三类是数据移转权（数据携带权）。

（二）个人数据权的客体

个人数据权的客体即为个人数据，这些数据与个人相关，能够识别特定个体并具有专属性质。例如，手机号码、姓名、电子邮件账号及密码、银行账户及密码、计算机的 IP 地址、在网上浏览网页时留下的痕迹、电子摄像头记录的影像、电子眼拍摄的违章车辆图片等。在公共平台上出现且不侵犯数据所有人的合法权益的数据，他人可以无偿使用。个人数据可以由权利主体自己通过各种操作生成，也可以由其他主体生成。只要数据所

---

① 程啸：《论个人信息权益与隐私权的关系》，《当代法学》2022 年第 4 期，第 13 页。

反映的内容可以直接或间接指向特定的个人，就可以视为个人数据。

四、个人数据权的内容

不同国家在个人数据保护方面的立法存在差异，这涉及对于个人数据权利的定义和表述。在欧洲国家，个人数据保护被称为“资料主体的权利”。而在美国法律体系中，个人数据权被称为“信息隐私权”，这是因为美国采用了隐私权模式来保护个人数据。

个人数据权利是指自然人对主要以电子数据为载体、能够直接或间接识别其个体的各种信息所享有的支配、控制和排除他人侵害的一项权利。这涉及权利主体（自然人）对个人数据具体享有的权利。这些权能贯穿个人数据从生成到消失的整个过程。例如，在德国的立法中，个人数据权被划分为收集、处理和使用三个大类。

各国在个人数据权的权利内容上大体相似，但可能存在细微差异。然而，已经达成普遍共识的内容包括知情同意权、访问权、更正权和删除权。其中，知情同意权被认为是最重要的内容之一，因为它能够体现个人的价值。具体而言，个人数据知情权指的是权利主体有权知晓、获取合法可查询的数据；同意权是指在收集个人数据之前，应当向个人数据权主体充分告知数据收集和使用的目的、方式、范围、必要性等信息，并且在获得其同意后才能进行数据的收集和使用。知情权和同意权的行使在不同情况下可能会受到一定限制。此外，访问权是指权利主体有权浏览和了解其个人数据，并可以索取相关备份。访问权是对知情同意权的进一步扩展，侧重于个人数据权主体主动要求查看和复制数据。最后，更正权指的是权利主体有权修改甚至删除其个人数据。

除了上述权利之外，由于对于个人数据权性质的不同看法，还存在其他权利，如个人数据专有权、个人数据许可使用权、个人数据交易权、个人数据排除妨碍请求权和个人数据求偿权等。这些权利的存在旨在确保在数字时代，个人对其数据拥有更大的控制权，保护其隐私和人格尊严。

第三节　个人数据保护的基本原则

个人数据涉及的领域极为广泛，这就使得在新的技术手段以及数字经济时代对数据使用的背景下，个人数据的保护难度大大增加。

一、个人数据的种类

依据可识别性理论，结合个人数据的定义及当前大数据技术发展情况，个人数据可以分为以下几类①。

（一）个人生物识别数据

如个人的血型、DNA、指纹数据、人脸识别数据、声纹识别数据、视网膜及虹膜识别数据、静脉识别数据等。此类数据搭载可以识别自然人个体的信息，反映自然人先天形成且现有技术条件下几乎难以改变的生物性特征，并且这些特征往往近乎独一无二只对应某个自然人。当然，科学研究表明存在DNA和指纹相同者的可能性，但这种概率极其微小，可以忽略不计。此外，虽然生活中血型相同者较为常见，但笔者认为仍应将其纳入个人生物识别数据中。

（二）个人身份户籍数据

如记载了个人身份证及户口本上的信息数据，具体而言包含姓名、曾用名、性别、出生日期等。此类数据搭载的是可以识别自然人个体的信息，一般是自然人自出生之后，在其成长过程尤其是成长初期，由家庭或有关国家机关依据法律法规确定并予以登记的信息。此类信息容易被特定个体滥用、篡改。例如，不法分子对于个人姓名、性别、电话号码等个人身份数据的窃取和滥用，以及个人在登记个人身份户籍数据时可能存在的虚假填报情况。

（三）个人生活及社会交往数据

个人生活数据方面，如个人的出生记录、家庭关系情况、教育背景、工作履历、就医记录、网购记录、交通出行及住宿记录、网站浏览记录等。社会交往数据方面，如个人的通话记录、短信记录，以及QQ、微信、电子邮箱、微博、抖音等社交型软件或网站产生的数据。此类数据是自然人在成长及社会化过程中产生的，其数据规模极为庞杂，难以穷尽列举。可以说当一个自然人开始与信息化社会发生关联，此类数据便会源源不断地产生。这种关联既可以是自然人亲自使用电子设备，亦可能是并未使

① 王秀秀：《大数据背景下个人数据保护立法理论》，浙江大学出版社2018年版，第50—53页。

用，只是出现了物理接触（如坐公交车刷交通卡的同时便产生了交通出行记录），甚至连物理接触也没有只是与数据控制者存在某种联系（如就医后医院将医疗记录上传至社会保障机构）。

（四）个人财务状况数据

如个人收入来源及数额的数据，购买不动产、汽车、奢侈品等高额消费数据，投资股票、基金、期货等金融产品的投资数据，甚至日常柴米油盐水电煤气等生活消费数据。此类数据和第三类数据有较多重叠之处，但刻画自然人的侧重点可能并不相同。例如，某人刷公交卡乘坐公交车，既是个人生活数据，反映了其交通出行情况；亦是财务状况数据，可以反映其消费情况甚至消费能力。

（五）个人自我表达及外在评价数据

自我表达数据，是指自然人表达其观点内容形成的数据，这既可能是自然人之间面对面交谈时被记录下形成的数据，也可能是通过通信、电话等形式生成的数据。这与通话记录、短信记录数据并不一样，自我表达数据反映了一个人的思想状况，如政治观点、对事物的评价等。而外在评价数据，则是指社会对于个人形成的外在评价意见，如个人的信用评级、社会评论以及违法犯罪记录等。

除此之外，个人数据还可以根据是否需要保密，分为个人保密数据与个人公开数据。根据个人数据的敏感程度，可以分为敏感个人数据与一般个人数据。对于个人数据的具体范围，有一种意见认为应当尽量宽泛，从而实现对个人数据更全面细致的保护。持此种观点的既有国外立法如欧盟，亦有国内学者如郭瑜等。笔者比较认同这种观点，因为在个人数据权保护上相对于数据控制者，自然人先天处于一种更为弱势的地位，所以将个人数据的范围设定的宽泛一些更有利于自然人主张其权益。

二、个人数据权的特征

根据个人数据权的含义及结构，同时参考学者齐爱民的观点，个人数据权主要具有以下几项特征。

（一）个人数据权是一项积极权利

不同于传统人格权的消极防御特征，权利主体可以积极保护其个人数据，如可以查询、更正以及删除数据，禁止数据运营者违反数据使用约定违规收集、使用数据。如果个人数据权受到损害，权利主体亦可以因损害而请求加害方或过错方予以赔偿。

（二）个人数据权具有类似于人格权的专属性、普遍性、固有性

中国公民及居住于我国的外国人，人人均平等地享有这项权利，受到相关法律的保护。除非有法律的强制性规定，数据运营者不得通过格式条款等方式，要求权利主体预先放弃或者限制其权利。权利主体亦不能通过合同等方式将自己的权利转让给他人，也不能继承。

（三）个人数据权的行使不能与公共利益相抵触

设立个人数据权的出发点，是捍卫个人对其个人数据的权利，防止具有优势地位的主体肆意侵害个人数据权利，即使是国家机关也要对其予以尊重与保护。但倘若个人数据权的行使会影响公共利益之安全，如涉及国家安全、军事秘密等，则权利的行使应受到限制，前提是此种限制必须有法律规定作为依据①。

三、个人数据保护相关立法现状

随着大数据技术的迅猛发展，电子政务逐步推广，政府掌握了海量的个人数据。与此同时，危害个人数据安全的犯罪案件不断发生，个人数据的合理使用与保护成为突出的社会和法律问题。通过私法范畴保障个人数据安全的模式已然无法满足社会需要，公法范畴中的行政法和刑法保障措施逐渐受到重视，以确保个人数据的安全。

从总体上来说，个人数据保护涉及公法与私法两个层面，并体现在数据处理以及数据转移等诸多领域，旨在引入并强化对个人数据或信息的保护，是数字经济背景下我国当前个人数据或信息立法中的重要趋向②。

（一）我国宪法并没有明文规定个人数据权这项权利，但这并不意味着个人数据权就不受宪法保护

我国宪法第三十八条规定：“中华人民共和国公民的人格尊严不受侵犯。”这一规定能够充分解释个人数据权为何应受到宪法保护。个人数据

---

① 周维栋：《个人数据权利的宪法体系化展开》，《社会科学文摘》2023 年第 6 期，第 8—10 页。

② 盛小平、唐筠杰：《我国个人信息权利与欧盟个人数据权利的比较分析：基于〈个人信息保护法〉与 GDPR》，《图书情报工作》2022 年第 6 期，第 26—33 页。

权所要保护的对象，是个人对于可以直接或间接识别其身份的以电子数据为载体的信息，权利的主要内容是个人对于此类数据具有控制权与决定权。这些个人数据与人格尊严息息相关，一旦被泄露或者遭到滥用，将会直接损害到个人的人格利益，并且这种损害很可能是不可逆且长期性的。

（二）《网络安全法》与《中华人民共和国消费者权益保护法》规定的保护原则

《网络安全法》中规定，网络运营主体在处理个人信息时，需要恪守合法、正当、必要原则，这三条原则目前也成为我国个人数据保护相关法律法规的核心原则。同时，网络运营主体需要公开数据收集及使用的具体规则，明确告知收集使用个人信息的目的、方式和范围，并需要获得被收集者同意。《中华人民共和国消费者权益保护法》第二十九条同样规定，经营者在处理消费者个人信息时，应当遵循合法、正当、必要原则，必须遵循“主动明确告知＋被收集人同意”的流程，收集、使用个人信息的过程必须严格按照双方事先的约定。这两部法律确立的原则及流程，适用于以电子化手段收集的个人数据，成为国内各主体收集、使用公民个人数据时的基本遵循。

（三）《个人信息保护法》

作为数字经济时代下我国在个人数据保护领域的最新立法，《个人信息保护法》对个人信息进行了较为明确的界定，并对其处理方式进行总结概括。而且，针对近几年数据收集与处理过程中引起社会广泛讨论的重点问题，《个人信息保护法》也进行了及时回应，如规定不得过度收集个人信息，避免因数据质量导致的歧视，不得实行不合理的差别待遇，规范自动化决策行为。此外，在《个人信息保护法》出台以前，《网络安全法》等法律也曾对数据主体的个人权利做出过有限规定，规定个人数据主体拥有知情权、同意权。而《个人信息保护法》则对个人权利也进行了更为明确详细的规定，明确了查询数据、更正及补充数据、删除数据、撤回数据收集使用授权同意、注销个人账户、获取存储数据副本等权利，尤其值得关注的是新增了个人数据的可携带权，即允许权利主体在合规前提下通过一定的方式转移其个人数据，以及增加了逝者个人数据的保护规则，赋予逝者近亲属一些有限的权利。纵观《个人信息保护法》全文，它从明确个人数据保护的角度出发，将个人权益置于重点位置。《个人信息保护法》的顺利公布，无疑将深刻影响掌握个人数据之相关行业的数据处理行为。

四、个人数据保护的理念

正如任何私法权利的产生，个人数据保护亦是一个从无到有、从不完善到完善的过程[①]。其中，围绕个人数据保护的理念的产生及不断强化，是个人数据保护的最基本的推动力，亦从根本上制约着个人数据保护的方向与深度。从国际范围来看，个人数据保护并不是一个新生现象，然而其在各国的发展并不平衡，这与个人数据保护意识或理念的生成有着密切的关联。个人数据保护涉及多元主体意识的角逐，相关的利益主体在个人数据保护中所秉持的立场会有或大或小的差异，而主流意识的形成则成为个人数据保护意识的基本原型。

就个人数据的产生者而言，作为个人数据保护的核心主体，其数据保护意识的强弱是具有基础影响的因素。对其他的个人数据保护主体（主要包括数据使用者、存储者或控制者等）来说，该类主体的数据保护意识是增进个人数据保护的关键因素，在深层次上决定着个人数据保护实践的展开。

对于权力主体政府而言，个人数据保护理念是支撑相关法律体系和司法实践的基石，如果该主体不秉持强有力的个人数据保护理念，那么个人数据保护将难以有效地上升到权利或权利保障的层面。个人数据保护的理念是相关主体对个人数据保护所持有的总体立场，只有在该理念产生并成为权利体系的组成部分之后，个人数据保护的立法和实践方能成为现实[②]。在没有产生个人数据保护理念的情形下，对个人数据的保护便无从谈起；而若对其引入保护体系，则须秉持该理念。比如，《欧洲联盟运作条约》第16条明确指出："任何人享有对其数据予以保护的权利。"从具体的层面来说，个人数据保护的理念主要体现在两个基本目标上，即基本权利的保护与经济利益的实现，欧盟的立法与司法实践清晰地印证了该基本目标的引入。

---

① 黄锫：《大数据时代个人数据权属的配置规则》，《法学杂志》2021年第1期，第99—110页。

② 郑飞、李思言：《大数据时代的权利演进与竞合：从隐私权、个人信息权到个人数据权》，《上海政法学院学报》（法治论丛）2021年第5期，第137—149页。

五、我国个人数据保护的立法进程

我国个人数据保护主要包括以下三个层面的基本考量：

第一，培育、确立并充分保障个人数据保护意识的生成和实现。个人数据保护的相关法律法规的出现是我国最近几年方始出现的立法现象，大规模的分散立法更多的是“自上而下”的个人数据保护之推进。不可否认，这体现了立法机关或相关的行政机关对个人数据保护必要性之认识，促进了个人数据保护规则的出现及意识的提升；然而，这对调动个人数据保护中其他相关主体保护意识的生成和增进效果并不明显，数据生成者、数据控制者以及数据使用者等主体的个人数据保护意识之生成和保障是更为关键的因素。在我国未来数据保护立法体系的架构中，培育和增进个人数据保护意识成为其中的重要内容。

第二，合理构架个人数据保护的法律体系，为个人数据保护提供牢固的基石。作为因循成文立法的国家，架构合理的法律体系对于个人数据保护来说至关重要。构架合理的个人数据保护法律体系，须在立法模式的选择、权利层级体系的构建以及具体权利义务的设立等方面进行体系性安排。我国目前采取的主要是分散立法的模式，这种模式的践行易导致法律确定性的缺失，尤其是在欠缺有力的上位法统领的情况下。单行法的模式虽好，但其对于公法与私法泾渭分明的我国来说，并不适宜；由宪法确立总体原则并统领其他主要的公法与私法规范的模式更为可取。我国目前立法对个人信息权利的内涵与外延的界定尚不明晰，该权利与隐私权、新闻自由、出版自由、表达自由等相关权利之间的关系或层级并未得到梳理，各权利平行存在使得冲突在所难免，而这必然导致实践中诸权利冲突情况下的无所适从以及司法实践的不统一。因此，应该确立个人数据保护权的独立地位，区别于隐私权等权利体系①。

第三，在我国相关个人数据保护立法的权利层级构建中，相关的价值取向是值得特别关注的事项。倚重个人数据保护的基本权利维度抑或使用价值会导致不同的路径选择和体系架构，两者的适度平衡是我国目前立法应秉持的基本方向，而这种平衡的缺失是我国目前相关法律体系架构应着

---

① 田旭：《欧盟个人数据保护法的全球影响成因与启示》，《江西财经大学学报》2020 年第 4 期，第 135—147 页。

力解决的核心事项。要实现有效的平衡，应突出并保障个人数据主体的意识及作用，强化其在个人数据保护中的关键地位以及在个人数据使用或处理中的自主原则；为增进个人数据的合理使用，应避免对所涉及的数据个体基本权利的侵害，并尽可能地借助各种手段消减有关数据使用对相关主体的直接侵扰，比如通过匿名的方式处理相关个人信息，这可以有效避免个人数据的使用对相关主体的直接影响。在具体权利义务的设立方面，我国现行部门立法已经引入了若干详细的规则，并突出个人数据保护中相关主体的保护义务；不过，现行的规则更多的是设立消极的保护义务，而非保障数据主体权利的充分实现，亦未有效地架构数据主体合理使用数据的权利义务体系，而这应成为我国未来个人数据立法的重要关注点[①]。除了数据权利的合理与体系架构，对于个人数据侵犯或不合理使用的救济亦应成为重要的考量：除了可以诉诸的若干有效的传统救济方法，比如临时救济或保全或集体诉讼机制等有效适用，鉴于个人数据主体的相对弱势地位，还可以考虑赋予其特殊的实体及程序上的权利架构。

第四节　个人数据安全的法律保护路径

个人数据权益的多元性，在一定程度上决定了个人数据在不同应用场景下的权利归属不同，这意味着对于不同权利归属的个人信息，所提供的法律保护路径也存在差异，目前保障个人数据安全可行的法律保护路径有三类，分别为财产权保护路径、人格权保护路径和平台保护路径。

一、财产权保护路径

在“谁的数据，谁的财富”的背景下，“数据石油”已经成为市场资源争夺的首要目标。个人数据安全难以得到保障的一个重要原因是个人数据在大体量化处理和具体场景应用中改变了数据的原始形态，由此导致数据纠纷问题，而数据的财产权属性是导致此类问题的根本原因。通过财产权来保护个人数据的争论点在于个人数据能否作为财产权的客

---

① 魏伟珍、陈启梅等：《欧美个人数据保护政策及对我国数据保护的启示》，《高科技与产业化》2023 年第 10 期，第 38—43 页。

体。如表 8 - 7 所示，众多的司法实践表明数据纠纷无法否定数据具有财产价值的本质，司法机关对个人数据的保护应首先考虑个人数据的财产价值，通过经济法和刑法手段对其提供保护。对个人数据的人格权保护是在对个人数据的财产权保护的基础上实行的，这源于我国现有法律框架中“利益衡量”的构建原则。具体而言就是我国对个人数据安全的法律保护以不影响国家安全和公共安全为前提，更强调对经济利益和市场秩序的考量，主张对个人敏感信息和隐私信息进行强化保护，对个人一般信息进行商业利用、公共管理利用的评估，实现个人、信息业者和国家三方的利益平衡①。

表 8 - 7 数据权属的司法认定

案件名称	案件性质	案由	司法认定
脉脉擅自搜集、使用新浪微博注册用户的个人信息案	不正当竞争	个人数据保护与数据商业利用	财产权属
大众点评起诉百度案	不正当竞争	平台数据收集和使用规则之争	财产权属
HiQ 起诉 LinkedIn 案	不正当竞争	用户公开数据获取和使用规则之争	财产权属
数据特洛伊之争的头腾案	不正当竞争	数据控制权之争	财产权属
生意参谋案	不正当竞争	大数据产品的权益边界	财产权属

能否通过财产权益路径，借助现有法律保障个人数据安全，我国学者并未达成一致，依据已有法学文献大致可以划分为两类。一类认为现有的法律体系足够用来解决数据财产权益的相关问题，包括以下几种观点：王广震认为知识产权可以用来保护数据的财产权益②；吕炳斌认为数据的相关权益没有必要通过专门立法的方式进行保护，通过个人信息、著作权等方式就可以达成目的③；刘继峰等认为数据不正当竞争行为可以借助反不

① 米春雨：《数据财产权的法律保护——基于司法判例实证分析》，《辽宁科技大学》2023 年第 2 期。

② 王广震：《大数据的法律性质探析——以知识产权法为研究进路》，《重庆邮电大学学报》（社会科学版）2017 年第 4 期，第 58—63 页。

③ 吕炳斌：《论网络用户对“数据”的权利——兼论网络法中的产业政策和利益衡量》，《法律科学》2018 年第 6 期，第 56—66 页。

正当竞争法加以约束①。另一类认为现有制度难以从财产权角度保障数据的财产权益，应当通过专项立法的方式进一步完善现有法律体系。许可和龙卫球的研究成果均表明现行的法律制度在保护数据权益上存在不足，应当采取为数据设置新型财产权的方式给予针对性保护②③。

二、人格权保护路径

该路径主张通过保护个人隐私权和个人信息权来保障个人信息安全。关于对个人数据采取人格利益的保护模式，学界至今尚无定论，争论的焦点在于人格权的属性之分，即权利和权益之争。尽管学术界认为个人数据已经成为新型人格要素的客观存在，但现有法律未对个人信息权有明确的界定，这导致对个人数据的范围理解不一致。个人信息自决权的提出，为个人对数据的支配提供了防御性的权利架构模式，弥补人格利益说的不足。该项权利强调个人对自身信息具有独立的决定权、控制权和支配权，能够防止个人信息遭受他人的非法获取、传播和利用，通过自我决定实现数据交易。但实际上，个人往往无法控制自身信息，个人数据通常在不知情的情况下被收集。在个人数据被收集后，个人丧失了对数据控制的权限。从应用环境来看，个人信息自决权不适用于线下空间，从权利设置的目的来看，它支持个人允许下的数据交易，仅能保证个人数据不会被滥用。此外，该项权利也难以保障个人附属信息的安全，例如手机号码等。但不可否认的是，个人信息自决权的提出，的确对个人数据安全的法律保护提供了一种可行的路径。《个人信息保护法》是人格权保护路径的重要体现，它一方面规范个人信息处理规则，将个人信息处理限制在合理范畴，保障个人数据的合法合规使用，如第六条的最小影响原则和第七条的透明公开原则；另一方面规定个人信息处理者的义务和个人的权利，充分保障个人隐私权和个人信息权，如第十七条规定个人信息处理者需要告知个人信息处理方式，第二十九条要求处理敏感信息需要征得个人同意。

---

① 刘继峰、曾晓梅：《论用户数据的竞争法保护路径》，《价格理论与实践》2018年第3期，第26—30页。

② 许可：《数据保护的三重进路——评新浪微博诉脉脉不正当竞争案》，《上海大学学报》（社会科学版）2017年第6期，第15—27页。

③ 龙卫球：《数据新型财产权构建及其体系研究》，《政法论坛》2017年第4期，第63—77页。

三、平台保护路径

在数据资产化的背景下，网络平台通常会基于自身数据的体量优势倾向于支付更大的管理和技术成本来保护公民的个人数据。这是因为相比有形财产，公民的个人数据是平台企业数据财富的重要来源，决定着平台企业竞争力和社会影响力。

在此意义上的网络平台具有三个层次的法律定位。一是网络平台肩负数据汇集和数据创新的功能，旨在为用户提供数据服务；二是网络平台对数据产品的技术升级和安全保护模式开发具有不可替代的作用，法律否定的是网络平台基于技术优势的不正当竞争，即对于公开信息的不当获取和使用；三是网络平台以数据控制者的身份防御数据免受他人的非法入侵。该路径在我国颁布的《网络安全法》和刑法中已经践行；《数据安全法》鼓励相关行业组织按照章程依法制定数据安全行为规范和团体标准；同时，该法也明确表明企业可以参与到数据安全相关标准的制定中，同时允许个体、组织等检举揭发不利于数据安全的行为，有助于网络平台以数据市场参与者的身份，参与到个人数据的治理中。网络平台颁布的隐私政策是平台保护路径的重要体现，它包含网络平台关于数据收集、处理、转让等的标准和举措，可以帮助用户了解平台的处理方式，监督平台的执行情况。同时，有关部门也可通过抽查等方式核查平台的隐私政策制定是否合法，具体的执行是否符合政策描述。例如，国家互联网信息办公室、消费者权益保护协会都会不定时抽查，公示违规平台并要求平台整改。时明生指出，大数据环境下，平台作为数据收集的主体，由于无法明确告知数据主体全部可能的数据用途，使得个人数据超出使用目的进行利用成为常态①。丁西泠认为应将个人的数据保护案件纳入集体诉讼的范畴，降低数据主体的举证负担，弥补个体力量的不足，引起社会舆论的关注和支持，同时降低诉讼成本，减少败诉风险，进一步规范平台遵循出台的隐私政策，规范化收集和利用个人数据②。以上这些均率属于“知情同意”的范

① 时明生：《大数据征信与个人信息主体权益保护问题研究》，《征信》2017 年第 5 期，第 38—43 页。

② 丁西泠：《大数据时代个人信息的法律保护路径》，《征信》2019 年第 11 期，第 50—55 页。

畴，即企业在个体知情并同意的基础上，收集和处理个人数据。陈雅静在研究国内外个人数据保护立法的基础上，提出平台视角下的个人数据处理层面的风险管理路径，引入隐私风险评估机制，贯彻隐私设计理念，在处理个人数据前就依据技术、实施成本、处理的性质等采用合理的方式、技术及保障措施，保障信息主体的个人数据安全①。

第五节　个人数据滥用典型案例

个人数据滥用从对象上可划分为企业与企业之间和企业与个人之间两类，前者更多地体现在数据的非法转移和利用上，后者更多地体现在对个人信息的过界利用和超额搜集上，相关典型案例如表 8－8 所示。

表 8－8　滥用类型及相应的典型案例

个人数据滥用类型	典型案例	涉及方面
企业与企业之间	脉脉擅自搜集、使用新浪微博注册用户的个人信息案	非法收集和利用数据
	生意参谋案	
	抖音诉腾讯案	利用数据进行不正当竞争
	头腾案	
企业与个人之间	胡红芳诉携程案	过界利用个人数据
	脸书案	超额搜集个人数据

企业与企业之间的个人信息滥用有多种，通常表现为数据的非法转移和利用，其有两种表现形式：其一，在双方有协议的情况下，一方违背协议，利用另一方的数据提高自己的竞争优势，如脉脉在与新浪微博合作的过程中，抓取那些通过微博登录到脉脉上的用户的账户、职业、教育信息等个人数据，根据注册时用户上传的收集通讯录建立关联，并对外展示，而微博在知晓脉脉行为的情况下仍放纵其行为。其二，在双方未有协议的

① 陈雅静：《大数据时代个人信息法律保护路径研究》，《上海师范大学学报》2019 年第 8 期。

情况下，一方在另一方不知情的情况下利用另一方的数据产品获取实际利益。生意参谋案就是此类滥用事件的典型案例。淘宝公司在得到用户同意后，采集用户在淘宝上浏览、搜索等活动留下的海量原始数据，在此基础上采取脱敏处理，经过深度处理、分析、整合和加工形成衍生数据，通过“生意参谋”为商家提供决策支持。美景公司通过提供远程登录已经订阅“生意参谋”的账户等技术服务，帮助他人低价获取“生意参谋”中的数据内容，在淘宝不知情的情况下非法利用个人数据，最终法院判决美景公司立即停止不正当竞争行为，并赔偿淘宝公司。

此外，企业之间也有使用个人数据进行不正当竞争的案例，如根据自身掌握的个人数据，推送不利于对手企业的信息，或者在用户不知情的情况下断绝与对手企业的产品联系，从而保有自身的用户群体。其中，最典型的案例莫过于抖音腾讯案。腾讯控告抖音在向用户推荐好友时使用了平台数据，并将数据提供给第三方平台多闪构建社交链。对此，抖音的抗辩理由是抖音对用户数据的获取已经得到用户的授权同意。然而，法院认为平台授权的数据仅能用于登陆目的，裁定抖音和多闪的行为侵犯腾讯的合法权利，要求抖音和多闪立即停止侵权。

而在企业与个人之间，企业是个人数据的收集和处理方，个人是获取数据服务的数据用户，隐私政策、服务条款等充当企业与个人之间关于数据收集、处理和利用的协议。一方面，数据用户对这些协议内容的忽视，极大降低了企业滥用个人数据的风险和成本，即使用户仔细阅读协议内容，企业同样可能采取有违协议内容的方式，而个人难以察觉；另一方面，企业通常将数据服务与同意协议相挂钩，个人在不同意协议的情况下无法获取数据服务，使得个人在数据服务成为刚需的情况下不得不同意企业的协议。这些均导致个人在面对企业滥用个人数据的情形时处于先天性的劣势，伴随着相关法律的颁布和完善，不断涌现出的司法案例为企业的非法行为敲响警钟。

大数据“杀熟”是企业利用其优势地位，通过用户的个人数据挖掘用户行为习惯，识别潜在群体，对特定用户予以区别于普通用户的高价，从而提高企业整体的收益。该行为的根本运作逻辑包含三个阶段。第一阶段为数据收集阶段，具体表现为用户与平台来往密切，平台在用户不知情的情况下尽其所能地收集个人信息，此外还包括平台间的数据共享。第二阶段为用户画像阶段，是企业依据第一阶段所掌握的个人信息，利用信息分析技术，对用户进行画像，借此向用户推送个性化商品。第三阶段为区别定价阶段，针对消费水平高或对平台依赖度较高的用户，依据用户画像确定用户所能接受的消费上限，并以此作为定价依据。大数据“杀熟”的典型案例是胡红芳诉携程案。胡女士作为携程的钻石贵宾会员，在预定酒店时支付了高出酒店客房价格一倍以上的定金。由此，胡女士认为携程利用其个人信息，根据其“高净值客户”的标签向其报出高价，构成欺诈，于是对携程提起上诉。最终，绍兴市柯桥区人民法院判决携程“退一赔三”，并充分论述携程违法处理个人信息的事实。

德国脸书案也是企业利用其优势地位过度收集用户个人数据的典型案例。根据德国卡特尔局的调查，用户使用脸书的前提是在账号注册时同意脸书的服务条款。根据这些服务条款，脸书有权从脸书以外的来源收集用户个人数据和设备相关数据，并将这些数据与脸书内收集的数据相整合。数据收集活动通过“脸书业务工具”实现，收集的数据包括广告商、开发人员和出版商所整合的脸书以外的用户个人和设备数据，具体如图 8－1 所示[①]。此外，脸书有权收集和处理用户在脸书公司旗下其他产品的个人和设备数据。该条款本质上是一种捆绑同意，用户只能全部接受或全部拒绝，没有其他选择。德国卡特尔局认为脸书在具有市场支配地位的情况下，通过不公正的用户协议条款，迫使用户接受脸书对用户在其他社交网络或第三方平台使用数据的收集、融合、使用和传输，以损害用户的个人信息自觉权利的方式维持自身的竞争优势，最终要求脸书停止在用户协议条款中规定用户必须同意脸书收集和使用用户在第三方平台使用数据的行为。

从这些案例可以发现，滥用个人数据可以给企业带来实实在在的利益，但用户不能为此买单，伴随着相关案例的不断涌现，相关的法规、标准也在不断完善，从而不断提高企业的违规成本，让越来越多的企业合法合规合理使用个人数据，并依法依规流通和交换经过严格脱敏处理的数据产品，让企业自觉地维护个人数据安全，在法律划定的红线内充分利用个人数据，为自身获取实际利益。

---

① 张韬略、熊艺琳:《违反个人数据保护即构成对市场支配地位的滥用？——也谈德国脸书案及“双重程序”规则》,《竞争政策研究》2023 年第 2 期，第 5—21 页。

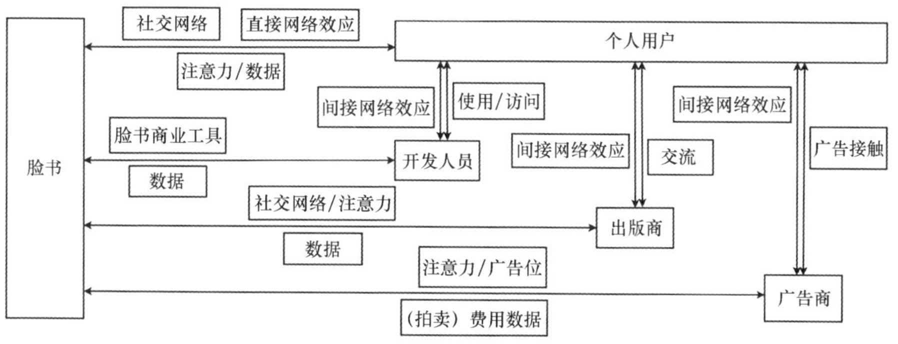

图8-1　脸书的违法数据收集和处理行为

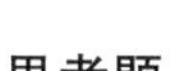

思考题

1. 就个人信息和个人数据的辨析谈谈你的看法。

2. 个人数据与个人信息、个人隐私有什么区别和联系?

3. 除本文所列举的三种路径外，个人数据安全的法律保护路径还有哪些? 试举例说明。

4. 本文所介绍的三种路径分别有各自的立法实践，尝试搜集近年来用于保障个人数据安全的立法文本，并分门归类。

5. 除本文所给出的典型案例外，还有哪些个人数据滥用的案例? 尝试分析其具体滥用模式，结合相关法律给出对策。

第九章　数据安全治理策略

为了有效实现数据安全治理，需要考虑相应的数据安全治理策略。本章针对主要的问题，从个人、企业、国家、社会几个维度进行阐述。

第一节　数据孤岛问题治理

本节以企业场景为范例，介绍数据孤岛问题的治理。其原则和策略，在很大程度上同样适用于国家和社会层面。

一、数据孤岛的基本内涵

（一）数据孤岛的概念

数据孤岛起源于“信息孤岛”理论，是指企业或组织内部存在的数据隔离现象，即不同部门或业务之间的数据如同海面上的一座座孤岛，无法互相共享和交流[①]。然而，这种现象与数据的天然属性相悖，因为数据和信息一样很难被独占使用。根据信息经济学理论，信息拥有者永远不会因传输这些信息而失去它们[②]。数据也同样如此，鉴于数据本身的性质，一个用户使用数据并不会妨碍其他用户的使用，也不会导致数据像物质产品

① Raul Castro Fernandez, Pranav Subramaniam, Michael J. Franklin, “Data Market Platforms: Trading Data Assets to Solve Data Problems”, Proceedings of the VLDB Endowment, Vol. 13, No. 11, 2020, pp. 1933 – 1947.

② 陈瑞华编著：《信息经济学》，南开大学出版社 2003 版，第 39 页。

一样产生损耗，数据的固有价值不会因多位用户共同享有而贬损[①]。因此，从数据天然的可共享性维度考量，人工智能时代的数据孤岛本不应存在。

（二）数据孤岛的成因

那么，是什么导致了数据孤岛的产生呢？数据孤岛的形成原因主要有以下几个方面。

1. 组织结构与文化的限制

企业内部不同部门或业务之间的数据孤岛往往源自于组织结构和文化的限制。当前调查表明，大多数企业缺乏一个统一协调的信息管理部门，无法以整体的视角推动信息化建设并制定战略规划。各个职能部门通常会独立开发各自的信息管理系统，并根据自身实际情况部署相应的模块。通常，各部门基本上只能服务于自己的业务，仅仅在少数情况下可以为下游的其他部门提供一些其所需要的信息数据，但这远远无法达成信息共享的目标[②]。因此，这就导致了各个部门之间存在着系统模块相互割裂的问题，数据无法广泛应用，从而产生了数据孤岛。

2. 数据标准和规范的缺失

在信息技术发展的过程中，存在一个不容忽视的问题，即数据规范与技术标准缺失。企业或组织内部没有统一的数据输入、存储、输出标准，导致数据可能被分散存储在不同的系统或应用程序中，数据格式、结构或语义的不兼容性也会导致数据孤岛的形成。此外，数据管理和维护的不规范也会加剧数据孤岛的问题。

3. 数据风险与安全的顾虑

（1）权限限制：为了保护敏感数据，不同部门或系统可能设置了严格的访问权限，导致数据无法在部门之间共享，从而形成数据孤岛。

（2）数据泄露担忧：担心数据共享会导致数据泄露，部门可能不愿与其他部门共享数据，使得数据孤岛形成。

（3）加密策略：某些系统可能采用了特殊的数据加密策略，使得其他部门难以解密和使用数据，从而形成数据孤岛。

---

① 马海群、蒲攀：《开放数据的内涵认知及其理论基础探析》，《图书馆理论与实践》2016 年第 11 期，第 48—54 页。

② 张桦：《大数据环境下的“信息孤岛”治理框架思路分析》，《决策咨询》2019 年第 6 期，第 6 页。

（三）数据孤岛的类型

大多数学者将数据孤岛划分为物理数据孤岛和逻辑数据孤岛①。物理数据孤岛主要是指数据的存储和管理方式造成的，不同部门或组织往往使用不同的系统或工具，导致数据存储在不同的硬件或软件环境中，彼此之间无法直接连接和共享，从而形成数据的孤岛现象。这种由于历史原因、技术限制、组织结构等方面的因素造成的情况，通常很难在短期内解决。逻辑数据孤岛则是指数据的语义造成的，不同的部门或组织可能会对同一数据集合产生不同的理解和定义，从而导致不同的含义被赋予同一个数据集合。设想一下，如果数据被存储在不同的地方，那么理解和共享数据也会更加困难；如果不同的部门或组织对同一数据集合有不同的理解和定义，那么共享和利用数据也会变得更加困难。因此，物理数据孤岛和逻辑数据孤岛是相互关联、相辅相成的。解决数据孤岛的问题需要综合考虑物理和逻辑两方面的因素，并采取有效的措施，促进数据的流通和共享，以实现更加高效、创新、公平和可持续的数字经济发展。

二、数据孤岛问题的治理

数据孤岛问题的治理主要可以采取以下手段：

（1）创建数据开放共享的企业文化。企业文化是企业的灵魂，是指导企业行为的基础。为打破在不同部门间的数据壁垒，消除数据孤岛，应创建数据开放共享的企业文化，倡导部门间进行数据的开放与共享。设立数据沟通渠道与激励机制，以鼓励员工主动共享数据。

（2）设立专门的信息管理部门。在企业内部设立专门的信息管理部门，负责数据的统一收集、存储与管理等，可以大大降低数据孤岛问题出现的可能性。在数据收集与存储方面，可引入数据湖架构。数据湖的概念是由 Pentaho 公司的创始人兼首席技术官詹姆斯·迪克逊②率先提出的，其定义为“未经处理和包装的原生状态水库，不同源头的水体源源不断地流入数据湖，为企业带来各种分析、探索的可能性”，如图 9－1 所示。数据

---

① 叶明、王岩：《人工智能时代数据孤岛破解法律制度研究》，《大连理工大学学报》（社会科学版）2019 年第 5 期，第 69—77 页。

② “Pentaho, Hadoop and Datalakes”, DIXONJ, https://jamesdixon.wordpress.com/2010/10/14/pentaho－hadoop－and－data－lakes.

湖推崇 Schema on Read 模式，强调数据无需加工整合，可直接堆积在平台上，最终由使用者按照自己的需要进行数据处理。数据湖通过存储和管理来自各个系统的数据，将这些数据整合到一个统一的平台中，从而消除不同系统之间的数据壁垒，使得数据更加容易访问和使用。

图 9－1　数据湖概念①

（3）制定统一的数据输入标准和规范。数据标准和规范包括数据命名规则、数据格式规范、数据质量标准等内容。制定数据标准和规范可以帮助企业建立统一的数据模型和数据词汇表，使不同部门或业务之间的数据格式、结构和语义保持一致，从而避免数据孤岛的形成。

（4）提供一站式的数据分析利用平台。数据分析和挖掘技术包括数据可视化、机器学习、深度学习、自然语言处理等方面，可以帮助企业从数据中发现隐藏的模式和规律，提高数据的利用效率和价值。采用数据分析和挖掘技术可以帮助企业从海量数据中发现有价值的信息和知识，从而提

① 刘志勇、何忠江、刘敬龙等：《统一数据湖技术研究和建设方案》，《电信科学》2021 年第 1 期，第 121—128 页。

高决策的准确性和效率。

（5）采用数据共享和开放标准。采用数据共享和开放标准可以帮助企业实现数据的共享和交流。例如，采用 RESTful API、ODBC、JDBC 等标准接口，可以实现不同系统之间的数据共享和交换。此外，采用开放数据标准和协议，如 Open API、Swagger 等，可以帮助企业将数据开放给外部用户和合作伙伴，促进数据的共享和开放，从而提高数据的利用价值和创新能力。

第二节　数据产权问题治理

2022 年 12 月 19 日中共中央、国务院发布的《关于构建数据基础制度更好发挥数据要素作用的意见》提出了数据基础制度构建的二十条意见，因而该意见也被称为“数据二十条”。其中，“数据二十条”第三条强调“建立数据资源持有权、数据加工使用权、数据产品经营权等分置的产权运行机制”。而我国现在正面临的数据产权纠纷也大多围绕这三类权利展开。

一、数据产权现存问题

（一）数据权属及责任边界不清晰

在数据产权界定制度方面，我国存在诸多问题，其中最主要的问题在于数据产权主体的权威性缺失，同时数据产权主体、客体和权能均未得到明确的法律界定。目前，我国仍未出台明确法律对数据产权权能进行详细的划分，也无法确认数据劳动者和投资者获取数据产权途径和方式的正当性①。即使在 2021 年发布的《深圳经济特区数据条例》中首次创新性地提出了“数据权益”的概念，并对个人数据和公共数据的权属进行了规范，但从具体内容来看，该条例并未详细划分数据权属，不利于实现对数据主体收益权的合理保障。此外，我国数据产权的界定存在不明晰问题，尤其是政府数据开放的界限模糊不清，未明确规定哪些数据可以开放，也未列

---

① 魏益华、杨璐维：《数据要素市场化配置的产权制度之理论思考》，《经济体制改革》2022 年第 3 期，第 40—47 页。

出不适宜开放的政府数据类型。对于处于中间范围模糊的政府数据，缺乏相应的制度对比方法和标准，难以判断部分数据是否适宜开放，这严重影响了政府数据开放的可操作性，降低了政府治理效能。现有法律均不能明确界定数据产权界区，存在制度真空现象，无法实现产权降低交易成本和激励功能，阻碍了数据要素市场的形成①。而在企业与个人层面，原始数据与衍生数据的产权归属难以界定，给了一些互联网平台可趁之机。个别云平台利用从平台上获得的企业数据进行二次加工，将分析的结果提供或出售给其竞争对手，这给企业的发展带来了巨大的损害。此外，一些互联网平台的注册协议中会规定用户享受平台服务时产生的一切数据归平台所有，这种强制性的确权行为就可能给用户个人带来极大的隐私泄露风险和安全隐患。

（二）数据市场交易制度不健全

在数据产权交易制度方面，存在着交易场所建立缺少合法性依据及合规性审查、数据来源与处理过程缺乏指引、交易存在不合规风险、定价机制缺失、评估方法不成熟等问题。当前我国主要借助第三方数据交易平台来完成数据交易活动，虽然已建立了贵阳大数据交易所、杭州钱塘大数据交易中心、上海数据交易中心、武汉东湖大数据交易中心等20余所大数据交易平台，但尚未形成成熟的商业模式，仍处于商业模式和交易模式探索阶段。各地数据交易所均立足本地数据开放共享的现实情况，采取了适宜于本地数字经济发展的市场运营模式和定价机制②。在现有的政策法规中，涉及数据产权交易的，如《促进大数据发展行动纲要》《贵州省大数据发展应用促进条例》以及《深圳经济特区数据条例》等，均只进行了原则性指导，并没有具体、细化的交易内容和交易标准。数据平台推出的行业规范，如《数据流通禁止清单》（上海）、《贵阳大数据交易所702公约》，都只是交易平台自行制定的行业规范，不具有普遍的法律约束力③。数据产权交易制度的缺位，直接造成了数据在流转中问题不断，数据交易平台

---

① 陶卓、黄卫东、闻超群：《数据要素市场化配置典型模式的经验启示与未来展望》，《经济体制改革》2021年第4期，第37—42页。

② 徐野：《建立可信的数据交易市场的路径与策略研究》，《科技广场》2023年第2期，第21—30页。

③ 魏益华、杨璐维：《数据要素市场化配置的产权制度之理论思考》，《经济体制改革》2022年第3期，第40—47页。

定位不清、市场定价方式不统一、交易规则不一致、数据质量参差不齐等问题进一步制约了数据要素市场化配置的进程。

（三）数据产权保护体系不完善

当前我国数据产权保护体系在制度层面和监管层面均存在不足之处，亟待进一步完善。

在制度层面，目前我国的数据安全相关法律与产权保护制度相对滞后，且相关产权制度分散在不同的法律中，并未形成统一协调的整体。因此，在处理数据产权纠纷时，我国司法实践多以侵犯汇编作品著作权或《中华人民共和国反不正当竞争法》（以下简称《反不正当竞争法》）的一般条款，又或是商业秘密相关保护条款作为应急之策。但实际上，这些条款对于纠纷的类型及处理方式也是模糊不清，互有重叠之处。例如，针对经过模型化的数据集合既属于著作权保护范畴，也可以通过专利权部分条款加以保护；对于企业数据发生纠纷时，商业秘密的保护条款和《反不正当竞争法》的第二条规定对其数据产权的保护都适用。然而，由于不同部门间的立法目的、立法依据都存在差异性，两种不同的条款间的规定很可能存在矛盾之处，这样不仅不能快速地解决纠纷，反而带来了更多的数据产权难题。此外，这些条款所涵盖的数据产权问题类型有限，一般只是原则性规定，对具体侵权行为的界定并不全面细致，这也使得许多情况特殊的数据纠纷难以找到应对之策。分散立法的数据产权保护方式的局限性显而易见，在这种情况下，亟须确立一套统一的、协调的数据产权保护制度。

在监管层面，我国尚未有明确对数据保护与利用进行统一监管的专业性监管机构。尽管多个部委均针对本行业数据管理出台了相关文件，在一定程度上缓解了数据监管问题，但难以进行统筹协调，始终无法从根本上解决实际问题。从地方层面看，目前已有 25 个省份成立大数据管理局、政务服务数据管理局、大数据管理中心等大数据管理机构①，但这些机构的隶属关系、机构职能、运行机制均存在一定程度上的差异性，跨区域跨系统统筹协调的难度也较大。总体来看，以上数据监管机制的不足既不利于数据安全风险的预警和降低，也有碍提升我国数字经济的整体治理效能。

---

① 张亮亮、陈志：《培育数据要素市场需加快健全数据产权制度体系》，《科技中国》2020 年第 5 期，第 15—18 页。

二、数据产权问题治理的意义

（一）健全数据产权制度是发展数字经济的基础性前提

确保数据产权关系明晰并受到法律规范保护，是当前数字经济迅速发展的基础。然而，数据主体的多样性、数据的持有、流通和交易等问题仍然是数据要素市场中突出且复杂的议题。因此，需通过对各种类型的数据进行确权、明晰权利义务的边界，规范数据主体自身的行为和活动准则以保障相关数据权利主体的合法利益，为数据产权交易提供法律保障。首先，数据要素市场准入机制会规范数据产权主体在从事经济活动时的行为，严格划分不同数据类别的产权，特别是对个人数据产权的归属和利用进行明确，避免数据权属纠纷。其次，制度对商业主体在数据交易中的行为也有约束功能，有利于减少数据流通过程中的不当交易行为。最后，制度会对共享数据进行明确界定，严格区分其与国家保护数据的异同。对于涉及国家数据主权、国防、军工以及政府保密文档的数据，均禁止共享，并受制于严格的条件限制，保障国家数据安全①。健全数据产权制度不仅有利于构造数字经济良性生态圈，引导各主体平等有序地参与数字经济发展与市场竞争，还可以进一步加速数据在市场上的整合、开放、利用与共享，降低交易成本，从制度基础上推进数字经济的健康有序发展。

（二）健全数据产权制度是数据要素市场安全运转的重要保障

数据的广泛应用是一把双刃剑，在促进社会发展和提高人民生活质量的同时，也带来了许多安全隐患。因此，如何保护数据安全、保障数据主体的权益显得尤为重要。数据产权制度对数据要素市场交易中的主体、客体均起到约束作用，尤其需完善制度中的监管机制，对交易的数据类型、方式进行严格监管，避免涉及国家安全和商业机密的数据泄露，减少交易过程中的不合规操作，降低数据纠纷发生的可能性。实际上，数据要素市场的塑造主要就在于各参与主体对其自身数据产权进行合理管理，进行特定的经济经营和生产活动。而数据产权规制通过设定恰当的风险承担和责任边界，以限制市场参与主体的风险行为，从而削减市场竞争中的混乱局面，是数据要素市场安全运转的重要保障。

---

① 楼何超：《数据产权的概念、规制作用及对策建议》，《企业经济》2022 年第 11 期，第 105—113 页。

（三）健全数据产权制度是提升数据要素市场活性的根本动力

数据产权制度对于数据产权交易并不只有约束和限制作用，同时还有极大的激励作用。规制激励是一种固有的内在动力制度，其目标在于正确引导数字经济市场参与者的行为方向，确保数据持有的目的合法化、数据交易的动机合理化以及交易行为的合规化，从而持续激发数据要素市场参与者的主动性、创造性和积极性。例如，针对由数据产权规制带来的“受益”效应网络，权利人可以在数据交易中要求获得财务性的奖励，或者要求对方将数据使用过程中产生的利益作为交易对价，这可以作为合同激励条款，在满足特定条件情形下被触发，使得数据所有者和使用者都能从中获得效果收益①。健全数据产权制度不仅能够有效协调数据主体之间的关系，还能够在激励创新和效益分配方面发挥积极作用，为数字经济的可持续发展创造有利的环境。

三、数据产权问题的治理策略

（一）明晰数据权属，确定产权划分

对数据权利的设定和相应的保护，要建立在准确的数据性质判定和分类的基础上。数据类型可划分为个人数据、企业数据、公共数据三类数据，这些不同的数据在不同阶段的权属应视具体情况进行细分。

个人数据可分为底层数据、集合数据以及脱敏化数据②。其中，底层数据指的是数据当中关系到主体的人格权益的数据，如生命、肖像、隐私等，个人对这些信息应拥有绝对的所有权和处置权。集合数据是指日常生活中，个人在互联网平台上产生的数据集合，这些数据虽然是由个人产生的，但是在平台基础上衍生出来的，可以给平台的发展带来巨大的价值。因此，对于此类数据，在个人拥有所有权、知情同意权、获取权、修改权、删除权等相关控制权的基础上，企业也应拥有部分受限制的使用权。脱敏化数据是指经过充分脱敏匿名化的数据，这类数据已经在个人数据保护法的适用范围之外。但在当前人工智能技术飞速发展的背景下，即便是

---

① 文禹衡：《数据确权的范式嬗变、概念选择与归属主体》，《东北师大学报》（哲学社会科学版）2019 年第 5 期，第 69—78 页。

② 刘方、吕云龙：《健全我国数据产权制度的政策建议》，《当代经济管理》2022 年第 7 期，第 24—30 页。

已经脱敏匿名化的数据也有被识别出的可能性，对于这种情况，个人依旧应拥有修改权、拒绝权、删除权。

企业数据通常来自于个人数据，由用户在平台上的行为产生。对于此类数据，在数据主体知情同意的情况下，企业应享有受限制的数据使用权。企业可以对这些数据进行分析利用或二次加工，为用户提供个性化的定制服务等，但不可以将其中涉及个人隐私的部分开放共享给其他用户或企业。在个人要求删除或停止使用时，企业需立即停止对这部分数据的利用并删除数据。

公共数据主要包括科学知识数据、历史遗产数据、国家宏观数据、企事业单位数据。公共数据产权主体为政府，权属结构主要有所有权、控制权（管理权、使用权、处置权）等，如表 9－1 所示[①]。公共数据作为存在于公共空间，具有社会属性的一类数据，在不涉及国家秘密、商业秘密和个人秘密信息的情况下，应当进一步促进相关数据交流共享。

表 9－1　公共数据的权属

数据类型	权属划分
科学知识数据	所有权属于国家，社会公众应拥有使用权，不涉及国家安全的部分应向公众开放
历史遗产数据	所有权属于国家，社会公众应拥有使用权，应向社会公众提供可持续的访问
国家宏观数据	所有权属于国家，不涉及国家安全的部分可向社会公众开放
企事业单位数据	作为社会公共资源，不涉及国家安全和商业秘密的部分应向社会公众开放

（二）健全数据市场交易制度

为促进数据资源的高效利用，保障数据市场有序竞争，健全的数据市场交易制度至关重要，需做到以下几个方面。

首先，健全数据市场交易制度需要制定专门的法律，规定大数据交易的合法范围和界限。在制定过程中需遵循“以保护数据主体隐私为底线，促进数据交易发展为导向”的基本原则，使其既能有效促进大数据交易的顺利发展，又不使个人隐私、企业秘密、国家安全受到侵害。可在现有征信条例和隐私保护的法规基础上，采用基本法加专门法的原则设计数据交易整体法规架构。其中，基本法为数据交易法律规范的总纲。基于基本法，针对数据交易的各个环节，再进一步制订相应的专门法规[①]，以期创建公平、公正、公开的数据交易市场环境。

其次，交易场所是数据产权交易的枢纽和桥梁，应采取以下方法对数据交易场所规则进行完善。(1) 明确数据交易平台的法律地位，为数据产权交易过程提供良好的交易环境和法制保障。(2) 制定大数据交易所需遵守的行业标准和规范，其内容应包括大数据交易品种的规定、数据清洗和处理的标准，明确大数据交易中的产权流转、数据的安全保护标准等。(3) 对数据交易平台合规性进行审查，严格把控数据交易平台成立资质和运营情况的合法性，设立数据交易平台的信用评级体系，通过评级结果对平台经营资格进行考核。(4) 要求数据交易平台完善风险识别机制，对数据交易行为、内容、对象进行合法性甄别，避免大量虚假数据通过平台流入数据市场[②]。

最后，建立个人数据交易许可机制。现有的数据交易平台禁止个人数据交易，仅允许政府和企业进行数据交易。但个人对数据产品的消费需求也是非常大的，如金融分析师需要相应数据作为分析基础或科研人员需要相关专业数据进行学术研究等。虽然个人数据交易的交易规模较小，但交易频率高，交易量大，能够提升整个数据产权市场交易的活跃度，从而促进数据要素市场的形成和发展。因此，我们可以考虑建立个人数据交易平台，公民可以自主地上传自己的数据进行销售，但同时，必须设定严密的敏感信息保护机制和风险把控机制，确保公民进行数据交易时是自主自愿的，所售的数据类型不涉及违法犯罪活动或机密信息。对于数据交易的方式也需严格把关，避免个人信息的泄露和盗用。而定价则可以发挥市场发现价格的功能，在此基础上通过公开听证等方式确定数据价格的合理化区间，从而保证数据要素交易市场竞争的有序性和有效性。

（三）完善法规体系对应治理

数据产权保护体系的完善需重点从制度、立法和监管三方面入手。

在制度方面，应坚持并完善数据产权登记制度。数据产权登记制度具

---

① 汤琪：《大数据交易中的产权问题研究》，《图书与情报》2016 年第 4 期，第 38—45 页。

② 曾铮、王磊：《数据要素市场基础性制度：突出问题与构建思路》，《宏观经济研究》2021 年第 3 期，第 85—101 页。

有证明数据产权、降低数据交易成本以及保护数据权利与数据交易安全的三大基本功能①。在数据纠纷事件中，登记簿以及权利证书就可以成为权利人是否享有权利以及享有何种权利的有力证明，如果对方或争议解决机关不相信权利证书，还可以进一步查阅登记簿的记载。在数据交易时，这种公开的权威性证明也可以避免当事人花费大量时间和精力进行调查，一定程度上降低了数据交易的成本。这种数据产权登记制度为数据交易市场的有序运转提供了安全保障和良好环境。

在立法方面，需从宏观和微观两个视角出发，秉持“宏观把控，微观细化”的原则进行相关立法。在宏观层面，制定具有普适性的数据产权保护规定，涵盖大部分主要类型的数据产权纠纷的解决方案；在微观层面，应设立具体情况下数据产权问题的具体保护制度，针对数据类型、数据主体、数据交易方式不同的数据产权纠纷，特事特办，给出符合实际情况的解决方案。专门性法规编制可参照如下模式设定：明确数据主权为国家对涉及主权问题的数据管理与控制权，部分情形适用《数据安全法》相关规定；数据人格权以知情权、询问权等具体权责细化说明，侵犯数据人格权的责任承担可由《中华人民共和国民法典》个人信息保护、隐私保护与侵权责任保护补充规制，并结合《个人信息保护法》作相关规定；数据产权则赋予个人数据用户知情同意权、访问和修改权、被遗忘权与获益权；商业数据所有者享有控制使用权、采集可携权、限定处置权以及获益权；而共享数据传输者依职权或特定社会情形拥有传输权、共享权以及管控权。其他权责问题交由刑法、经济法、商法等法规加以补充适用，完善法规对应治理。建议对与数据权属相关的专门性立法以及规范进行说明，其内容需包括侵权责任承担、数据产权犯罪惩戒、数字经济市场乱象治理等方面。例如，修改或销毁是损害数据完整性的表现形式，可通过侵权相关的规范加以禁止，通过专门性立法规范中的侵权篇章，给予充分承认数据权利的存在和保护②。

在监管方面，良好的监管机制不仅可以保障数据交易时的安全性，减少数据纠纷和数据犯罪行为的发生，还可以增强数据主体对国家对数

---

① 程啸：《论数据产权登记》，《法学评论》2023 年第 4 期，第 137—148 页。

② 楼何超：《数据产权的概念、规制作用及对策建议》，《企业经济》2022 年第 11 期，第 105—113 页。

据交易市场的信任，进而提升他们进行数据交易的可能性，促使数据交易市场焕发新的活力。结合我国实际情况，建议将数据保护监管职能赋予国家市场监督管理总局或组建统一的专业性监管机构，建立“行业行为准则 + 法律法规”的双重规范体系和“行业协会自律 + 政府数据监管机构监管”的双重管理体系，以监督数据产权保护相关法律法规的贯彻和实施。

第三节　数据共享问题治理

在当今数字化时代，数据的价值日益凸显，因此数据共享治理成为了备受关注的重要议题。本章将深入探讨数据共享治理的核心议题，从数据共享的必要性和重要性出发，分析当前的法律法规和国家规范，同时探讨数据共享领域所面临的各种挑战，包括存储风险、共享风险和平台风险等所带来的问题。我们将介绍一系列实践方法，如数据目录一体化、共享交换一体化、分级分类授权等，以及一些令人瞩目的优秀案例，为深化大家对数据共享治理的理解提供有益帮助。

一、数据共享相关文件

《国务院关于加强数字政府建设的指导意见》中指出，数据资源质量、数据共享效率和开发利用能力很大程度上决定了数字政府的建设发展水平。明确构建完善的数据资源体系，推动“业务数据化”和数据高效共享是当下打破公共治理中部门主义割裂和解决管理“碎片化”问题的最为行之有效的方式，是实现整体性治理的必然要求。为推进数字共享有序蓬勃发展，我国出台了以下文件。

在政策法规方面，自 2015 年 8 月《促进大数据发展行动纲要》出台以来，中央和各部委发布了多份提及政务数据共享开放的重要文件，如《关于推进公共信息资源开放的若干意见》《数字经济发展战略纲要》《中共中央　国务院关于构建更加完善的要素市场化配置体制机制的意见》《全国一体化政务大数据体系建设指南》等，不仅明确了政务数据共享的原则，也为信息系统整合实施和标准体系建设提供了指导。

在标准规范方面，数据开放共享相关标准规范陆续启动研制工作，并取得了初步成果。政务数据方面，2020 年 6 月，《国家电子政务标准体系建设指南》正式出台，在政务数据共享开放标准子体系中明确建设重点包括数据安全等政务数据管理标准。部分地方政府发挥能动作用，在推动数据共享开放工作中制定相关标准，明确共享开放数据范围，为数据共享开放提供指引。电子商务数据方面，2018 年 6 月 7 日，《电子商务平台数据开放—总体要求》（GB/T 36318－2018）首次针对电子商务平台上的数据开放行为制定国家标准，以指导电子商务平台数据被可靠、安全及合理地共享和使用。

二、数据共享现存问题

数据共享在推动创新、优化资源利用等方面有着巨大潜力，但数据共享面临的风险与挑战、自身体系存在的缺陷也需得到高度重视。

数据的跨部门和跨行业融合利用过程中会涉及多方数据的收集、集中存储和处理，以应用于不同的场景。然而，由于不同行业标准迥然，当涉及多个领域的数据时，统一控制变得困难。一些关键领域和行业已经形成了关于个人信息分类和分级的方法或指南，但是根据行业特点形成关于重要数据分类和分级的标准或指南尚未出台。同时，一些领域尚未制定数据分类和分级安全的技术要求。此外，不同行业和数据分类的差异化保护要求难以实施，无法提供全面覆盖，导致部分数据缺乏有效的安全保护，使得未经授权的数据访问等风险易发生。

数据共享扩大了数据访问的授权范围，跨部门和领域共享和利用数据资源存在诸如共享和管理责任不清晰、数据共享超出范围、数据曝光面扩大等安全风险和隐患。相关部门可能仅从业务角度出发，未充分识别和评估应用场景的影响，也未依法依规和按照技术标准逐一梳理共享和开放要求。任何未按照要求共享和开放数据，或者未严格控制数据共享范围，或者采取不适当的保护措施的数据使用方，可能导致数据未按照预设规则被访问和使用，进而可能导致数据泄露或滥用事件，从而带来个人隐私和个人信息被侵害或滥用的可能性。这可能引发数据泄露或滥用，影响个人隐私、企业利益甚至国家安全。

共享交换平台通常以分布式方式部署，涉及的软硬件数量巨大，任何关键节点的故障或攻击可能导致整体安全问题。攻击者可以从防护能力较弱的地方入手，通过破坏计算节点、篡改传输数据以及渗透攻击，最终达到破坏或控制整个系统的目的。如果利用终端的身份认证和访问控制系统保护不足的弱点，以用户或管理终端作为攻击共享交换平台的突破点，攻击者可以非法获取共享交换平台和政府信息系统的高级权限，并进行非法数据操作。

构建数字政府、建设智能城市和发展数字经济的进程中需要对政府、社会和公共三类数据资源加以开发利用，深入挖掘激发价值。然而，由于三类数据资源性质不同、利益不同、数据类型不同等因素，部分数据主体在分享意愿方面并不强烈。再者，政府数据与社会数据缺乏对接机制，对接范围不足，对接数据不足，深度融合应用不足，从而限制了政府数据和社会数据的共享和利用。而公共数据与国家数据安全密切相关，颗粒度较细的公共数据也往往涉及民众的各类隐私，因此共享受到了限制。此外，各级政府通过平台分享和开放的数据大多是涉及单一领域的数据，某些垂直和跨行业数据的数量和质量无法满足社会需求。企业和社会真正需要获取的数据仍处于未公开的状态，导致无法对这些数据进行有效的开发和利用。中国政府和社会数据分享利用的潜在价值尚未完全激活。而政府间数据共享质量问题较为突出，数据完整性、准确性、时效性亟待提升。跨地区、跨部门、跨层级数据综合分析需求难以满足，数据开放程度不高、数据资源开发利用不足。地方对国务院部门垂直管理系统数据的需求迫切，数据返还难制约了地方经济调节、市场监管、社会治理、公共服务、生态环保等领域数字化创新应用①。

三、数据共享问题的治理对策

正确认识数据治理所面临的风险与缺陷有其必要性，而更为重要的是寻求切实可行的实践解决方案。针对这些挑战，我们可以探索以下途径来有效化解问题并取得实质性进展。

1. 数据目录一体化

只有做到“一本账”管理，才能打通数据共享的底层通道②。为了推

① 《国务院关于加强数字政府建设的指导意见》，《中华人民共和国国务院公报》2022 年第 19 期，第 12—20 页。

② 《国务院办公厅关于印发全国一体化政务大数据体系建设指南的通知》，《中华人民共和国国务院公报》2022 年第 31 期，第 19—31 页。

动各地区各部门建立全面覆盖、互联互通的高质量全国一体化政务数据目录，应建设政务数据目录系统，全面摸清政务数据资源底数，按照应编尽编的原则，建立覆盖国家、部门和地区层级统一标准的全国一体化政务数据目录体系，从而实现全国政务数据“一本账”管理，有效支撑跨层级、跨地域、跨系统、跨部门、跨业务的数据有序对接、高效流通、动态更新和共享应用。因此，我国2022年8月正式出台了《全国一体化政务大数据体系建设指南》。该文件要求按照“应编尽编”的原则进行实施，以确保全国政务数据实现“一本账”管理。

同时，为了规范政务数据目录系统的编制，各地区各部门需要根据国家政务数据目录代码规则、数据资源编码规则、元数据规范等检查和完善政务数据目录系统。政务数据资源目录体系应采用“职责目录—数据目录—库表目录”三级结构用以描述数据资源的管理和技术属性，实现数据确权和数据共享，有利于明确数据来源，避免数据重复采集，便利数据供需对接[①]。这是确保数据有序流动和高效利用的关键步骤，也是实现数据共享和应用的基础。三者关系如图9－2所示。

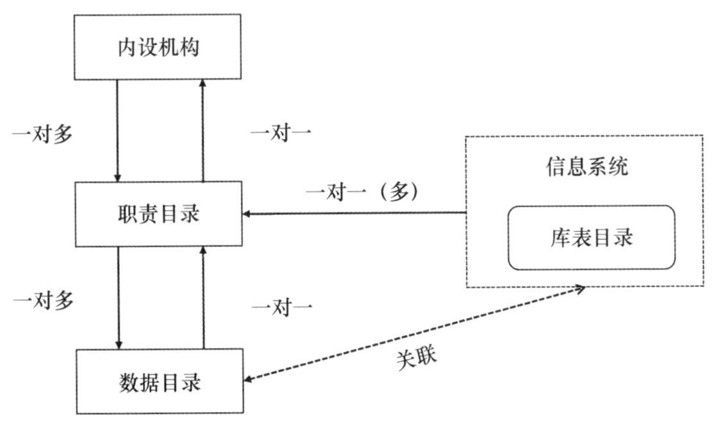

图9－2　政务数据资源目录体系总体框架[②]

① 北京市经济和信息化局，《政务数据资源目录体系规范》（DB11/T 337—2021），2021年11月28日。

② 北京市经济和信息化局，《政务数据资源目录体系规范》（DB11/T 337—2021），2021年11月28日。

通过这些行动措施，我们将能够建立一个高效、有序、规范的全国一体化政务数据目录体系，从而推动各地区各部门之间的数据共享和应用，提高政府的运行效率和服务质量。

2. 共享交换一体化

各地区各部门应按需构建政务数据实时交换系统，以支持大量数据的快速传输，实现数据在分钟级别内的共享。这样将形成安全稳定、高效运行的数据供应链，并依托全国一体化政务服务平台和国家数据共享交换平台来有效满足各地区各部门的数据共享需求。

以共享交换主体进行分类，可以分为政府—政府、政府—社会两类主体间的数据交换共享。

在全国一体化政务数据共享交换体系的框架下，政府与政府间的数据共享主要依靠各级政务数据平台来实现。国家平台与地方和部门平台的关系如图 9－3 所示。国家政务大数据平台支撑各省（自治区、直辖市）之间、国务院各部门之间以及各省（自治区、直辖市）与国务院部门之间的跨部门、跨地域、跨层级数据的有效流通和充分共享。各地方、各部门的政务数据平台也遵循同样的原理。

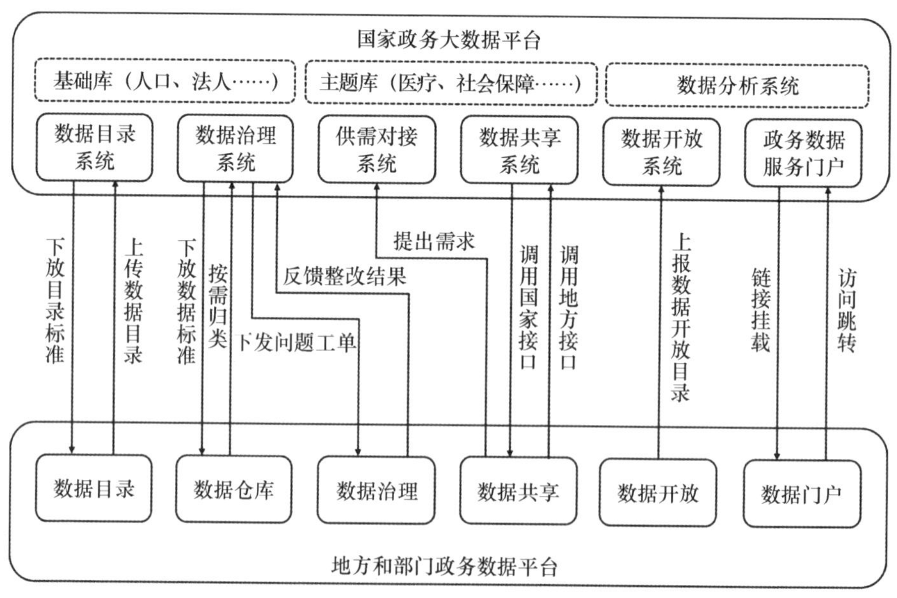

图 9－3 国家平台与地方和部门平台的关系图①

政府与社会之间的数据共享应以实际应用需求为导向，全面增强数据共享服务的能力，共同推动公共数据和社会数据的共享进程，探索社会数据的集中采集和共同利用方式。同时，需要加强对政府共享给社会的数据的规范化管理，构建涵盖国家、地方、部门、企业等多个层面的数据协同共享机制，以提高数据资源的利用效益。

3. 分级分类授权

数据共享开放主体应当按照分级分类规则，结合行业、区域特点，制定相应的实施细则，确定数据开放内容、数据范围、时间期限、传输方式、安全管控手段、审核流程等要素，以匹配后续安全要求和技术落实。对于有条件共享的数据，需采取脱敏或匿名化技术手段，针对是否越权访问、访问过程是否安全、数据是否合规使用等方面，部署安全策略、技术工具，实时监测监督，确保及时阻断并有效控制安全风险。

根据分级分类规则，在数据共享使用过程中确保数据真实、可用、有效共享，在运用多源比对、血缘分析、人工智能等技术手段的基础上减少无效数据、错误数据，识别重复采集数据进而不断提升数据质量。

分级分类规则的制定旨在实现精细化数据管理，保障数据安全和隐私，最大化数据开放效益，促进数据共享与创新发展。通过明确的规则和细则，各类数据共享主体可以在数据共享过程中更好地平衡各种因素，从而取得更好的效果。

4. 基于数字技术的数据共享实践案例

在公共数据中，个体的、少量的公共数据不具备大数据分析的价值，群体的、大量的公共数据是国家重要战略资源。但部分公共数据囊括大量反映民众个人信息的字段，存在被不法分子利用，危害民众个人安全的可能性。在探索切实可行的实践解决方案的过程中，我们发现了一些优秀的案例值得借鉴。

2022 年，全球首个由中国牵头的智慧城市基础设施领域的国家标准《智慧城市基础设施—数据交换与共享指南》的等同采用标准正式出台。该标准主要包含智慧城市基础设施数据共享交换的原则、交换共享数据的类型和模型、数据交换共享的机遇、交换共享数据的安全性以及隐私、交换共享数据的所有权和责任等内容，提供了一套城市基础设施数据治理方法和基于隐私与安全原则的城市基础设施数据交换与共享统一框架[①]。

随着信息化建设和智慧城市的不断发展，政府部门对空间信息的应用需求也在不断提升，对于数据共享的需求非常强烈。基于“天地图·南京”，南京市政府搭建了城市基础设施公共服务平台，构建了各类城市基础设施数据一张图。平台提供了门户网站、标准服务、API 开发、前置服务器、移动 APP 等多种共享模式，实现了城市基础设施数据的交换与共享。平台在智慧城市中也发挥着重要作用，主要包括门户网站、数据管理系统、服务发布系统、目录与数据交换系统、运行管理系统和协同管理系统。

数据共享治理，作为数字化时代的重要议题，无疑在推动社会进步和创新方面具有不可忽视的作用。通过探讨本章提及的各个方面，我们可以更好地理解数据共享的必要性和重要性，同时也意识到在实践过程中所面临的各种挑战。在解决这些挑战的过程中，各界的努力和合作显得尤为关键，而本章所介绍的实践方法和优秀案例，为我们提供了宝贵的经验和启示。相信随着时间的推移，数据共享治理将持续发展，为构建数字化、智能化的未来社会贡献更多可能性。

第四节　数据流动监控与审计

一、数据流动监控与审计的产生

数据监控与审计，是指能够提供有效的安全事件监测、追踪、分析等一整套监管方案。为了便于理解，也可以将监控与审计两个方面分开来看。监控是看数据在收集、加工、传输、应用过程中是否存在数据的泄露，这里的泄露不包括由于外部的安全攻击导致的泄露，而是指因为没有建立数据的分级制度而导致数据可以随意导出平台被传阅；此外，还包括全面监控数据使用者的行为，一旦出现数据安全事件，可以通过相应的日志追踪责任人。而审计则指的是关于合规性的问题，包括数据的收集是否

---

① 万碧玉、姜栋、杜青峰等：《我国主导发布的首个智慧城市领域国际标准研究——ISO 37156 智慧城市基础设施数据交换与共享指南研究》，《中国建设信息化》2021 年第 14 期，第 76—77 页。

合规，数据的使用是否合规，数据的传输是否合规，数据的存储是否合规等方面。

数据是数字化发展的基本要素。进入数字时代以来，人类获取、管理和利用数据的能力得到了空前的提升，社会各界对于数据的价值也愈发重视，数据已然成为一种重要的生产要素。为保障数据安全，对数据流动进行监管与审计，国家颁布了以下规定。

（1）《网络安全审查办法》[①]：于2021年1月发布的《网络安全审查办法》规定了应当向网络安全审查办公室申报网络安全审查的情形，以及申报时需提交的材料。此办法强调审查过程中需重点评估的风险因素。

（2）《数据出境安全评估办法》[②]：于2022年5月发布的《数据出境安全评估办法》明确数据处理者需在多种情形下申报数据出境安全评估。其中包括数据处理者向境外提供重要数据、关键信息基础设施运营者，以及处理大量个人信息的情况。要求在申报之前进行数据出境风险自评估，并明确重点评估事项。此外，办法规定了数据处理者应在法律文件中明确数据安全保护责任义务，并指出评估程序、监督管理制度、法律责任等。

（3）《网络安全标准实践指南—个人信息跨境处理活动安全认证规范V2.0》：于2022年6月发布，并于2022年12月更新。为个人信息保护认证制度提供法律依据，明确适合的申请认证主体，认证申请要求、个人信息主体的权利以及相关方的责任义务等。

（4）《个人信息保护认证实施规则》[③]：于2022年11月发布，规定了认证采取“技术验证+现场审核+获证后监督”的模式和程序。

（5）《个人信息出境标准合同办法》[④]：于2023年2月发布，自2023年6月1日起生效。适用于个人信息处理者通过与境外接收方订立个人信息出境标准合同的方式向境外提供个人信息。办法规定了合同的主体要

---

① 《十三部门修订发布〈网络安全审查办法〉》，《信息网络安全》2022年第2期，第96页。

② 《数据出境安全评估办法》，《中华人民共和国国务院公报》2022年第24期，第39—41页。

③ 刘懿阳：《〈个人信息保护认证实施规则〉背景下的认证制度实施》，《网络安全与数据治理》2023年第1期，第61—66页。

④ 《个人信息出境标准合同办法》，《中华人民共和国国务院公报》2023年第11期，第28—29页。

求、影响评估、格式、条款、备案、修改、责任等。同时公布了个人信息出境标准合同以明确合同内容和条款。

以上这些法规和政策文件旨在通过加强审查、评估、认证和合同等措施，确保数据和个人信息在跨境流动过程中的安全性、合规性和透明性。

二、数据开放与流动中面临的挑战

尽管以上法律法规对数据安全保护要求、个人隐私数据合规使用提出了明确的监管要求，但在实践的过程中，数据安全事件依旧层出不穷。数据在开发和流动中主要面临以下挑战：

（1）数据开放与数据安全的平衡困境。数据开放与数据安全之间难以平衡的问题在很大程度上制约了数据开放的进程。尽管法律政策在保护数据安全的同时也提倡公共数据的开放利用，但由于数据泄露、隐私风险等安全隐患的存在，数据提供部门的开放意愿受到限制，数据供给相对保守，难以满足社会对公共数据的需求。总体而言，数据开放和数据安全之间的平衡问题是一个复杂且艰巨的挑战，需要在保障数据安全的前提下，找到合适的方法来促进公共数据的开放利用，以实现数据的价值最大化。加强对于数据流动的监控与审计就是其中不可或缺的一环。

（2）数据开放各阶段均面临安全风险。数据开放的全生命周期涉及数据收集、存储、流通和应用等阶段，每个阶段都存在不同类型的安全风险和挑战。在数据收集与存储阶段，数据泄露、篡改等风险威胁着数据平台的安全。在数据流通与应用阶段，缺乏监测与控制可能导致隐私泄露，高安全级别数据的受限开放也可能带来数据泄露和滥用的问题。此外，缺乏统一的数据分类分级标准和地方部门严格的数据管控也加剧了数据供给不足和门槛过高的问题。

三、数据流动的监控与审计策略

以上问题背后的成因错综复杂，但归根到底，是对数据流动监控与审计的不足，因此，我们需做好以下几个方面。

（一）制度层面

国家应当在综合考虑数据安全与数据开放流动的前提下，不断完善现有的法律法规，秉持“数据安全为底线，数据共享为向导”的原则，在完善法律法规时做到“宽严并济”。“严”以打击各类数据犯罪行为，“宽”

以促进数据开放共享，推动数据交易，激励数据交易市场焕发新的活力。在保障数据安全的同时，尽可能地实现数据价值最大化。而企业、组织或个人则应在遵守国家相关规定的情况下，根据自身实际情况，制定更为具体、科学的数据审计规范，并定期组织相关的人员进行学习与宣导。

（二）技术层面

当前的热点技术——隐私计算在数据审计与监控方面有着较高的应用价值。隐私计算是指在保证数据不对外泄露的前提下，由两个或多个参与方联合完成数据分析计算的技术。具体是指在处理视频、音频、图像、图形、文字、数值、泛在网络行为信息流等信息时，对所涉及的隐私信息进行描述、度量、评价和融合等操作，形成一套符号化、公式化且具有量化评价标准的隐私计算理论、算法及应用技术，支持多系统融合的隐私信息保护[①]。面对敏感数据有使用需求而又不能明文出域的情况，隐私计算可以很好地保障数据的隐私性和安全性，使得数据参与了计算但是所有的参与者都无法获取到敏感数据明文，达到数据“可用不可见”的效果[②]。

在隐私计算平台，数据协作方需要事先约定数据的使用用途和使用条件，此举可以有效防止未经授权的访问。此外，它还可以实现对数据用法用量的细粒度管控，只有在获得数据提供方授权的前提下，数据使用方才可以开展数据协同作业，整个过程中原始数据不出本地数据库。具体的表现为：隐私计算平台通过区分用户权限来提供不同颗粒度的数据，并对数据的用法、使用时间、使用次数、并发限制等内容进行设定，从而实现对公共数据的精细化治理。这种租户的管理，可以真正实现监控数据的使用，个人在平台对数据进行的各种增删查改等情况均在监管范围内，同时，还可以做到建立相应租户的数据资产，逐一进行等级分类。同一租户下的不同用户，其等级不同，对数据资产的权限也不同。对于超出用户自身权限的数据的查询等，需要走相应的数据审批流程，并且对这个审批流程进行定期的审计。如此一来，便可真正做到“计算分布式，监控有中心”。阿里就是现有的成功实例，其架构中的共识审计部分通过审批作业以及一些合规性校验，不仅可以对异常数据进行审查，生成审查报告，而

① 沈传年、徐彦婷、陈滢霞：《隐私计算关键技术及研究展望》，《信息安全研究》2023 年第 8 期，第 714—721 页。

② 周伟：《“隐私计算”：让数据可用不可见》，《青岛日报》2023 年 7 月 27 日。

且有利于进行中心化管理。通过中心化的管理，可以在数据使用中引入监管机制，采用完全可记录、可验证、可追溯、可审计、可解释的技术架构，做到数据使用的全面监管。

这样的模式有以下优点：（1）透明性和可信度：数据使用过程的透明性可以增加各方对数据使用的信任，减少不当行为的发生；（2）合规性：可监管的机制可以确保数据使用符合法律法规和政策要求，减少潜在的违规风险；（3）责任追溯：可追溯的技术架构允许监管机构或组织追踪数据使用的每一步，有助于查明责任和违规行为；（4）隐私保护：通过数据加密和合适的访问控制，可以保护敏感数据的隐私，只有授权人员能够访问和使用数据；（5）应急响应：在发生数据安全事件或违规行为时，可以通过可审计的技术手段迅速追查事件的源头，并采取相应的应对措施。当然，中心化的管理也可能面临一些挑战，如单点故障、集中攻击风险等。

（三）组织层面

在组织架构方面，还需逐步建设专门的数据监管与审计部门，利用技术平台工具以及专业人员自身的技术经验进行以下操作①：（1）分析风险环境：定期分析内外部风险环境，评估组织所面临的重大数据安全风险。统一筛选和管理信息，对各部门报送的数据安全风险信息进行统一处理，进行分析和判断，并追加扩展审计操作，对组织层面的重大数据安全风险进行提示和告警。（2）持续监控和报告：对组织层面的重大数据安全风险进行持续监控和报告，关注风险变化、应对方案执行情况和效果，以及关键风险指标的变化。（3）审计与分析：对风险监控结果进行审计和分析，包括变化原因、影响、趋势，提出跨部门风险应对方案的调整建议。（4）风险管理体系：监督和检查风险管理体系的建设和运转，进行自我评价，分析体系要素，提出改进方案，并在年度风险报告中向管理层汇报。（5）审计与报告：定期进行内部审计，编制年度风险报告，提交审计委员会审批，报送相关机构，并接受外部审计。作为数据安全治理的最高层，审计和监控能够再现原有的数据操作问题，对于责任追查和数据恢复至关重要，是实现数据安全的最后一道防线。因此，合理设置相应的机构，打造一支真正的强大的数据审计队伍尤为重要。

---

① 刘隽良等编著：《数据安全实践指南》，机械工业出版社 2022 年版。

四、未来数据监控与审计趋势

关于数据监控与审计的未来方向，首先，在制度方面，从国家、企业、组织乃至个人对于数据的审计意识会逐渐增强。相应的，数据的监控与审计相关法律法规也会更为完善，真正做到数据流动审计有法可依。各企业也会结合自身实际情况制定数据合规审计相关规定，形成更好的数据监控的制度闭环。其次，在技术方面，数据的监控与审计会向着智能化方向发展。对于敏感数据的合规检测可以通过机器学习相关条文，提出相关关键词，制定成合规词根，并且配置相应的任务自动调度，自动检测合规性，大幅提升合规检测的及时性。利用隐私计算"数据流向可追溯""数据用法可控可计量"的技术特性，在数据开放利用的全周期监测各主体行为，实现对安全风险的早预警、早发现、早处置，为责任追查与事后救济提供依据。最后，关键还在于"人"，随着数据安全的不断推进，越来越专业的数据审计人员、专家必然会不断涌现，推动着数据流动的监控与审计向着制度化、科学化、专业化不断迈进。

第五节　国家、企业、个人相结合的数据安全综合治理策略

数据安全问题无处不在，大到国家，小到个人，都面临着各种各样的数据安全风险。因此，制定国家、企业、个人相结合的数据安全综合治理策略以应对各类风险十分必要。本节绘制了数据综合治理策略框架，如图9－4所示，并将从国家、企业、个人三个层面展开详细叙述。

一、国家层面

（一）树立"共享为原则，保护为底线"的立法理念

为应对人工智能时代数据问题带来的挑战、消除数据割据，世界各国都在积极进行数据立法。2018年，欧盟正式实施了《通用数据保护条例》，规定数据主体授权必须是在其被告知的情况下自愿做出的确定性表示，同时其有权随时撤回授权。该条例将个人数据的保护纳入基本的人权范畴，并对侵犯隐私的行为制定了严格的制裁措施，是目前主要发达经济体通过

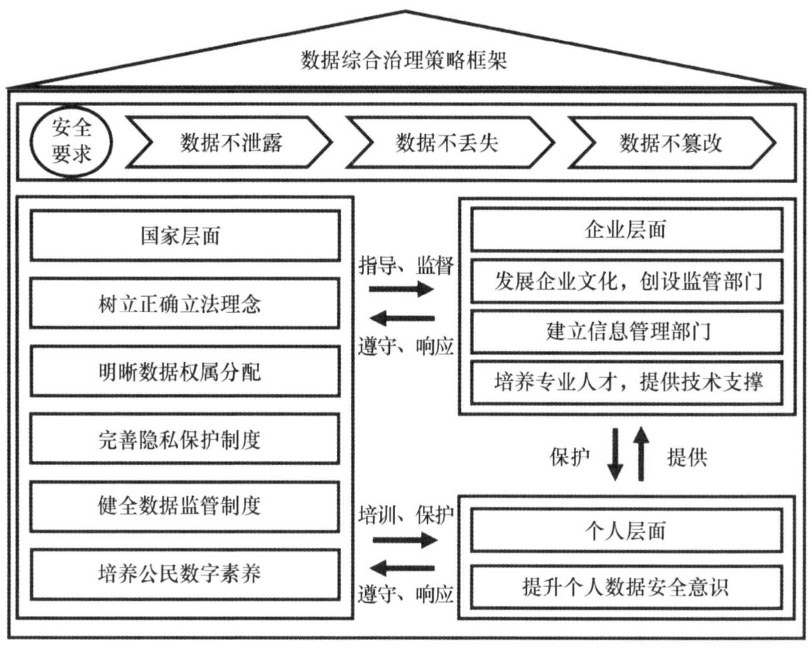

图9－4　数据综合治理策略框架

的最严厉的一部保护个人数据隐私的法律①。而美国的做法与理念则与之截然不同，更偏向于“重共享轻保护”。从理念上看，公民隐私权并不在美国宪法保护的基本人权之列。除相关法律法规明确禁止之外，美国公民的个人信息可以被存储和使用。在实践中，美国一般奉行“个人有权对自己的信息作出决定”，法律允许企业使用、出售，或者公开其所获得的消费者数据。

然而，无论是类似欧盟《通用数据保护条例》强调的重保护轻共享抑或是美国践行的重共享轻保护，都不是人工智能时代背景下数据问题治理的最佳理论路径，更不契合我国信息行业的发展现状②。从实际情况出发，一方面，我国当前的产业与科技发展都离不开数据的支撑，如果遵循欧盟重保护轻共享的理念，只会加剧数据开放不足、供需失衡、数据孤岛等问

① 王达、伍旭川：《欧盟〈一般数据保护条例〉的主要内容及对我国的启示》，《金融与经济》2018年第4期，第78—82页。

② 叶明、王岩：《人工智能时代数据孤岛破解法律制度研究》，《大连理工大学学报》（社会科学版）2019年第5期，第69—77页。

题；另一方面，国内数据环境乱象丛生，数据泄露、盗用问题层出不穷，若一味贯彻美国重共享轻保护的理念，只会纵容数据侵害行为，为数据违法犯罪活动提供温床，导致公民对政府及相关部门失去信任，限制自身数据的共享与流通，从而形成恶性循环。因此，综合考量安全与利益，具体分析我国实情，应当树立共享为原则、保护为底线的立法理念。在大力推进人工智能时代数据开放与共享的同时，严格恪守数据安全保护的底线，在推动数据行业发展的同时为公民们守好安全防线。

（二）明晰数据权属分配，以数字法治赋能数字化转型

在人工智能时代背景下，为确保用户数据的安全和隐私，最大程度地减少潜在风险和恶意行为，确立数据相关法律制度成为了保障数字经济安全发展的基本前提和必要手段。为实现此目标，务须深入考量个人—企业—政府三者之间的动态数据利益关系，以实现数据安全与交易成本之间的利益平衡。在权属划分方面，应遵循以下原则：

第一，个人应被赋予一定程度的数据自主权以及必要的保障权。数据交易产生的数据商品化现象对个人隐私安全问题产生了极大的威胁，也为许多看不见的违法活动提供了罪恶的温床①。因此，在制定相关法律法规时，应该充分考虑到个人数据隐私的私有性质，尽全力确保个人数据隐私不被相关的运营商和企业私自盗用。

第二，应根据实际情况赋予企业数据的绝对所有权或有限所有权。为促进数字经济发展，赋予企业一定的数据所有权可以更好地保障数据的流通、使用与价值最大化，不仅如此，还可以鼓励投资与创新，推动数据驱动的商业模式发展。但出于个人隐私的保护需求，应视具体情况赋予企业不同等级的数据权限。

第三，政府应在确保公共安全与公民隐私的前提下，将数据视作共享的公共资源，以促进数据开放和流动。政府在数据安全治理问题中起到平衡数据开放与隐私保护的重要作用，在保障公民隐私安全的前提下，政府应大力提倡数据的开放与流动，以促进社会、经济与文化的数字化转型。

只有综合考虑个人—企业—政府三方数据利益关系，遵守上述数据权属划分原则，才能实现数据开放与个人隐私保护的平衡，以数字法治赋能

---

①　王融：《关于大数据交易核心法律问题——数据所有权的探讨》，《大数据》2015 年第 2 期，第 49—55 页。

数字化转型。

（三）完善数据隐私保护制度

在大数据时代，人们日常网上购物、交流互动以及信息检索等活动，会留下密集的数据轨迹。互联网企业通过对这些踪迹的分析，掌握了无数个体的消费习惯、兴趣爱好、即时需求等多方面私密信息。然而，这些信息其实都属于个人隐私范畴。在缺乏全面的数据隐私保护制度的背景下，个体隐私数据面临数据泄露与滥用等潜在风险，不法分子很有可能会利用这些个人隐私数据实施欺诈、贩卖等非法牟利行为。针对这种现象，我国颁布了多项法律法规：2016 年 11 月 7 日，第十二届全国人民代表大会常务委员会第二十四次会议通过了我国第一部网络安全法《中华人民共和国网络安全法》。该法于 2017 年 6 月 1 日生效，涵盖个人信息的保存和保护、法律责任、运营商对其行为的承诺等内容。2017 年 12 月 29 日，全国信息安全标准化技术委员会发布《信息安全技术—个人信息安全规范》。该规范于 2018 年 5 月 1 日起正式实施，并于 2020 年进行修订，修订版自 2020 年 10 月 1 日起生效。该规范涵盖了企业必须遵守的隐私政策，加强了对生物特征识别的保护等[①]。这些法律法规虽然在一定程度上规范了企业的行为，保护了个人的隐私，但仍有许多地方值得思考与改进。

第一，应对隐私数据作出明确界定。为避免互联网企业未经允许私自使用用户数据谋求商业利益，应对数据隐私的界限以法律法规的形式作出明确的界定。从信息学的角度审视，不同数据所承载的信息内容和价值量迥异，其所蕴涵的隐私敏感度也不尽相同。因此，对于流通中的数据应具体情况具体分析，根据数据性质的不同采纳差异化的共享理念与方法。一方面，依循现行信息法规的理念，对于那些无法辨识出特定个人的数据集，在不涉及国家或商业机密的前提下，为释放数据的潜在价值，应确立原则许可的数据共享机制；若涉及商业机密，则需获得权利人同意，方可进行共享。另一方面，对于那些可以识别出特定个人或已经辨识出特定个人的相关信息，可根据数据的隐私敏感程度划分为敏感数据与一般数据。所谓敏感数据，应当包括《信息安全技术—个人信息安全规范》中所界定的“敏感信息”，以及揭示个人隐私的数据。对于敏感数据，应予以重视，

---

① 黄闪闪、王欣悦：《智慧治理中数据隐私的安全困局与防治对策》，《领导科学》2023 年第 5 期，第 101—105 页。

通常情况下不宜进行共享，只有在特殊情况下，如基于公共利益目标，且经过充分数据安全保障的前提下方可共享。例如，医疗机构为了攻克医学难题而共享患者相关信息，这一举措应得到法律的明确支持，但同时亦须设定严格的限制。而对于一般数据，应强化其共享程度，但也需按照规章制度严格监管。

第二，应引入数据隐私影响评估制度。隐私影响评估（PIA）是对信息处理的分析，以确保信息处理符合有关隐私的法律、法规和政策要求。隐私影响评估能够确定在信息系统中以可识别形式创建、收集、使用、处理、存储、维护、传播、披露和处置信息的风险和影响，并且检查和评估用于信息处理的信息保护过程，以减轻潜在的隐私问题①。

美国国土安全部将隐私影响评估作为大数据背景下识别和缓解隐私风险的必备决策工具②；澳大利亚则是由信息专员办公室来指导隐私影响评估工作，利用隐私泄露影响评估对项目进行系统评估，分析其可能对隐私产生的影响，从而确定并推荐可以最小化或者减轻负面隐私影响的选项③。为更好地消除隐私安全隐患，我国迫切需要引入数据隐私泄露评估制度，构建隐私风险管理体系。应确切规定专门的政府机构或独立第三方机构来开展针对涉及个人敏感数据的数据共享活动（包含数据交易、转移、共享等）的隐私泄露影响评估。在得到评估结果后，应秉持公开性和及时性原则，将不涉及政治或商业机密的评估结果向大众公开，并及时更新。此举也能在一定程度上提升公民对隐私风险的重视程度，树立公民隐私安全意识。

（四）健全数据流通监管制度

数据流通的监管制度是保障数据共享参与者合法利益的最后一道防线。完善的监管制度不仅可以保障数据流动的安全性，还可以对数据主体进行数据开放、数据的共享和流动起到激励作用。为此，我国可以从以下

---

① 梁乙凯、陈美：《美国隐私影响评估制度及其启示》，《情报资料工作》2022年第5期，第60—70页。

② “Privacy Impact Assessments”, The Department of Homeland Security, Aug. 24, 2023, https://www.dhs.gov/privacy-impact-assessments.

③ “Guide to Undertaking Privacy Impact Assessments”, OAIC, Aug. 24, 2023, https://www.oaic.gov.au/privacy/privacy-guidance-for-organisations-and-government-agencies/privacy-impact-assessments.

几个方面完善当前的数据流通监管制度。

第一，明晰监管理念。具有前瞻性的监管理念可以为数据市场中的主体提供正确的指引，促使数据主体自发地遵循法律规范进行数据共享，从而减少非法数据流通行为的发生。而监管理念作为监管机构构建的指导性原则与监管行为执行的内在宗旨，不应过于偏激，过分的保守和过度的宽纵都是不可取的。过于严苛的监管规则会令数据市场中的交易各方望而生畏，使得交易闭锁，数据无法流通；而过于宽纵的监管理念又会使得数据市场失去应有的秩序，助长不法分子的行为。因此，数据监管应充分考虑当前数据产业的现状，在维护安全的同时适度采取措施促进数据流通，防止数据垄断、数据闭塞等现象的发生。

第二，优化监管机构。宗旨统一、纪律严明的监管机构是监管行为的执行者，也是数据安全问题的保障者。除了各企业内部自己的监管部门外，在政府机关层面也应设立一个专门的数据监管部门，对整个数据行业的行为规范进行整体把控，分级监管。此外，监管部门也不可“两耳不闻窗外事，一心埋头苦干”，需发挥群众力量，坚持群众路线，优化群众举报通道，划分专门的人员负责受理群众举报，处理纠纷。

第三，完善监管策略。在监管方式上，可以采取线上与线下、排查与抽查相结合的方式，定期进行审查工作，执行监管权力。同时，应当赋予监管机构一定的惩处权，秉持宽严并济、具体问题具体分析的基本原则，根据违规行为的严重程度不同给予不同的处罚。

（五）加强数字素养培训

数字素养是指个体成员在数字时代需要具备的数字意识、数字知识、数字能力和数字伦理等多方面的综合素养[①]。具备这些能力和素养可以使公民更好地理解国家数据安全治理方针，并将其落实到每个公民自身的行为活动上。数字素养的培训应包含以下三个方面：一是要提高主体鉴别能力。训练个体甄别网络与现实的隐私界限，有意识地避免隐私泄露[②]。二是要提升主体工具使用能力。尽可能地让个体学会使用工具，在存储和共

---

① 潘燕桃、班丽娜：《从全民信息素养到数字素养的重大飞跃》，《图书馆杂志》2022 年第 10 期，第 4—9 页。

② 黄闪闪、王欣悦：《智慧治理中数据隐私的安全困局与防治对策》，《领导科学》2023 年第 5 期，第 101—105 页。

享数据时，能够掌握和选择更为安全、私密的方式。三是要树立主体维权意识。在个体遭受隐私侵犯或数据盗用等不法行为带来的伤害时，鼓励数据主体果断地向相关部门求助，通过法律手段维护自己的合法权益。

数据安全问题无处不在，除了国家宏观把控之外，还应该加强公民数字素养的培训，提升全体公民的数字意识、数字知识、数字能力和数字伦理等多方面的综合素养，培养其对数据安全问题的敏感度和责任感，自觉维护个人与国家的数据安全，才能实现全方位的、有效的数据安全综合治理。

二、企业层面

（一）发展企业文化，提高安全意识

企业文化是一个组织的灵魂与内核，是组织成员的行动指南，对组织的发展具有深远的影响。在数据安全治理方面，企业文化也起着重要作用。如果企业文化强调隐私保护、数据的安全性与合规性，员工将更有可能遵循数据安全准则，保护客户和员工的隐私。相反，缺乏数据安全意识的企业文化可能导致数据泄露的风险增加。因此，企业应严格遵守数据安全相关法律法规，充分响应国家号召，发展数据安全与数据共享兼顾的企业文化。

（二）建立信息管理部门，统一规划数据

企业还应创设信息管理部门，对企业纷杂的数据进行统一的收集、存储与规划。此举不仅可以将数据统一保护起来，提升数据安全性保障，还可以更好地发挥数据价值。例如，信息管理部门将组织内不同部门、不同格式的数据统一存储起来，构造数据湖，可以有效解决数据孤岛问题，加强数据交流，合理分配数据资源，提升企业整体效率。

（三）培养专业信息人才，用技术解决数据问题

光有良好的企业文化和组织架构不足以解决实际的数据问题，还需要培养专业的信息人才，采用专业技术解决对应的数据问题，如隐私计算、联邦学习等专业技术，就可以在不影响数据使用的同时有效提升数据安全性。新兴的区块链技术也可以在监管方面发挥巨大的作用，其不可篡改性、可追溯性为数据问题审查与追责提供方便，从而保障数据使用过程中的透明性与合规性。

三、个人层面

就个人而言，首要任务是树立个人数据安全理念，加强个人隐私保护防范意识。个人应充分了解何为个人隐私权、哪些数据属于个人隐私数据、自己在法律上依法享有哪些数据权益，以及个人隐私权受到侵犯后如何利用法律武器保护自己，掌握这些信息可以帮助个人更好地树立数据安全理念，应对隐私泄露、隐私侵犯等安全危机。

在树立了个人数据安全理念后，个体还可以通过以下具体方法切实保护个人隐私：（1）审查隐私设置。对于个人所使用的各种在线平台和应用程序，定期进行审查，调整隐私设置。确保只有必要的信息对他人可见，限制与其他人共享的信息。同时还应关注应用软件的权限，只授予应用必要的权限。（2）强化口令保护。使用强口令，使口令中包含不同的大小写字母、数字、符号等，并定期更改口令，避免在众多不同的平台使用相同的口令。还可以采用双重身份验证等额外的安全措施，以确保账户的安全。（3）了解平台隐私政策。在新平台注册账号时，充分了解该平台的隐私政策，确保没有安全隐患后再勾选同意该政策，同时随时关注平台隐私政策的更新。（4）谨慎共享个人信息。在网络“杀猪盘”、钓鱼攻击等诈骗事件层出不穷的背景下，随意分享个人信息极有可能酿成悲剧的发生。因此，除了上述几种可操作的防范措施外，最关键的一点是，个体应谨慎共享个人隐私信息。

思考题

1. 数据孤岛起源于“信息孤岛”理论，是指企业或组织内部存在的数据隔离现象，即不同部门或业务之间的数据如同海面上的一座座孤岛，无法互相共享和交流。请简要阐述如何治理数据孤岛问题。

2. 请简要说明在数据开放与流动的过程中面临着哪些挑战。

3. 请分别从国家、企业的角度阐述数据安全综合治理策略。

第十章　主要国家和国际组织数据安全治理体系

第一节　美国数据安全治理的制度框架

在数字化时代，个人和机构的数据面临着各种威胁和风险，因此建立一个强大和完善的数据安全治理框架至关重要。本章首先介绍美国数据安全治理的制度框架，包括法律法规、政府机构和行业组织等方面。

一、美国数据法律和法规

随着信息技术的快速发展和数据的广泛应用，个人信息和数据的收集、存储和处理愈发普遍，同时也带来了隐私泄露和滥用的风险。在过去几十年里，随着网络、社交媒体、大数据分析等技术的兴起，个人的敏感信息和行为数据被广泛采集和利用。这引发了公众对于隐私保护的担忧，以及对于数据滥用、泄露和盗取的焦虑。在这种背景下，美国开始制定隐私保护法律，以确保个人数据的安全和隐私权的保护①。

虽然美国没有一项全面的联邦隐私法律，但多个法律和法规涉及个人数据的保护。例如，《加州消费者隐私法》和《消费者数据保护法》等各州的个人数据保护法律。同时，行业和部门也拥有自己的数据保护规定，例如医疗保健领域的《健康保险可移植性和责任法案》以及金融行业的

---

① 王正兴、刘闯：《美国国有数据与信息共享的法律基础》，《图书情报工作》2002 年第 6 期，第 60—63 页。

《格拉姆－莱利－比利法案》（GLBA）。

总体而言，美国的隐私保护法旨在响应公众对隐私保护的需求，确保个人数据的安全和隐私权的保护。这些法律的目标是平衡数据利用和个人隐私之间的关系，以实现切实的数据保护和个人权益的平衡，促进透明和负责任的数据收集和使用。

二、联邦贸易委员会

美国联邦贸易委员会（FTC）在数据安全治理中拥有重要的监管职责，旨在保护个人数据的安全和隐私。美国联邦贸易委员会承担的相关数据安全监管职责如下①：

（1）监督和执行个人数据保护：美国联邦贸易委员会负责监督并执行组织对个人数据的保护措施，以确保个人数据免受未经授权的访问、泄露和滥用。

（2）制定数据安全标准和指导：美国联邦贸易委员会发布了一系列数据安全标准和指导，以帮助组织采取适当的防范措施来应对数据安全风险。这些标准和指导涵盖了安全措施的要求、数据存储和传输的安全性、数据访问控制等方面。

（3）处理数据泄露事件和违规行为：美国联邦贸易委员会负责调查个人数据泄露事件和违反数据安全规定的行为，并采取相应的法律行动。美国联邦贸易委员会可以对违规组织采取行政措施和法律手段，以保护公众利益和个人数据的安全。

（4）监管隐私政策和合规要求：美国联邦贸易委员会要求组织制定明确的隐私政策，并确保组织按照其所声称的方式操作个人数据，避免虚假和误导行为。美国联邦贸易委员会还要求组织在隐私政策中提供透明的数据收集和使用说明，让用户能够了解和掌握自己的数据如何被处理。

（5）提供合规指导和教育资源：美国联邦贸易委员会向组织提供数据安全合规指南和最佳实践，帮助组织加强数据安全管理和防范措施。此外，美国联邦贸易委员会还致力于提高公众对数据安全的认识和理解，通过教育活动和信息发布，帮助消费者更好地保护自己的个人数据。

---

① Solove D J, Hartzog W, "The FTC and the New Common Law of Privacy", Columbia Law Review, Vol. 114, No. 3, 2014, pp. 583－676.

总而言之，美国联邦贸易委员会在数据安全治理方面扮演着监管和推动的重要角色。通过制定标准、监督合规、处理违规行为和提供教育资源等方式，美国联邦贸易委员会确保个人数据得到适当的保护，维护公众的利益和隐私权。通过执法、调查、教育和政策倡导，美国联邦贸易委员会努力确保市场的公平竞争，保护消费者的权益，促进数据隐私和安全。

三、国家安全局和国家标准与技术研究院

虽然美国没有统一的国家级数据保护框架和标准，但其有一些政府机构，在制定数据安全和隐私框架和标准方面发挥了巨大的作用。例如，国家安全局和国家标准与技术研究院是美国两个在安全和技术领域发挥重要作用的机构。国家安全局负责处理国家的电子情报和信息安全事务，而国家标准与技术研究院负责标准化和技术研究，提供技术指导和支持①。

国家安全局的职责和作用：

（1）信号情报收集与分析：负责收集和分析全球范围内的电子通信信息，以提供战略和战术情报支持，这包括政治、军事、经济以及网络安全方面的信息。

（2）信息保密与安全：负责确保美国政府的信息安全和通信系统的保护。它开发和实施密码学和加密技术，以确保敏感信息的保密性和安全性。

（3）网络防御与网络攻击响应：致力于保护美国的网络基础设施免受网络威胁和攻击。它负责监测、检测和回应网络攻击，提供网络安全建议和技术支持。

国家标准与技术研究院的职责和作用：

（1）标准制定与推广：负责制定和推广标准，包括计量、测量、密码学、信息安全和数据隐私等领域的技术标准。这些标准被广泛应用于各个行业和领域，促进技术发展和互操作性。

---

① Frankel D S, Parker S E, Rosenfeld L E, et al., "HRS/NSA 2014 Survey of Atrial Fibrillation and Stroke: Gaps in Knowledge and Perspective, Opportunities for Improvement", Heart Rhythm, Vol. 12, No. 8, 2015, pp. 105 – 113.

（2）技术研究和创新：进行广泛的技术研究和创新，涉及多个领域，包括先进制造、信息技术、生物技术等。它致力于解决技术挑战，促进科学进步和国家的创新能力。

（3）安全性和隐私保护：提供广泛的安全性和隐私保护方面的指导和技术支持。例如，发布密码学标准和安全控制推荐，帮助组织和行业确保数据和系统的安全性。

四、信息技术产业理事会

信息技术产业理事会（ITI）是一个国际性的行业组织，成立于1916年，总部位于美国华盛顿特区。信息技术产业理事会的成员包括全球领先的技术和互联网公司，它为这些公司提供政策倡导和合作平台，致力于推动科技创新、数字经济和全球数字化转型。

信息技术产业理事会的使命是代表成员公司的利益，推动创新和科技进步，同时解决与科技相关的公共政策和法规问题。它致力于建立公平和开放的全球数字经济环境，在许多核心领域推动发展，包括人工智能、大数据、云计算、网络安全和隐私保护等①；致力于制定行业自律和最佳实践，推动数据安全和隐私保护的发展，并与政府进行合作，提供有关政策和法规的建议。

信息技术产业理事会在政策倡导方面发挥着重要作用，与政府、立法机构和国际组织保持密切合作。它提供了专业的政策分析和建议，帮助制定科技领域的相关政策和法规；还组织成员间的交流和合作，推动最佳实践的制定，以应对日益复杂的技术和法律挑战。

综上所述，美国的数据安全治理采用了一系列的实体和法律框架来保护个人和国家的数据安全。通过联邦贸易委员会、国家安全局、国家标准与技术研究院等机构的合作，以及相关法律的制定和执行，确保数据的安全和隐私保护。然而，随着技术的不断发展，数据安全治理也需要与时俱进，以适应新的挑战和威胁。

---

① Al-Ruithe M, Benkhelifa E, Hameed K, "A Conceptual Framework for Designing Data Governance for Cloud Computing", Procedia Computer Science, Vol. 94, 2016, pp. 160-167.

第二节　欧盟数据安全治理的制度框架

本节将介绍欧盟数据安全治理的制度框架，其中包括关键的实体和法律框架。

一、《通用数据保护条例》

当涉及个人数据的保护和隐私问题时，欧洲联盟引入了《通用数据保护条例》这一法规。欧盟的《通用数据保护条例》在数据安全方面起着重要的作用。它对组织在处理个人数据时采取的安全措施和实施的安全要求进行了明确规定，以确保个人数据的保护和安全性。以下是《通用数据保护条例》在数据安全方面的一些重要作用①：

（1）数据保护措施：强调数据主体的权利，包括对其个人数据的访问、更正、删除以及限制处理的权利。法规着重强调了数据处理者的责任，要求他们采取适当的技术和组织措施来保护个人数据的安全，并确保数据处理的合法性和透明性。法规要求数据处理者在处理个人数据时遵循合法基础和明确目的的原则。数据处理应该限制在必要范围内，并且必须与事先明确的目的相符合。

（2）风险评估：要求组织进行数据保护影响评估来评估和识别可能对个人数据安全性构成高风险的处理活动。通过该评估，组织可以识别潜在的安全风险，并采取适当的措施来减轻和管理这些风险。

（3）数据处理的安全合同：要求组织与其数据处理者签订合同，在合同中对数据安全和保护进行约定。这有助于确保数据处理者也采取适当的安全措施并依法处理个人数据。

（4）违规处罚：明确了对违反《通用数据保护条例》规定的组织可以进行高额罚款的制度。这种处罚制度促使组织更加重视数据安全，并确保其在数据处理过程中遵守《通用数据保护条例》的规定。

总而言之，《通用数据保护条例》在数据安全方面的作用是确保个人

---

① 肖冬梅、谭礼格：《欧盟数据保护影响评估制度及其启示》，《中国图书馆学报》2018 年第 5 期，第 76—86 页。

数据安全和得到适当的保护，同时通过明确的安全要求和处罚制度来促使组织采取必要的措施保护个人数据。这有助于提高数据处理者和组织在数据安全方面的意识，并加强对个人数据的保护。

二、数据保护影响评估

数据保护影响评估（DPIA）是根据欧洲联盟的《通用数据保护条例》的要求进行的一项评估活动。它的目的是评估特定的数据处理活动对个人数据安全和隐私的潜在影响，并帮助组织采取适当的措施来减轻和管理这些影响。

数据保护影响评估是一项系统性的工程，旨在评估和预测特定数据处理活动对个人数据隐私和安全的潜在影响。它确保组织在进行新的数据处理活动或更改现有活动时能够充分考虑和管理数据保护风险。在进行数据保护影响评估时，组织需要进行一系列评估和分析，以确定数据处理活动可能引发的风险和潜在影响，这包括如图 10－1 所示的五个关键步骤[①]：

（1）评估数据处理活动：组织首先需要明确数据处理活动的目的、范围、数据类型、数据流和参与方。这有助于了解这些活动对个人数据隐私和安全可能产生的影响。

（2）识别和评估风险：组织需要识别潜在的隐私和安全风险，并评估其可能性和影响程度。这可能涉及个人数据的泄露、滥用、未经授权的访问等方面的风险。

（3）采取控制措施：根据风险评估的结果，组织需要确定适当的控制措施来降低数据处理活动的风险。这可能包括技术措施、安全政策、数据保护培训等。

（4）开展必要的咨询与参与：组织需要与内部的相关部门、员工以及可能受影响的个人或群体进行必要的咨询和参与。这有助于收集各方的意见和反馈，进一步改进数据处理活动的安全性和隐私保护性。

（5）编写数据保护影响评估报告：组织需要编写数据保护影响评估报

① Awatef Issaoui，Jenny Örtensjö，M. Sirajul Islam，“Exploring the General Data Protection Regulation（GDPR）Compliance in Cloud Services：Insights from Swedish Public Organizations on Privacy Compliance”，Future Business Journal，Vol. 9，No. 1，2023，p. 107.

告，记录整个评估过程的结果、风险评估、采取的控制措施和相关建议。这份报告需要被保留，并与数据保护主管机构共享。

图 10－1　数据保护影响评估的重要步骤

通过进行数据保护影响评估，组织能够识别和管理个人数据处理活动的潜在风险，确保个人数据隐私和安全的保护。数据保护影响评估不仅有助于合规性，也有助于建立透明度和信任，同时提升数据治理和数据保护的质量。

三、欧洲数据保护委员会

欧洲数据保护委员会（EDPB）是根据欧洲联盟的《通用数据保护条例》设立的一个独立机构。它的主要任务是在欧洲范围内协调和推进数据保护和隐私相关事务，以确保欧洲成员国在《通用数据保护条例》实施方面的一致性。

欧洲数据保护委员会由欧洲联盟成员国的数据保护主管机关（DPAs）组成。每个成员国都有权派出一个代表参与欧洲数据保护委员会的工作。此外，欧洲数据保护监督员也担任欧洲数据保护委员会的成员①。以下介绍欧洲数据保护委员会的主要职责：

（1）协调机构：负责协调欧洲联盟成员国间的数据保护主管机关的合作。在处理跨境数据保护问题时，欧洲数据保护委员会提供指导和协助，以确保一致的处理方法和决策。

（2）颁布指南和建议：发表指南、建议和标准，以帮助组织和数据保护主管机关更好地理解和执行《通用数据保护条例》的规定。这些指南和建议涵盖各种数据保护问题，包括个人数据处理、数据主题权利、安全措施等。

---

① Ford, A., Al－Nemrat, A., Ghorashi, S. A., & Davidson, J. J. "The Impact of GDPR Infringement Fines on the Market Value of Firms", Information and Computer Security, Vol. 31, 2022, pp. 51－64.

（3）审议合规性：负责审议涉及欧洲联盟范围的合规性问题。当存在共同决策或共享意见的需要时，欧洲数据保护委员会可以就特定问题发表意见。

（4）处理投诉和争议：负责处理欧洲范围内的数据保护投诉和争议。它可以提供指导和建议，并在必要时发表意见。

欧洲数据保护委员会的目标是确保《通用数据保护条例》在欧洲范围内得到一致的应用和执行，保护个人数据的隐私和权益。通过协调和促进数据保护主管机关之间的合作，欧洲数据保护委员会起到了促进数据保护事务一致性和协调性的重要作用。

四、数据保护官

数据保护官（DPO）是一个在组织内部被指定的专门责任人，负责确保组织在个人数据处理方面遵守相关的法律法规和准则，如《通用数据保护条例》。他们通常被任命为组织内部的高层职位，或以外部顾问的身份，负责确保数据保护事务的合规性①。通过数据保护官的管理和监督，组织能够更好地保护个人数据的隐私和安全。数据保护官的存在有助于促使组织遵守数据保护要求，强化组织对个人数据的管理和保护。数据保护官的主要职责包括以下几个方面：

（1）监督与指导：负责监督组织的数据处理活动，确保其合规性。他们提供指导和建议，帮助组织制定和执行数据保护政策，同时与相关部门合作，确保数据保护措施得到有效实施。

（2）法律合规：需要了解适用的法律法规，并确保组织在个人数据处理方面遵守相关要求。他们可能需要进行合规性评估，发现潜在风险并提供解决方案，以确保组织充分遵守数据保护法规。

（3）内部培训与意识：负责组织内部的数据保护培训和意识提升活动。他们可以提供培训和教育材料，使员工了解数据保护的重要性和法律义务，以促进数据保护意识的普及。

（4）与数据主体的沟通：作为联系人与数据主体进行沟通，解答其对个人数据处理的疑问和投诉。他们确保数据主体的权益得到充分保护，处理投诉，并向数据主体提供有关其数据处理行为的透明信息。

---

① 石月：《数字经济环境下的跨境数据流动管理》，《信息安全与通信保密》2015年第10期，第101—103页。

（5）数据保护影响评估：在数据保护影响评估过程中发挥关键作用。他们参与和指导组织进行数据保护影响评估，评估潜在风险，并采取相应的控制措施，以确保数据处理活动的合规性。

总而言之，欧盟数据安全治理的制度框架旨在通过规定平衡各方利益的规则和标准，确保数据的合规性、隐私保护和安全性。它为企业提供了清晰的指引和操作规范，同时保障了个人数据主体的权益和隐私。

第三节 其他国家数据安全治理的制度框架

在数字经济时代，数据被视为一项具有重要战略价值的新型资产，成为最具时代特征的生产要素。然而，由于数据资源的特殊性和重要性，它同时也面临着数据安全受到威胁的风险。随着数据应用领域的扩大和非法攻击手段的不断升级，全球范围内频繁发生着重大数据安全事件。例如，2021 年在著名社交平台脸书上超过 5.33 亿用户信息遭到泄露，2023 年 6 月微软公司检测到俄罗斯国家附属黑客组织 Midnight Blizzard 发起的凭证窃取攻击。这些事件对政治、科技、经济和社会各方面造成了严重负面影响。为了有效保护数据安全，国际社会各方一直在实践中不断探索治理路径，并基于不同的价值理念形成了各具特色的数据安全治理制度框架。本节将重点关注除欧盟和美国以外的其他国家在数据安全治理战略规划、法律政策等方面的经验做法，旨在完善我国对数据安全治理模式的了解与研究。

一、英国数据安全治理制度框架

（一）英国国家数据安全治理制度发展

没有一项制度永久适用，数据安全治理制度框架也应随时空的变化不断进行革新与调整。英国经过多年的制度演进和机构变革，在国家数据安全治理方面逐步建立了一套完整体系。1984 年，英国颁布了《数据保护法》，明确规定了个人数据隐私的保护原则，象征着英国开始关注数据安全问题。随后，根据欧盟《数据保护指令》的要求，英国议会于 1998 年颁布了新版的《数据保护法》。在之后的历史发展中，英国陆续起草、修订并公布了一系列重要的法律和政策，如《个人数据保护指令》《国家网络安全战略》《网络和信息系统安全法规》和《自由保护法》等。图 10－2 展示了这些纲领性法律和政策的发展轨迹①。

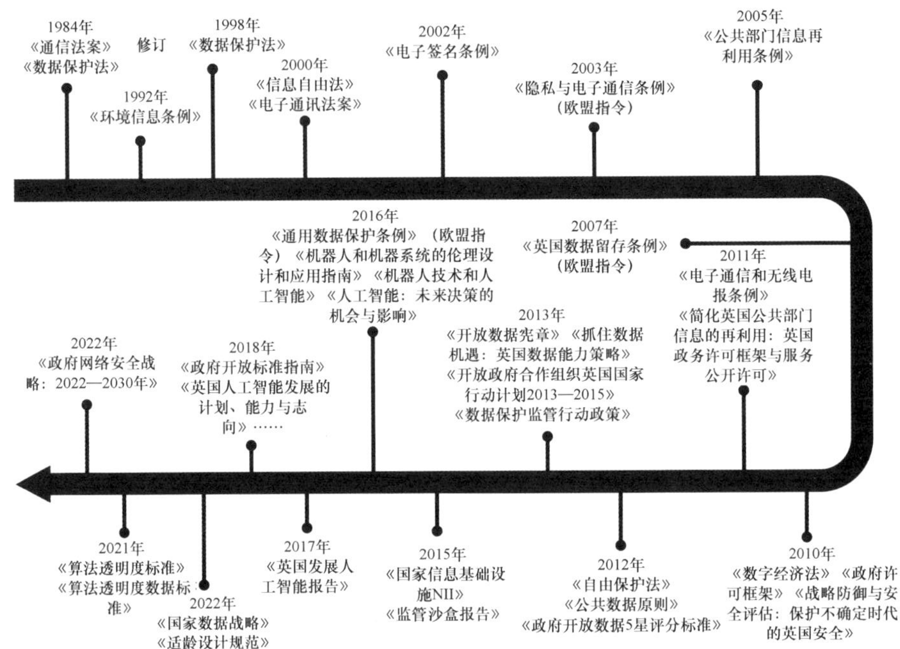

图 10－2　英国国家数据安全治理制度发展

（二）英国国家数据安全治理制度框架

自 2013 年计划脱欧，至 2020 年正式脱欧，英国多数数据治理政策是基于欧盟各项指令制定的。多年来，英国与欧盟交往密切，在数据保护方面已经建立了内在联系。尽管英国仍适用欧盟制定的制度，但随着正式脱欧，英国的制度演进变得更加独立。2022 年，张涛等学者在研究中将英国国家数据安全治理制度体系分为个人数据安全、政府数据安全、网络数据安全、数据伦理安全和人工智能数据安全五个部分，并就它们展开相关法律条例、职责作用以及相互关系的梳理，如图 10－3 所示②。

英国国家数据安全治理以保护国家安全、服务国家安全为主要目标，经

① 张涛、马海群、刘硕等：《英国国家数据安全治理：制度、机构及启示》，《信息资源管理学报》2022 年第 6 期，第 44—57 页。

② 李重照、黄璜：《英国政府数据治理的政策与治理结构》，《电子政务》2019 年第 1 期，第 20—31 页。

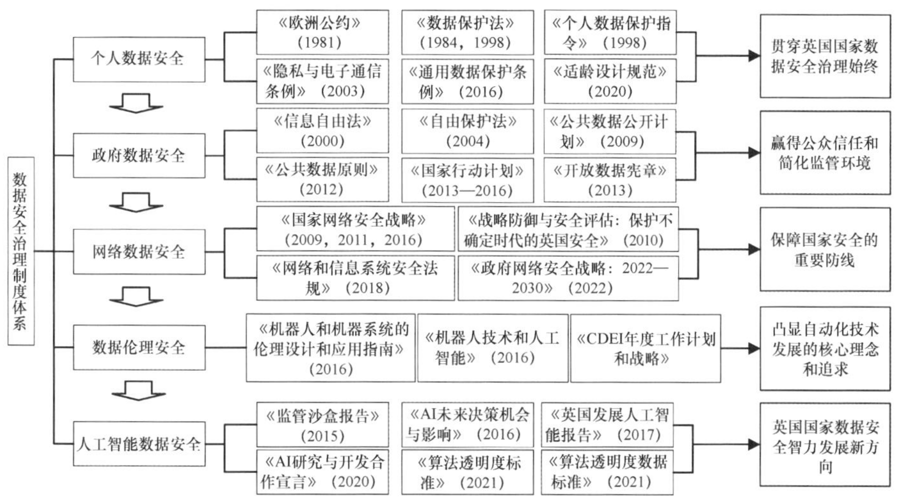

图 10－3　英国国家数据安全治理制度框架

过多年发展逐步迈入法制化轨道。其数据安全治理制度体系具有关注个人数据安全与人权、涵盖领域广泛、演进由外及里等典型特征。脱欧后的英国逐步建立了一套科学合理的数据安全治理体系，为其应对全球数据安全风险、防范各类数据安全事件、实施数据安全战略等提供了坚实的制度保障。

二、日本数据安全治理制度框架

日本自 20 世纪末开启针对数据安全治理的道路探索，其数据安全治理架构经过数十年的发展已趋于完备。本节从顶层设计、监管机制和国际合作三个角度，对日本的数据安全治理框架进行梳理①。

（一）日本数据安全治理制度顶层设计

经济合作与发展组织（OECD）于 1980 年发布《隐私保护与个人数据跨境流动准则》，提出诸如主体同意、数据使用目的明确、数据公开等基本原则。2016 年，日本提出“社会 5.0”理念，力求网络空间和物理空间的高度融合，构建以人为本的模范未来超智能社会；首相岸田文雄亦于政策中提出“数字田园都市国家构想”，力图推进立法、强化治安系统。

为实现上述目标，日本始终强调综合考虑数据开发和安全问题。2021 年

① 梅傲、李坤佳：《日本数据安全治理制度述评及其启示》，《情报理论与实践》2023 年第 7 期，第 195—200 页。

6月，日本发布《综合创新战略》，目的是在确保信任和公共利益的情况下建立安全高效的数据利用机制；同年7月，日本颁布《网络安全战略》，提出在强化网络安全的前提下，大力发展数字技术，以构建公平、自由和安全的网络空间。梳理日本数据安全治理立法历史沿革，如表10-1所示。

表10-1　日本数据安全治理的主要法律

时间（年）	主要立法	法律内容
1988	《行政机关持有的计算机处理个人信息保护法》	日本第一部数据保护立法，但对象仅包含行政机关，具有一定局限性
2000	《高度信息通信网络社会形成基本法》（又称《IT基本法》）	旨在建立高度信息和电信网络社会，在强调数据利用的同时指出应制定基本方针保护个人信息
2003	《个人信息保护法》 《行政机关所持有的个人信息保护法》 《独立行政机构所持有的个人信息保护法》	在厘清相关概念和提出相应保护措施的同时，分别针对不同的数据持有主体，明确其权利与义务范围
2013	《办理行政手续以识别特定个人的番号利用法》	设立“个人番号”，通过固定的12位数号码识别特定个人。在该法的第四章和第五章，规定了特定个人信息的提供限制和保护措施
2014	《网络安全基本法》	加强日本政府和民间组织在网络安全领域的协调合作。设立网路安全本部，统一制定网络安全对策
2016	《官民数据活用推进基本法》	促进政府与民间组织数据正确与有效地活用。在法律层面明确了诸如“人工智能”“物联网”“云计算服务”等概念
2017	《为促进医疗领域研究和开发的匿名医疗数据法》	推动匿名处理信息的使用，在确保数据安全性之下活用数据，促进医疗健康领域研究开发新技术、新产品
2021	《数字社会形成基本法》	日本最新制定的有关数据利用的法律。该法废除了《IT基本法》，并在《IT基本法》的基础之上定义了数字社会。除了《IT基本法》中所要求的可以通过互联网和其他先进的信息网络，安全且自由地搜集、获取、共享相关信息和知识外，数字社会还应当是能够有效地利用人工智能、物联网、云计算服务等先进通信技术的，能够促进数据安全合理和有效利用的社会

（二）日本数据安全治理制度监管机制

日本在建立健全数据安全管理体系的同时，逐步建立了政府一元主导、民众多元参与的协同监管机制。相关机构中，个人信息保护委员会（PPC）处于核心领导地位，负责监管国内数据的保护以及跨国界数据的流通。个人信息保护委员会的规制对象既有公营部门，也有私营部门，但其规制权限不同。例如，当政府信息处理者违法时，个人信息保护委员会可以向政府机构提出建议；而在涉及企业时，个人信息保护委员会则可以直接行使命令权。此外，个人信息保护委员会还承担着投诉调解、安全评价和宣传教育等职能，是日本数据安全治理监管机制的中心枢纽。

（三）日本数据安全治理制度国际合作

日本一贯重视数据安全治理领域的国际合作，主要从以下两个方面加深了与其他国家在数据安全治理领域的国际合作。

第一，日本竭力推广它的数据跨境流通理念，并广泛参与条约缔结以提升国际声望及话语权。2019 年大阪举行二十国集团领导人第十四次峰会，日本前首相安倍晋三在会上提出“可信数据自由流动”（DFFT）概念，得到多数国家的一致认可。自此，日本在国际活动中多次强调该理念，并在这一思想的指引下，参与多项国际谈判，签署了许多国际条约。日本与欧盟签订的《经济伙伴关系协定》（EPA）就是其中之一。

第二，日本国内立法也呈现出向国际化发展的趋势。无论是《网络安全基本法》还是《数字社会形成基本法》，都将提升国际竞争力、维护国际社会的和平与安全作为立法宗旨。同时，日本还强调要在国际间紧密合作的基础上，推动有关政策的制订，加强其与国际条约之间的协调连贯。

三、其他国家数据安全治理制度框架①

（一）新加坡：特色“谢绝来电”登记制

新加坡出台了一系列针对网络安全的法律，包括《国内安全法》《网络行为法》《垃圾邮件控制法》《个人信息保护法》《电子交易法》等，并设立国内安全部、资讯通信发展局，以及其他一些法律部门，负责执行与

---

① 马其家、刘飞虎：《数据出境中的国家安全治理探讨》，《理论探索》2022 年第 2 期，第 105—113 页。

监管。2012 年，新加坡通过了《个人数据保护法》，该法案经过第一阶段设立个人数据保护委员会、第二阶段实行“谢绝来电”登记制和第三阶段其他补充条款的实施，对新加坡国内各部门间的个人数据和境外数据的跨界流通进行了规范。其中，较有特色的是第二阶段的“谢绝来电”登记制，允许民众向“谢绝来电”登记处注册电话号码，帮助民众免受商家的促销电话、短信或传真的烦扰。

（二）澳大利亚：横向数据分类专门化规制

澳大利亚政府将数据划分为三种：个人普通数据、个人健康数据和政府数据，并采取“个人普通数据自由流通、个人健康数据限制流通、政府数据禁止跨境流通”的分级管理策略。澳大利亚政府于 2009 年依据《国家网络安全战略》，设立了网络安全运行中心和计算机应急响应小组两个组织，以协调政府相关部门进行网络威胁的管理与控制。之后，澳大利亚将网络安全运行中心更名为澳大利亚网络安全中心，授权网络安全管理和政府网络安全运营两大职能，以保障国家主权安全。

（三）俄罗斯：纵向自由流动到严格限制演变

自 1995 年《联邦信息、信息化和信息保护法》确立了利用信息技术进行数据收集、传输和传播的法律关系以来，俄罗斯国内立法不断出台有关规范数据治理的法律，如《联邦大众传媒法》《联邦安全局法》和《联邦个人数据法》。这些法规在保障公民权利的同时，对个人数据的跨境流动提出了同等保护要求。依据 2013 年《个人数据自动化处理的个人保护公约》的规定及 2014 年俄罗斯《个人数据保护法》的“白名单”制度，斯特拉斯堡公约签署国的所有国家都被认为是提供“充分保护”的数据主权国家。

美国“棱镜门”事件发生之后，俄罗斯着手修订数据保护方面的法律，并相继颁布强化数据本地化存储的指令。2014 年，俄罗斯联邦政府颁布《〈关于信息、信息技术和信息保护法修正案〉及个别互联网信息交流规范的修正案》，要求网络服务提供商将 6 个月以内的网民语音文字图像等信息留存在俄罗斯境内，并配合国家侦查机关的相关审查工作；后续，普京签署俄罗斯联邦系列法律修正案，规定网络公司的数据控制者和数据处理者必须在俄罗斯领土上建立数据库，并且要求只有在获得数据拥有者的明确许可后，经营者才能从当地数据库中获得个人信息。俄罗斯的数据安全治理政策逐步从鼓励数据自由流通向严格控制数据在当地储存转变，以确保对跨境数据和国家主权的绝对维护。

（四）印度：数据治理稳健型

印度的数据本地化程度较高，国家对数据治理持审慎态度。如《公共记录法》明确规定公共记录禁止向境外传输；《个人数据保护法草案》限制关键个人数据仅能在境内服务器或数据中心进行处理。医药方面，《电子药房规则草案》明确了电子药房经营者必须对其所采集到的使用者和其开出的药方信息予以严格保密；金融方面，印度储备银行发布《关于发展和监管政策的声明》，指出境内支付服务商只能在境内存储，并接受有关部门对其的持续监测。从这几点可以看出，印度出于国家安全、执法便利性及隐私保护等方面的考量，在数据本地化方面对个人数据进行了限制，并对数据的跨境流动设置了一定的数字贸易壁垒。

从域外已有的数据安全治理实践观之，数据安全治理已被各主权国家提上日程。各国先后推出国内个人数据保护立法，用以主权域内各行业的数据治理以及在主权域外的国际数据跨境流通规制。尽管不同国家在数据安全治理态度和治理框架上存在差异，但是它们都反映出各国对数据这一新型资源的重视、对数据保护与数据流动利用平衡的强调和对本国利益的密切关注。

第四节　全球数据跨境流通规范

数据跨境流通是数字全球化和经济全球化“双轮”驱动下的产物，已成为全球经济一体化和驱动国际贸易发展的重要支撑。数据跨境流通规范作为数据治理国际化中的重要议题，关系到国家数据安全和世界数字经济产业发展。面对安全威胁和隐私挑战日益严峻的背景，各个国家和地区基于自身安全和经济发展诉求，制定了各自的数据跨境流通政策。

一、数据跨境概述

数据跨境从定义上来说，表示任何正在转移数据到其他司法管辖区或是转移到其他司法管辖区之后意图再转移的行为。以“境外实体接触”为标准，数据跨境主要包括两类，具体如表 10 – 2 所示。

表 10－2　数据跨境概述

概念	定义	场景类型	场景示例
数据跨境	任何正在转移数据到其他司法管辖区或是转移到其他司法管辖区之后意图再转移的行为	1. 跨境传输 数据的接收方，基于合同或其他基础接收来自于其他法域的数据	某跨国企业的子公司通过内部的系统传输数据至位于另一司法管辖的总部
		＊跨境采集 跨境采集是跨境传输的一种特殊情况：数据的采集方基于某种需求，直接从位于另一法域的数据主体处采集数据至处理方所在地，而未在数据主体所在法域进行任何处理行为	某跨国企业的员工使用内部系统填报个人信息，而该系统的服务器与该员工所在地不属于同一司法管辖区
		2. 跨境访问 数据的访问方基于某种需求，访问位于另一法域的系统服务器，读取其数据库中的部分或全部数据并进行一定的自动化处理动作	某跨国企业在中国为欧盟境内的客户提供系统远程运维服务

数据跨境流转示意图如下①：

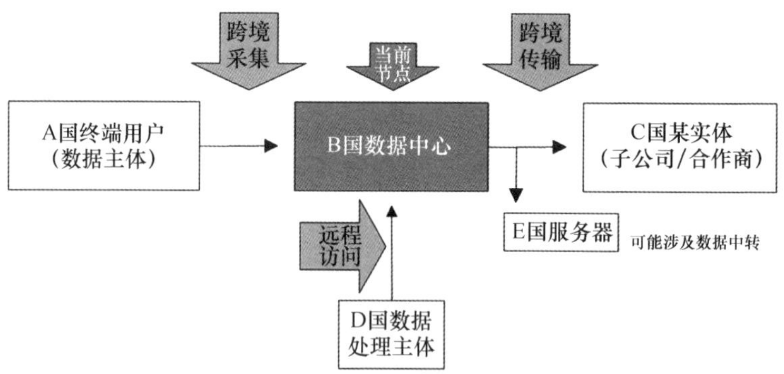

图 10－4　数据跨境流转示意图

① 王晶晶、张光：《跨境数据流动规制的公共利益保护：CPTPP 与 RCEP 规则比较及中国因应》，《东南亚纵横》2023 年第 6 期，第 97—104 页。

二、全球数据跨境流通政策发展趋势

（一）数据分级分类管理成为主流

不同类型的数据，如个人数据、重要数据、敏感数据等，所涉及的法律管控、安全风险和所需的保护程度都有差异。因此，越来越多的国家采取了数据分级分类管理机制，以此为基础对数据进行监督管理，最终形成了宽严并济的数据跨境流动治理模式。

（二）探索促进统一数据跨境规范

随着数据跨境流通的日益频繁，各个国家和地区试图将数据跨境流动治理包含在国际贸易规则之中。当前的数据治理方案已无法满足全球数据跨境流通治理的需求，迫切需要构建一套与当前数字经济迅猛发展相适应的新型管理体系，以充分发挥数据潜力。

（三）数据主权管辖博弈冲击持续

数据由于其流动性，会造成多个国家之间对于数据的管辖权产生博弈，其中比较典型的情况是“长臂管辖”。“长臂管辖”可能使一国法律的实施效力延伸到另一国家，从而侵犯该国的司法主权，并对其合法利益造成损害。部分国家为满足其跨境数据的获取需求，采取“长臂管辖”的方式，扩大该国法律的实施范围，使各国在数据相关管辖权上的矛盾更加突出。

三、主要国家及地区数据跨境流动规则机制

（一）中国：差异化、多层次，夯实总体国家安全观

我国的数据跨境法规具有分级管理的特点，在对重要数据与个人信息的控制上遵从差异化设计，并不断制定、完善、创新数据跨境相关法律法规。《网络安全法》《数据安全法》和《个人信息保护法》的颁布，构成了数据保护相关上位法的基础。针对特定行业的特定类型数据，我国明确本地化要求：对数量较大的个人信息和重要数据实行境内存储，经监管机构审批后方能出境；一般个人信息跨境，遵从标准合同、安全认证等多样化合规措施。如表 10－3、表 10－4 所示。

表 10-3 中国数据跨境相关法律规定

法律法规名称	相关条款	核心规定	时间	性质	废存情况
《网络安全法》	第三十七条	1. 框架性规定，主体限于关键信息基础设施运营者在境内搜集的个人信息 2. 需境内存储；确需向境外提供应进行安全评估	2017 年生效	法律	现行有效
《个人信息和重要数据出境安全评估办法（征求意见稿)》	全篇	1. 涉及个人信息和重要数据，未做区分设计 2. 自评估的具体内容 3. 监管进行安全审查的标准 4. 不得出境的情况	2017 年发布征求意见稿	行政法规（国家网信办）	征求意见稿
《信息安全技术　数据出境安全评估指南（征求意见稿)》	全篇	1. 自评估具体流程 2. 个人信息及重要数据的评估要点（合法正当、风险可控） 3. 发送方的技术和管理能力要求 4. 接收方的安全保护能力及所在地区政治法律环境要求	2017 年发布征求意见稿	国家标准（中国国家标准化管理委员会）	征求意见稿
《个人信息出境安全评估办法（征求意见稿)》	全篇	1. 仅涉及个人信息 2. 安全申报材料 3. 重点评估内容 4. 出境记录保存要求 5. 不得出境的情况	2019 年发布征求意见稿	行政法规（国家网信办）	征求意见稿
《数据安全管理办法（征求意见稿)》	第二十八条	1. 涉及个人信息和重要数据，未做区分设计 2. 网络运营者发布、共享、交易或向境外提供重要数据前，应当评估风险，并报监管部门同意 3. 向境外提供个人信息按有关规定执行	2019 年发布征求意见稿	行政法规（国家网信办）	征求意见稿

续表

法律法规名称	相关条款	核心规定	时间	性质	废存情况
《网络安全审查办法》	第六条	1. 掌握超过100万用户个人信息的运营者赴国外上市，必须向网络安全审查办公室申报网络安全审查	2020年生效	行政法规（国家网信办）	现行有效
《数据安全法》	第五条 第三十三条	1. 数据指各种形式的信息记录，未做其他区分 2. 未有细致的规定，仅规定了促进数据有效利用，促进数字经济发展的基本立场 3. 境外调取需经批准	2021年生效	法律	现行有效
《个人信息保护法》	第三十六条 第三十八条 第三十九条 第四十条 第四十一条 第四十二条 第四十三条	1. 国家机关处理的个人信息应在中国境内存储；确需向境外提供应进行安全评估 2. 境外提供的合法基础：安全评估、认证、标准合同、其他 3. 告知义务 4. 关键信息基础设施运营者和处理个人信息达到规定数量的个人信息处理者需境内存储，出境需评估 5. 司法协助需经批准，并遵从国际条约规定 6. 可对境外组织采取的行动 7. 对境外组织的反制	2021年生效	法律	现行有效
《网络数据安全管理条例（征求意见稿）》	第五章	1. 数据处理者向境外提供数据的必要条件 2. 数据出境需要获得个人单独同意要求 3. 数据出境安全评估要求 4. 数据处理者向境外提供数据需履行的义务要求 5. 企业向市级网信部门进行数据安全报告要求 6. 数据处理者从事跨境数据活动需建立健全相关技术和管理措施	2021年发布征求意见稿	行政法规（国家网信办）	征求意见稿

续表

法律法规名称	相关条款	核心规定	时间	性质	废存情况
《数据出境安全评估办法》	全篇	1. 需申报数据出境安全评估的条件和情形 2. 数据出境风险自评估及评估重点 3. 申报数据出境安全评估的材料、流程、有效期、注意事项等	2022 年生效	行政法规（国家网信办）	现行有效
《个人信息出境标准合同办法》	全篇	1. 需订立个人信息出境标准合同的条件和情形 2. 个人信息保护影响评估重点 3. 订立个人信息出境标准合同的备案材料、流程、注意事项等	2023 年生效	行政法规（国家网信办）	现行有效
《规范和促进数据跨境流动规定（征求意见稿）》	全篇	1. 涉及个人信息和重要数据，并做区分设计 2. 明确需申报数据出境安全评估、订立个人信息出境标准合同、通过个人信息保护认证的条件和情形 3. 向境外提供个人信息应取得个人信息主体同意 4. 自由贸易试验区可自行制定本自贸区需要纳入数据出境安全评估、个人信息出境标准合同、个人信息保护认证管理范围的数据清单 5. 数据处理者向境外提供重要数据和个人信息，应当遵守法律、行政法规的规定 6. 各地方网信部门应当加强对数据处理者数据出境活动的指导监督	2023 年发布征求意见稿	行政法规（国家网信办）	征求意见稿

表 10 - 4　中国特殊行业数据跨境要求

行业	法律法规名称	发布机构	具体要求
金融	《关于银行业金融机构做好个人金融信息保护工作的通知》	中国人民银行	在中国境内收集的个人金融信息的存储、处理和分析应当在中国境内进行
	《个人金融信息（数据）保护试行办法》	中国人民银行	在中国境内收集的个人金融信息的存储、处理和分析应当在中国境内进行。除法律、法规、规章及有关主管部门另行规定外，不得向境外提供境内个人金融信息。境内金融机构未处理跨境业务时，应当事先取得信息主体的明示同意，并依法开展出境安全评估。个人金融信息出境后，境内金融机构应当建立个人金融信息出境记录并且至少保存5年
	《个人金融信息保护技术规范》（JR/T0171 - 2020）	中国人民银行	因业务需要，确需向境外机构提供个人金融信息的，具体要求如下：应符合国家法律法规及行业主管部门有关规定；应获得个人金融信息主体明示同意；应依据国家、行业有关部门制定的办法与标准开展个人金融信息出境安全评估，确保境外机构数据安全保护能力达到国家、行业有关部门与金融业机构的安全要求；应与境外机构通过签订协议、现场核查等方式，明确并监督境外机构有效履行个人金融信息保密、数据删除、案件协查等职责义务
	《中国人民银行金融消费者权益保护实施办法》	中国人民银行	在中国境内收集的消费者金融信息的存储、处理和分析应当在中国境内进行。因业务需要，确需向境外提供消费者金融信息的，应当同时符合以下条件：为处理跨境业务所必需；经金融消费者书面授权；信息按收方为完成该业务所必需的关联机构（含总公司、母公司或者分公司、子公司等）；通过签订协议、现场核查等有效措施，要求境外机构为所获得的消费者金融信息保密；符合法律法规和其他相关监管部门的规定
	《保险公司开业验收指引》	中国保险监督管理委员会	业务数据、财务数据等重要数据应存放在中国境内，具有独立的数据存储设备以及相应的安全防护和异地备份措施
	《征信业管理条例》	国务院	征信机构在中国境内采集的信息的整理、保存和加工，应当在中国境内进行

续表

行业	法律法规名称	发布机构	具体要求
交通	《网络预约出租汽车经营服务管理暂行办法》	交通运输部、工业和信息化部等七部委	网约车平台公司应当遵守国家网络和信息安全有关规定，所采集的个人信息和生成的业务数据，应当在中国内地存储和使用，保存期限不少于 2 年，除法律法规另有规定外，上述信息和数据不得外流
医疗	《人口健康信息管理办法（试行）》	国家卫生计生委	不得将人口健康信息在境外的服务器中存储，不得托管、租赁在境外的服务器
出版	《网络出版服务管理规定》	国家新闻出版、广电总局、工业和信息化部	图书、音像、电子、报纸、期刊出版单位从事网络出版服务，应当具备以下条件：有从事网络出版服务所需的必要的技术设备，相关服务器和存储设备必须存放在中华人民共和国境内
测绘	《地图管理条例》	国务院	互联网地图服务单位应当将存放地图数据的服务器设在中华人民共和国境内，并制定互联网地图数据安全管理制度和保障措施

2022 年 11 月，全球数商大会在上海世博中心圆满落幕。随着数据的跨境流通越来越受到人们的重视，跨国企业在推进数字化运营的时候，也应该注意到在数字化运营过程中存在的数据跨境合规风险。在总体国家安全观的战略指导下，我国将统筹发展与安全的关系作为数据跨境流通安全治理的出发点和落脚点，强调以维护国家安全、数据主权以及个人隐私安全为前提，提倡跨境数据安全有序流动①。

（二）美国：主张数据自由流动，根据需要限制部分数据出境

美国立足于其在数字经济领域的领先地位和对经济全球扩张的迫切需求，在双边和多边的国际贸易协议中，坚持推动数据自由流通，反对对数据跨境流动进行本地化存储。但是，在数据跨境流动的管理上，美国内部和外部存在“双重标准”。美国政府在本国数据出境方面，设定

① 徐拥军、王兴广：《总体国家安全观下的跨境数据流动安全治理研究》，《图书情报知识》2023 年第 6 期，第 20—30 页。

了诸多限制和要求。例如，美国外资安全审查机制明确限制并要求国外网络运营企业将通信数据、交易数据、用户数据存储在美国境内，并将通信基础设施设置在美国境内。同时，美国将个人数据视为国家安全的一项重要组成要素，将涉及个人数据的传输交易纳入外资安全审查范围。在数据入境问题上，美国利用其在信息技术方面的优势，将世界范围内的数据资源进行了整合，并提倡数据在美国领土上的自由流动，以促进其数字经济的发展。

（三）欧盟：个人数据严格管控，引导重建全球数据规则体系

欧盟高度重视公民隐私保护，制定了《通用数据保护条例》，规定欧盟境内的个人数据出境，仅允许流入欧盟认可的能够提供“充分保护”或采取“适当保障措施”的国家和地区；范围以外的第三方公司只有在采用欧盟委员会批准的“标准数据保护条款”或采取“有约束力的公司规则”，并取得认证之后，才可以进行数据的跨境流通。此外，欧盟在数据立法方面一直走在国际数据跨境流通领域的前列，并在持续增强其在全球范围内的影响，使“欧盟标准”逐渐转变为“国际规则”。

（四）英国：出台数据跨境传输协议，确保数据跨境流通合法性

随着英国脱欧过渡时期于 2020 年末终止，英国将不再受欧盟《通用数据保护条例》的约束。英国信息专员办公室近期颁布了一系列新的标准条款，其中包括《国际数据传输协议》（IDTA），该协议被视为一项独立协定，配合主要的商业合同，以确保数据流通符合英国《数据保护法》；另外包含欧盟 2021 年标准合同条款的附录（英国附录）。上述《国际数据传输协议》和欧盟 2021 年标准合同条款的附录（英国附录）于 2022 年 3 月 21 日起正式生效。

（五）日本：在贸易协定中设立数据跨境传输条款，实现与其他国家和地区的自由流动

2015 年，日本修订《个人信息保护法》，增加了对数据跨境流动的细则条款，其中包含设立个人信息保护委员会作为数据跨境流通的监管机构，负责制定数据出境的规则和指南；个人资料处理人将其资料传送到国外时，须取得资料使用者的许可等要求。与此同时，日本在《全面与进步跨太平洋伙伴关系协定》《欧日经济伙伴关系协定》《区域全面经济伙伴关系协定》等多个双边及多边国际贸易协议中，都显示出了自己的治理理念

与政策倾向。

在数据安全治理领域，数据的跨境流通一直是一个比较敏感和复杂的问题。为了维护国家安全、产业安全和个人安全，各个国家都制定了大量的监管条例。全球重点国家（地区组织）数据跨境的法律规定，如表10－5所示。

表10－5　全球数据跨境法律法规清单

国家/地区	法律法规名称
欧洲经济区	《通用数据保护条例》
英国	《通用数据保护条例》 英国《数据保护法》
墨西哥	《关于私主体个人数据保障义务的联邦法律》
土耳其	《个人数据保护法》（LPPD）
巴西	《巴西通用数据保护法》（LGPD）
哥伦比亚	2012年《第1581号成文法》 2013年《第1377号成文法》
秘鲁	《个人数据保护法》第29733号
俄罗斯	《第152－FZ号数据保护法》 《第242－FZ号数据保护法》 《第405－FZ号数据保护法》
印度	《2023年数字个人数据保护法案》（DPDP）
印度尼西亚	2022年《个人数据保护法》（PDPA）
日本	《个人信息保护法》
菲律宾	《2012年数据隐私法》
巴基斯坦	《2020年个人数据保护法案（草案）》
孟加拉国	暂无成文个人信息保护法，仅有《2018年数字安全法案》，其中暂无数据跨境传输孟加拉国相关内容
越南	《越南个人数据保护法令》（第13/2023/ND－CP号）
缅甸	暂未有成文个人信息保护法
泰国	2020年《个人数据保护法》
马来西亚	《2010年个人数据保护法》

续表

国家/地区	法律法规名称
乌克兰	关于个人数据保护的第 2997 – VI 号法案 第 4452 – VI 号法律（修正案） 第 5491 – VI 号法律（修正案）
尼泊尔	暂未有个人数据保护法令
新加坡	《个人信息保护法》2012，2020 年的修订并未涉及数据跨境传输部分
韩国	《个人信息保护法》
埃及	《数据保护法》
埃塞俄比亚	无生效数据保护法，仅关于支付类的指引规则中有本地化的要求
南非	《南非个人信息保护法》
尼日利亚	《2019 年尼日利亚数据保护条例》
阿尔及利亚	2018 年第 18 – 07 号法律
赞比亚	《数据保护法（2021）》
利比亚	目前利比亚没有数据保护法，亦无相关规定
乌干达	《数据保护和隐私法》
安哥拉	《数据保护法》
摩洛哥	个人信息保护第 09 – 08 号法律
阿联酋	阿联酋暂无隐私保护法令，信息和通信技术保健法第 13 条中提到了本地存储要求。迪拜国际金融中心于 2007 年制定了隐私保护法律、于 2020 年进行了补充修订《迪拜国际金融中心数据保护法》
中国香港	《个人资料（私隐）条例》（未有关于跨境的规定）
中华人民共和国	《网络安全法》
	《数据安全法》
	《个人信息保护法》
	《网络安全审查办法》
	《数据出境安全评估办法》
	《数据安全管理办法（征求意见稿）》
	《信息安全技术 数据出境安全评估指南（征求意见稿）》
	《个人信息和重要数据出境安全评估办法（征求意见稿）》
	《个人信息出境安全评估办法（征求意见稿）》
	《网络数据安全管理条例（征求意见稿）》
	《个人信息出境标准合同办法》
	《规范和促进数据跨境流动规定（征求意见稿）》

四、国际组织数据跨境流动规则机制

国际组织的数据跨境流通机制多为推动性规范：国际组织积极制定数据跨境流动规则框架，推动数据在国家或地区间有序流动，以减少数据跨境流动摩擦，最大限度地发挥数字作用。其中，经济合作与发展组织、亚太经济合作组织等国际组织确立了若干数据跨境流动的原则，建立了若干具有代表性的框架①。

国际组织对成员国之间的跨境数据保持开放心态，并期望能够以更顺畅的跨界渠道提高内部数据流动效率，但对数据在组织外部的跨境流通维持警惕。几个有代表性的国际组织数据跨境流通框架样例如表 10 -6 所示。

表 10 -6　国际组织数据跨境流通框架

国际组织	概况	框架详情
经济合作与发展组织（OECD）	促进成员国内部数据跨境流动	2013 年，经济合作与发展组织对 1980 年指南进行了一次全面修订，形成了《隐私保护和个人数据跨境流通指南》（简称“OECD2013 年指南”）。指南中将个人数据跨境流通定义为“个人数据跨越国家边境流动”，并明确促进数据在成员国之间的自由流动。其中第四部分为数据自由流通和合法限制的原则（第 15—18 条），主要内容包含成员国应履行的再出口影响评估义务、确保通畅、安全的义务、管理与保护责任、克制态度、禁止妨碍数据流动、确保限制和风险成比例的义务。2007 年，在 1980 年指南的基础上，OECD 通过了隐私保护及跨境合作执行建议，要求成员国开展跨境合作执行隐私保护相关法律时，对企业提出了便利执行合作的行动要求。不难看出，OECD 对于成员国内部的数据跨境流通总体持较为开放的态度

① 阙天舒、王子玥：《数字经济时代的全球数据安全治理与中国策略》，《国际安全研究》2022 年第 1 期，第 130—154、158 页。

续表

国际组织	概况	框架详情
亚太经济合作组织（APEC）	建立跨境规则体系，确立具体评估标准	2013 年，亚太经济合作组织通过了跨境隐私规则体系（CBPR）。CBPR 旨在“确保个人信息跨国界自由流动的同时，为个人信息的隐私与安全建立有意义的保护”，要求“各国政府应确保跨境数据传输不存在不合理的障碍，同时应在国内以及在国际上与外国政府合作时保护其公民个人信息的隐私和安全”。APEC 弹性化的多边隐私与数据保护监管合作模式取得了一定的成效。作为亚太地区第一个数据保护协同框架，APEC 隐私框架建立了一整套的落实措施，其跨境隐私规则体系是当前多边监管合作中较为成熟的机制，确立了评估标准：国内隐私法、隐私保护执法机构、信任标志提供商、隐私法与 APEC 隐私框架的一致性等
东南亚国家联盟（ASEAN）	通过数字治理框架对成员国进行监管指导，重点发展示范合同条款及跨境流动认证	第一届东盟数字部长会议批准发布《东盟数据管理框架》（DMF）以及《东盟跨境数据流动示范合同条款》（MCCs），以期促进东盟地区数据相关的商业业务运营，减少谈判和合规成本，同时确保跨境数据传输过程中的个人数据保护。《东盟数据管理框架》旨在灵活适应成员国在数据和隐私保护监管方面的不同的成熟度，但不具有国内和国际的约束力。2018 年，基于《东盟经济共同体蓝图 2025》和《东盟个人数据保护框架》的号召，东盟发布了《东盟数字数据治理框架》，规定了战略重点、原则和倡议，以指导东盟成员国在数字经济中采取对数字数据治理（包括个人和非个人数据）的政策和监管方法。2019 年 11 月，东盟通过《东盟跨境数据流动机制的关键方法》，建议东盟重点发展其中两个机制，即“东盟示范合同条款”和“东盟跨境数据流动认证”

五、全球数据跨境流通限制性模式

在安全和发展之间保持平衡，是跨境数据流动治理需要追求的目标。只有将安全和发展兼顾起来治理，才能在保证自身国家安全的前提下，满足数字贸易时代的需要。纵观各国的跨境数据流通规则，主要的国家都是采用限制性规范，即一个国家或地区的数据出境规则，会因为当地法律体系、风险偏好等的不同而表现出不同的严苛程度①。当前，尚无国家完全

① 韦苇、任锦鸾、李文姬：《基于国际比较的数据治理体系及优化策略》，《科技智囊》2022 年第 7 期，第 1—7 页。

禁止或放任数据跨境流通，大多数国家和地区普遍采取中间立场。全球主要数据跨境流通限制性模式如表 10－7 所示。

表 10－7 全球主要数据跨境流通限制性模式

模式	国家	立法概况	立法详情
国家安全与数字红利追求并举，在促进数字经济发展的同时寻求本地化中间路线	印度	提倡对个人数据进行分级，对一般个人数据、敏感个人数据、关键个人数据实施不同的数据本地化和跨境流动限制	从 2018、2019 两部个人信息法案针对数据跨境规则的变化可以看出，印度并不想实施严格的“数据保护主义”，但又不能放任数据的自由流动，因此其数据本地化策略在想要融入数据全球化趋势，刺激印度数字经济发展的同时，保护数据安全。其最终确定的中间路线是：在实施本地化要求的同时，印度提倡对个人数据实施分级分类。对敏感数据、关键个人数据提出严格的本地化要求：在印度境内存储副本，在极少特定的情况下可以跨境流动，其中，关键个人数据离境条件比敏感个人数据更为苛刻；而对一般个人数据不做要求
	俄罗斯	通过数据本地化政策要求数据首次存储在俄罗斯境内，满足合规条件的情况下有序出境	2014 年，俄罗斯通过了个人数据本地化规则，要求收集和处理俄罗斯公民个人数据的所有运营者使用位于俄罗斯境内的数据中心，要求数据首次存储必须在俄罗斯境内的服务器上。在执法层面，俄罗斯也希望通过数据本地化存储加强政府执法权和对数据的控制力。“Yarovaya's Law” 要求在网络上传播信息的组织者保留俄罗斯用户的网络通信数据、用户本身的数据和某些用户活动的数据，在俄罗斯境内留存数据 6 个月，并应要求向俄罗斯当局披露
提倡数据跨境自由流动，推动跨境数据自由流动规则构建	美国	主张将“数据跨境自由流动”纳入协议条款、限制重要技术数据、确定“长臂域外管辖”	基于当前在信息通信产业、计算机行业和数字经济上具有绝对的全球领先优势，美国的数据流动政策更注重个人数据跨境自由流动，主要目的在于利用数字产业全球领导优势主导未来数据的流向。因此，美国在与各国的新一轮贸易谈判中都主张将“数据跨境自由流动”纳入协议条款，以破除许多国家利用数据跨境流动而设置的市场准入壁垒；同时，限制重要技术数据出口和特定数据领域的外国投资；最后，通过“长臂域外管辖”扩大国内法域外适用的范围，进一步扩展数据主权，以满足新环境下美国政府跨境调取数据的执法需要

续表

模式	国家	立法概况	立法详情
提倡数据跨境自由流动，推动跨境数据自由流动规则构建	欧盟	对内实施单一化战略，对外设置较为灵活的数据出境模式	在成员国内部，欧盟数据流动政策旨在消除欧盟境内数据自由流动障碍，实施欧盟数字化单一市场战略。为了实现数字化单一市场，欧盟通过《通用数据保护条例》在成员国间的直接适用，消除成员国数据保护规则的差异性，实现个人数据在欧盟范围内的自由流动。通过《非个人数据在欧盟境内自由流动框架条例》，致力于消除各成员国的数据本地化要求的壁垒。针对数据向成员国之外的出境，欧盟为企业提供了遵守适当保障措施条件下的转移机制，包括公共当局或机构间的具有法律约束力和执行力的文件、约束性公司规则（BCRs）、标准数据保护条款（欧盟委员会批准/成员国监管机构批准欧盟委员会承认）、批准的行为准则、批准的认证机制等。这些机制为在欧盟收集并处理个人数据的企业提供了可选择的数据跨境流动机制
	新加坡、日本	主张数据保护和数据自由流动相结合，为企业设置多样化的数据出境条件，并积极参与数据跨境流动合作机制	以建设亚太地区数据中心为导向，新加坡建立了与欧盟类似的弹性化的数据跨境传输要求，使其成为跨国企业设立亚太区域数据中心的有利助力。同时，新加坡积极加入APEC的跨境隐私规则体系，寻求区域内数据自由流动。虽然日本在数据跨境转移的规则形式上参考了欧盟，但对规则的解释更为弹性，为数据跨境自由流动提供了更多的空间。与此同时，日本积极参与美国为主导的《跨太平洋伙伴关系协定》（TPP）和APEC的跨境隐私规则体系，也通过制定补充规则以弥合欧盟和日本在数据保护规则上的差异，于2019年实现了日欧之间双向互认

第五节　对我国数据治理的启示

我国构建科学完整的数据治理体系应当全面统筹、标本兼治。

一、制定数据治理的顶层战略

目前，中国的数据流通与保护仍处于探索阶段。我国可以借鉴欧盟的经验，分析数据在使用和保护中存在的障碍和问题，并针对问题制定相应的解决方案。

我国需要立足国情和地方实际，以推动职能落实为目标设置数据管理机构。从现有的信息服务平台、云计算公共平台和政府数据开放平台入手，整合数据资源、实现各平台的连接和互联，构建以国家安全和个人信息安全为核心的数据管理体系[①]。对各个管理机构，需要对其机构职能进行原则性规定，明确权责边界、细化职能要求，以保护数据安全为核心，为用户提供统一的数据整合方式，提高数据的可用性和可访问性，实现数据的价值。

二、完善数据治理体制，推动法律规章完善与执行

欧盟的数据治理体系相对系统，设置了与数据相关的机构和岗位。相较于西方国家，我国政府数据治理实践起步较晚、地区差异较大，可以从完善机构设置、法律法规、方针政策等方面进一步构建数据治理体系[②]。

我国应将中央网信办作为数据治理的核心部门，逐步推动数据治理的深入发展。我国的数据治理政策主要集中在数据基础设施建设、开放共享、示范应用、要素市场、安全保障等方面，相关政策文件如表 10－8 所示。目前，我国已经通过《数据安全法》和《个人信息保护法》，分别于 2021 年 9 月和 11 月开始生效。这意味着公共部门数据的透明化，仍需明确公共部门、组织和个人的数据权利和义务。我们还应继续完善数据共享、数据安全等方面的法律法规，并根据不同行业的数据特点，大力发展行业协会的作用，探索行业数据流动和保护的经验，制定行业数据治理政策，各省也应结合数据开放推动政策落实。

表 10－8　我国数据治理相关政策规定

时间	政策名称	相关内容
2015.9	《国务院关于印发促进大数据发展行动纲要的通知》	加快政府数据开放共享，推动资源整合，提升治理能力

① 王拓、李俊、张威：《欧盟数据治理经验及其对我国的启示》，《国际贸易》2021 年第 9 期，第 15—22 页。

② 周文泓、贺谭涛、文利君等：《数据管理机构的建设进展比较分析及其启示——以中欧美英澳为例》，《情报理论与实践》2023 年第 12 期，第 183—192 页。

续表

时间	政策名称	相关内容
2015.11	《中华人民共和国国民经济和社会发展第十三个五年规划纲要》	全面实施促进大数据发展行动，推进数据资源开放共享和开发应用
2016.9	《政务信息资源共享管理暂行办法》	提出政务信息资源共享原则，制定《政务信息资源目录编制指南》，推动国家共享平台及其体系建设
2016.10	《关于组织实施促进大数据发展重大工程的通知》	重点支持大数据示范应用、共享开放、基础设施统筹发展，以及数据要素流通
2017.5	《政务信息系统整合共享实施方案》	推动分散隔离的政务信息系统加快整合，实施政务信息共享试点示范，促进重点领域信息向各级政府部门共享
2019.11	《中共中央关于坚持和完善中国特色社会主义制度　推进国家治理体系和治理能力现代化若干重大问题的决定》	推进数字政府建设，加强数据有序共享，依法保护个人信息
2020.4	中共中央国务院《关于构建更加完善的要素市场化配置体制机制的意见》	推进政府数据开放共享，研究建立公共数据开放和数据资源有效流动的制度规范，提升社会数据资源价值
2020.5	《中共中央国务院关于新时代加快完善社会主义市场经济体制的意见》	完善数据权属界定、开放共享、交易流通等标准和措施，发挥社会数据资源价值
2020.7	《数据安全法（草案）》	确立数据分级分类管理等各项基本制度，明确开展数据活动的组织和个人的数据安全保护义务，建立保障政务数据安全和推动政务数据开放的制度措施
2020.10	《个人信息保护法（草案）》	健全个人信息处理规则、完善个人信息跨境提供规则、明确个人信息处理活动中个人的权利和处理者义务
2021.3	《中华人民共和国国民经济和社会发展第十四个五年规划纲要》	加强公共数据开放共享，鼓励第三方深化对公共数据的挖掘利用。建立健全数据要素市场规则，加强数据安全，推动数据跨境安全有序流动

三、构建多元主体协同治理框架

国家数据管理机构需要加强与其他信息化部门、互联网信息办公室、政府各部门等机构的合作，让相关的数据治理与管理者充分参与进来。一方面从现有的平台入手，建立政府间部门合作的标准程序，平衡政府纵向层级和部门横向分工。同时随着数字化转型进程的深入，对机构职能进行调整合并，依托原有基础进行职能升级，以实现数据治理效益的最大化。另一方面，要发挥社会组织和公众参与社会治理的重要作用，建立以政府为主导、社会组织协调、公众积极参与的多主体协同合作机制，推动数据治理体系向良性趋势发展。

四、加强数字技术研发及应用

虽然近年来中国在数字技术应用方面取得了长足进步，但在基础理论、核心器件、关键算法和核心软件等方面仍明显滞后，不利于提升数据安全的话语权。因此，在技术研发层面，中国政府应加快芯片、操作系统、传感器等关键前沿技术领域的创新，同时加大前沿技术理论基础和高端人才储备，加强基层人才队伍建设。

在技术应用层面，要充分利用物联网、大数据等先进技术，提升政府服务水平，实现政府管理和公共服务的精细化、智能化和社会化。利用各种新型社交媒体，强化政府数据治理意识，提升政府治理公信力，提升公众的“数据意识”，为政府数据治理营造良好的社会环境。

五、发展数据中介服务

欧盟通过数据中介服务促进数据主体之间的数据交换和流动。中国可以借鉴欧盟的管理措施，大力发展数据中介服务，制定数据中介服务管理办法，对符合要求的数据中介服务进行认证并颁发相关资质证书。

六、积极参与国际合作，推动全球数据安全合作治理

中国在数据安全领域内的国际合作机制相对滞后，而且存在与现行国际规则不兼容、监管制度灵活性不够以及国际规制缺失等问题。在此形势下，中国应加快探索建立与国际接轨的国际治理机制、全球数字规则以及安全治理框架。

首先，中国应积极主动参与数据安全治理的多边或双边谈判，建立统一的数据跨境流动规则，形成共同认可的数据保护机制，实现数据有序和安全的流动；其次，可以借鉴亚太经济合作组织、二十国集团等现有多边

机制，制定数据治理规则，依靠与“一带一路”沿线国家、金砖国家、上海合作组织成员国的友好关系，在发展和平衡中提升全球数据安全治理“中国方案”的影响力，并进一步建立“数据命运共同体”，推动构建全球数据安全合作治理的新秩序、新格局。

思考题

1. 有哪些法律和法规对美国的数据安全治理起重要作用？这些法律法规涵盖了哪些方面？

2. 美国有统一的国际级数据保护框架和标准吗？如果有简述该框架与标准；如果没有请列举出一些具有代表性的数据安全与隐私框架的机构，以及它们的主要职能与作用。

3. 什么是数据保护影响评估（DPIA）？它的目的和重要性是什么？在数据处理活动中，为什么进行 DPIA 是必要的？

4. 分析域外国家数据治理的发展对中国数据安全治理实践可能产生的影响。

5. 试述不同国家在数据跨境流通规范制定上的异同。

第十一章　国际上数据安全治理案例

国际上已经发生了很多数据安全治理案例，本章选其中若干经典案例，以说明我们当前面临的安全问题，并展望未来可能对国家安全造成的影响。

第一节　“棱镜计划”与斯诺登现象

一、“棱镜计划”（PRISM）概况

“棱镜计划”是自2007年由美国国家安全局启动的一项秘密电子监听计划，正式名号为“US－984XN”。其目标是通过与合作伙伴公司的密切合作，对即时通信和已存资料进行深度监听，以实现大规模的情报搜集。该计划的监控范围非常广泛，包括但不限于电子邮件、视频和语音交谈、影片、照片、VoIP交谈内容、档案传输、登录通知以及社交网络细节。

（一）监控对象和合作伙伴公司

监控对象涵盖了任何在美国以外地区使用合作伙伴公司服务的客户，以及与国外人士通信的美国公民。合作伙伴公司包括脸书、谷歌、微软、苹果、雅虎等大型科技公司。尽管这些公司均否认为政府提供秘密服务，但有报道指出美国政府已经通过这些公司对公众隐私进行更深入的监控，引发关于公众隐私和国家数据安全的持续辩论。

（二）监控内容和实时监控

“棱镜计划”涉及的监控内容主要分为十类，包括电邮、即时消息、视频、照片、存储数据、语音聊天、文件传输、视频会议、登录时间和社交网络资料的细节。引人注目的是，通过“棱镜计划”项目，美国国家安

全局甚至能够实时监控任意一个人正在进行的网络搜索内容，突显了其高度侵入性和全面性。

（三）计划曝光和斯诺登泄露

这一计划的存在据称是由美国国家安全局的合约外派商员工爱德华·斯诺登泄露，斯诺登曾在夏威夷的美国国家安全局办公室工作，在 2013 年 5 月前往中国香港并将其复制的文件公之于众，引起了全球的广泛关注。斯诺登的披露让公众首次得知美国政府对个人隐私进行了如此深度的监控。

（四）“棱镜门”事件和全球关切

斯诺登的曝光揭开了“棱镜门”事件的序幕，使其成为全球范围内隐私权和国家安全之间权衡的焦点。美国政府的这种秘密监控行为受到了国际社会的批评，引起了全球关于数字隐私和监控问题的持续关注，并成为一场全球性辩论，其中大量涉及了个人自由、国家数据安全和数字隐私的平衡问题。

二、斯诺登与“棱镜门”事件

爱德华·斯诺登于 1983 年 6 月 21 日出生在美国北卡罗来纳州伊丽莎白市，曾担任美国中央情报局技术分析员，并后来就职于国防项目承包商——博思艾伦咨询公司。

2013 年 6 月，斯诺登将美国国家安全局有关“棱镜计划”监听项目的秘密文件披露给了《卫报》和《华盛顿邮报》，揭示了包括“棱镜”在内的多个美国政府秘密情报监视项目。斯诺登曝光的文档显示，这一监控项目代号为“棱镜计划”，目前为止尚未对公众披露。通过该项目，美国政府直接从包括微软、苹果、谷歌、雅虎、脸书、Paltalk、AOL、Skype、优兔在内的这 9 个公司服务器收集信息。这一行动也导致他遭到美国政府通缉，并因此开始了在中国香港和俄罗斯的流亡生涯。

2013 年 6 月 10 日，英国《卫报》报道称，在经过数天采访之后，该报应斯诺登的要求公开了他的身份。与此同时，斯诺登曝光美国国家安全局曾侵入中国通信行业。

针对公开这些机密文件的举动，斯诺登表示：“我知道我的举动会让我经受灾难，但如果联邦政府的秘密法令、不平等赦免以及不可抗拒执行力量等这些支配着我所深爱的世界时，这些被立即曝光出来，我会非常满足。”维基解密网站披露，美国“棱镜门”事件泄密者爱德华·斯诺登在向厄瓜多尔和冰岛申请庇护后，又向19个国家寻求庇护，包括奥地利、玻利维亚、巴西、中国、古巴、芬兰、法国、德国、印度、意大利、荷兰、挪威、波兰、俄罗斯、西班牙、瑞士、委内瑞拉等。最终，他在2013年8月获得了俄罗斯为期1年的临时避难，随后于2014年8月获得3年的居留许可，最终于2022年9月获得俄罗斯国籍。

斯诺登在流亡期间继续曝光有关美国国家安全局的秘密行动。在2014年，他再次揭露了美国国家安全局最高级别的“核心机密”行动，称美国国家安全局联合中央情报局、联邦调查局和国防情报局（DIA），在中国、德国、韩国等多个国家派驻间谍，并通过“物理破坏”等手段损毁、入侵网络设备。

2015年2月19日，英国《卫报》报道，爱德华·斯诺登披露的资料显示，美英两国的情报机构入侵了世界最大的手机SIM卡制造商金雅拓公司，从而可以不受限制地访问全球数十亿部手机。

2015年5月24日，斯诺登创办的爆料网站“截击”以及加拿大广播电视新闻共同披露称，美国“棱镜计划”披露者斯诺登提供的文件显示，美国及其盟国的情报部门计划拦截智能手机与谷歌应用商店之间的数据连接，以达到用恶意软件感染手机、获取手机用户信息的目的。

2015年3月5日，新西兰主流媒体《新西兰先驱报》公布，新西兰情报机构政府通信安全局在“五眼联盟”情报监听联盟中负责搜集南太平洋地区国家包括所罗门群岛、斐济、基里巴斯、汤加、瓦努阿图、瑙鲁和萨摩亚的情报，并把相关信息分享给美国、加拿大、英国和澳大利亚。

根据斯诺登公开的文件，美国国家安全局可以接触到大量公民隐私信息，不仅包括了聊天记录、语音通信等个人社交网络数据，还包括了存储数据、文件传输等信息，更可以对这些即时通信和现有的数据进行实时监控和深度监听，在美国以外地区使用雅虎、谷歌、微软等信息产品的用户，或与国外通信的任何美国公民均为“棱镜计划”的监听目标。该计划一经曝光，就引起了全世界的广泛关注，这就是举世震惊的“棱镜门”事件。

斯诺登透露，美国的“棱镜”项目监听的范围非常广，不但窃听了中国和俄罗斯这些“假想敌”，还窃听了联合国和欧盟等国际机构，就算是“盟友”，他们也没能逃过监控。除此之外，美国还在日本、墨西哥、法国等多个国家的多个驻外使领馆，都有严密的监控。总而言之，不管是国家元首，还是平民，都被美国监控了，这也说明了“棱镜”项目的监控能力。

“棱镜”项目除了监听范围广之外，另一大特色在于参与方众多，除了中央情报局、国家安全局、联邦调查局等情报组织之外，还包括微软、雅虎和谷歌在内的数千家科技公司，都与美国情报部门保持着紧密的联系，为他们提供了大量的私人资料。而美国情报部门则利用这些资料，建立了一个资料库，从这些资料中提取出更多的情报。除此之外，美国还广泛动员“盟友国家”介入窃听行动，例如英国，该国知名的电信运营商BT、沃达丰等都与美国情报部门暗中合作，将使用者的私人信息提供给他们①。

斯诺登透露的消息，又一次确认了美国是全球最大的黑客，其对各个国家政府、组织和个人的秘密窃听行为已经广为人知。斯诺登的曝光引起了全球对数字隐私和监控问题的关注，成为全球性辩论的焦点，因此，他获得了挪威“比昂松言论自由奖”和诺贝尔和平奖提名等多个奖项，但因安全原因无法亲自领奖。

三、“棱镜门”事件对国家安全的影响

党的十八大以来，总体国家安全观的提出，彰显了我国政府对于国家安全的重视和保护国家安全的决心。然而，“棱镜门”事件的爆发提醒着我们，随着网络与信息技术的不断更新与应用场景的不断扩大，网络空间在全球各个国家的不同领域共同深入，对国家安全产生了多层面、多领域的冲击、威胁和影响。

（一）国家主权安全层面

国际网络的崛起，使国与国的界线变得越来越模糊，也是地缘政治学的一个新元素。尽管国家数据安全离不开高科技和物质基础设施，但是各国为了维护自己的利益，也有不同的想法，而且，网络空间的复杂性和突破性效应，很有可能会超出国家主权的范畴，对政治、经济、文化等都会带来极大的威胁，特别是对国家行动的独立性和国家信息安全构成了极大

① 苏凯：《从“棱镜门”事件分析信息安全对国家安全的影响及对策》，《网络安全技术与应用》2022 年第 10 期，第 162—164 页。

的威胁。在斯诺登事件中，美国窃听其他国家的情报，都是为了维护自己的利益，利用网络的不确定因素来破坏其他国家的主权和安全。从国家安全的角度来看，斯诺登案中，美国利用互联网对普通人的信息进行了监视，其中一些人还会发生信息泄露的情况，这是一种严重违反公民的人权和隐私的行为。在互联网上，国家的安全被控制和使用，民众对政府的信任也随之降低，这就给社会带来了不稳定的因素。

（二）国家政治安全层面

随着斯诺登事件的发酵，网络空间这一非传统安全威胁已成为各国政府关注的热点，各国都目睹了网络空间的一体化进程，促进了各国间的互联互通，各国间的对峙与冲突也在逐步减少，并向网络层次发展。同时，互联网带来的强大辐射效应也影响到了政治，各国在保护自身的政治利益的同时，也会相互猜疑，导致各国之间的关系变得紧张起来，甚至有可能引发政治冲突。与此同时，互联网给各国政客们提供了利用互联网窃取其他国家秘密、攻击其他政府、利用信息技术来捍卫自己国家主权的可能①。

（三）国家军事安全层面

随着各国对军事研究的投入越来越多，军事力量也越来越强，高端科技武器也在不断升级。现代战争兵器信息化水平极高，几乎一切军用武器的运作均由互联网进行，同时也储存了大量的军事秘密，如果网络空间的安全无法得到保证或者遭到攻击，那么有关国家武器的信息就会受到威胁。这表明，在非传统安全威胁战中，“信息控制”是制胜的关键。斯诺登透露的资料表明，美国的情报机构曾入侵中国的大学、军事和政府机构。这件事让所有人都意识到，互联网的迅速发展，已经不只是政治和公民的问题了，它关系到一个国家最重要的军事实力。

（四）国家经济安全层面

随着越来越多的跨区域组织、非国家行动者在全球范围内进行活动，比如区域性经济组织、跨国公司等，他们在开展活动的时候，必然要对信息进行及时的传达和反馈，自然而然地利用网络来提高自己的经济利益。与此同时，窃取商业秘密的行为也随之发生，这不仅会造成国有企业的泄密，影响到国家的经济安全，还可能会对国际社会产生负面影响。斯诺登

---

① 韩玉贵：《非传统安全威胁上升与国家安全观念的演变》，《教学与研究》2004年第9期，第86—90页。

事件中，谷歌等几家大公司试图“澄清”自己并没有参与到这场丑闻中去，但不能否认，他们的确是在用这样的方式获得了大量商业秘密。

（五）国家文化安全层面

网络时代，网络技术的普及拉近了人与人之间的空间距离，各个国家、种族和文化之间也不可避免地产生了交流和碰撞。在这一过程中，各文化之间相互学习、相互借鉴、相互促进，但也会存在境外势力借由文化交流的契机对别国煽动错误社会思潮和不良社会思想的可能性，从而影响公民的国家认同和民族认同，对该国的文化安全构成严重威胁。

斯诺登事件仅是网络空间全球化问题的一个缩影。随着科技和经济全球化的不断深入，其影响将持续扩大。同时，随着网络空间的发展，它所带来的负面影响也将日益加剧。鉴于其表现出的特性，网络空间对现实世界中的国家安全构成了更为严峻的挑战。它不仅将威胁局限在单一国家之内，还可能扩散为全球性的安全危机，导致国与国之间的紧张关系，加深隔阂，增加不信任，引发恐惧，从而导致更为严重的后果。①。

第二节 阿桑奇与维基解密的冲击

一、维基解密：揭露权力的互联网使者

维基解密（WikiLeaks），又称维基泄密，是一个无国界、非营利的互联网媒体，通过知情人的协助揭示组织、企业、政府的内幕，督促其在阳光下运作。该组织于 2006 年 12 月成立，由澳大利亚互联网积极分子朱利安·阿桑奇创立，其被认为是维基解密的创建者、主编和总监。除阿桑奇外，克里斯汀·赫拉芬森、约瑟夫·法雷尔和莎拉·哈里森等成员也是公众熟知的与维基解密有关的人物。

维基解密专注于公开来自匿名来源和网络泄露的文件，旨在追求信息的透明和揭露腐败行为。成立一年后，维基解密宣称其文档数据库已经成长至逾 120 万份，引起了广泛关注。然而，该组织因其大量发布机密文件的做法而备受争议。维基解密在运作上并不像传统媒体，它没有总部、传

---

① 王琴：《浅析网络空间的全球化对国家安全冲击——以美国“斯诺登事件”为例》，《网络安全技术与应用》2021 年第 8 期，第 180—182 页。

统基础设施，主要依靠服务器和全球数十个支持者。这种去中心化的结构使其相对较少受到审查以及律师或地方政府的压力。

维基解密的运营资金主要来自志愿者的捐助和团队成员的个人支持。据称，每年的运营费用约为30万美元，其中大部分用于支付服务器和技术支持。维基解密没有总部，也不公开主要运营者的姓名，这使得它成为一个“深藏不露”的机构。尽管其致力于揭示机密，但它自己也保持高度保密。这个全球性的“泄密机器”依靠志愿者和支持者，打破了传统新闻伦理和平衡报道原则的限制。

维基解密的支持者认为，该组织捍卫了民主和新闻自由，使得权力面临公众监督。然而，反对者则担忧大量机密文件的泄露可能威胁相关国家的国家安全，影响国际外交。维基解密的披露对象包括政府和企业的腐败行为，以及一些内部文件，它声称提供了一个安全的平台，让检举人、新闻记者和博客揭发腐败，而不用担心雇主和政府的报复。

二、不同群体面对“维基解密”事件的反应

（一）各国政府面对“维基解密”事件的应对措施

为了回应“维基解密”事件，美国政府决定关闭亚马逊的主机和PayPal资金服务，而维基解密正是通过上述途径获得支持的，而EveryDNS则停止了其“Wikileaks. org”的转账服务。根据法国媒体报道，目前有20个国家禁止本国公民上网，而另有45个国家则对互联网实行了“异乎寻常的严厉限制”，其中包括内容过滤、国家对互联网提供商的垄断，并要求网站向相关政府部门进行注册。这说明，各国在应对跨国网络数据流动等信息安全问题上，都缺少行之有效的应对措施，往往采取“拒网”的方法。另外，维基解密网站扬言要公开俄罗斯的机密，但是俄罗斯的对外情报机构却发表了一份严厉的声明，声称维基解密一旦泄露俄罗斯的秘密，就会被永久除名。

（二）社会公众对“维基解密”事件的不同心态

“维基解密”事件发生后，《华盛顿邮报》披露美国司法部准备向阿桑奇提起诉讼。但对美国民众进行民意调查时发现，民众的态度是对立的。1763位参与调查的民众中，45%的人表示“阿桑奇的行动是为了社会公益事业”，41%的人表示“阿桑奇泄露了政府资料，这是一种伤害，应该停止”。这表明，即便是倡导表达自由的美国，公众对于媒体自由的衡量标

准以及国家利益的重要程度，仍有相当大的争议。就理论与概念而言，虽然绝大多数美国人都认可“言论自由”，并认为“批判政府”是有必要的，但“9·11”事件发生后，美国整体的施政方针及民意，都呈现出一种保守的倾向，而保守主义与仍秉持自由主义的传媒的矛盾与冲突，更是严重地冲击了传媒的自由报导。只要触及“危害国家安全”“损害国家利益”“扰乱社会秩序”等字眼，立刻就会“变脸”。

三、“维基解密”事件对数据安全领域的启示

（一）各国政府需变革信息数据运作和处理方式

“维基解密”事件是对公众数据权益的一种保护，也是对数据霸权的一种制衡。但若将其置于与之相对的国家数据安全这一相对的角度，则可发现“维基解密”事件的背后折射出的是当今社会政治进程与信息数据秩序所面对的一场危机。政府应该利用这次机会，重新思考如何处理和公布他们的信息。

维基解密在网络上揭露的内容大多是阿富汗、伊拉克等国家的非人性事件，也包括美国在对外事务中所表现出来的一些不道德的行为。在公民表达自由得到充分发展的今天，人们以揭发政府不道德的行为，以寻求公正与良心的诉求，以表达自由为手段，寻求价值的实现，并不是不可原谅的。核心问题是，该公开行为是否构成对国家利益的重大危害，是否已超出传统的信息保密法规制而演化为公众安全问题。所以，我们不能把它当作一种犯罪来对待，而应该从多个方面来看待它。但是，从技术角度来说，美国政府与军队都拿维基解密没有办法，他们能做的只有让网站瘫痪或者让网站参与者无法上传他们想公开的内容。

“维基解密”模式改变了政府对“机密”的独占模式，揭露了某些政客与政府的不道德行为，也为公众监测、评估一系列政治活动提供了契机，促进了对其合法性的审视，也激发了人们对其行为合理性的深刻思考。有些评论家认为，政治家们长久以来都认为，大众并不理解这些信息的传播途径，也不能对这些零散的信息进行分析。于是，维基解密内部人士的爆料就成了公众监督政府的有力武器。以“水门事件”为例，马克·费尔特就是在给媒体提供重要情报后，将尼克松总统赶下了台。但维基解密发布在网站上的 9 万份阿富汗战争档案，40 万份伊拉克战争档案，以及 25 万份机密外交电文，其深度与广度都超过了以往的爆料。

从维护国家利益、维护社会安定等方面来看，积极的信息公开的管理策略，可以取得良好的沟通效果。“大事要让人民知晓，大事要由人民来商量”，通过合理、开放、多元化的信息资料公开途径，可以使政府在社会上建立起一个好的形象，从而使政府的决策更加高效，更加促进政策的实施。在当前信息技术高度发达的今天，过分强调机密性，会给公众带来很大的风险，特别是“维基解密”事件发生之后，更是严重地损害了政府的声誉，甚或引发公众的信任危机。所以，在追踪信息泄露途径、处理信息资料安全性等方面，必须强化非机密信息资料的公开，并扩大与民间的沟通途径，以增进彼此间的信任，建立政府的积极及权威形象。

（二）合理解决国家机密安全与信息数据自由之间的矛盾

“9・11”事件之后，美国把国家安全放在第一位。《爱国者法案》的出台，表明布什政府在维护公众安全的名义下，对公民个人信息隐私权的侵犯。但“维基解密”事件使公民个人资料隐私权问题被提到了国际社会的高度，引发了全世界的广泛关注。这个网站的创建者特别指出，对于国家安全来说，最大的危险并不是大众知道，而是大众不知道。

“维基解密”在美国等各国政府看来，是一种恐怖性质的黑客活动，是一种对国家安全造成严重威胁的组织。但是，维基解密的创立者阿桑奇相信，维基解密已经超出了传统的黑客活动，不再是一种“恐怖行为”，它改变了过去由少数人撰写的世界历史，它的目的在于改进政府的行为，整顿政府的道德。但是，美国政府却把阿桑奇列入了对国家安全构成威胁的恐怖主义者，而不是一般的黑客。阿桑奇认为，维基解密的一系列解密行动旨在期待一个民主政体能更具透明度地运行，以避免因缺乏透明度而引发的各种问题。与此同时，他也希望借此提醒政府，转变以往的做法，切实保证市民的知情权，提高政府部门行为的透明度，而非只将一些不重要的信息公布于众。

维基解密是互联网环境下透明政府与信息披露思想的延续。该制度不仅延续了传统的政治信用制度监督机制的基本原理与实践，而且在科技与信息方面都有了令人震惊的突破。“维基解密”事件的发生，标志着美国政府在信息领域的垄断地位的崩塌。

第三节　情报学视角下的数据安全

情报学领域，作为信息科学的重要分支，在信息时代迎来了广泛的发展和应用。随着信息技术的迅猛发展，数据安全问题在情报学领域变得日益突出。数据安全在情报学领域的发展脉络可以追溯到计算机技术的应用。随着电子计算机的兴起和应用，情报学领域从传统的纸质文献过渡到电子文献，数据的存储和传输变得更加便捷和高效。然而，与此同时，数据安全问题也随之而来。初期的数据安全主要依赖物理安全措施，如锁定机房、保护磁带等。但随着信息技术的迅速发展，数据存储介质的多样化和网络技术的普及，数据安全面临着更为复杂的挑战。

在现代信息社会中，数据广泛应用于各个领域，情报学领域也不例外。情报学领域的数据安全主要涉及以下几个方面。

首先是数据存储安全。随着电子文献的增多和数字化图书馆的兴建，大量的数据需要进行长期存储和管理。数据的安全存储是情报学工作的基础，其中包括数据的备份、加密等措施，以确保数据的完整性和可用性。

其次是数据传输安全。随着信息网络的广泛应用，数据的传输成为情报学领域不可忽视的问题。在图书馆用户查询图书信息时，需要通过网络传输查询请求和返回查询结果。数据传输安全的问题涉及数据的机密性、完整性和可用性，需要在保证数据传输高效性的同时防止数据被窃取或篡改。

再次是数据访问安全。随着数字图书馆和网络资源的广泛建设，情报学领域的数据访问方式也经历了翻天覆地的变化。传统的纸质图书相对封闭，而数字图书馆则提供了更加开放和便捷的数据访问途径。数据访问安全问题涉及合法用户的身份识别、权限管理等方面，以确保数据的安全和合规性。

最后是数据隐私保护。在情报学领域，个人数据和用户行为数据的收集、处理和利用已经变得非常普遍。然而，随着个人隐私权意识的逐渐增强，数据隐私保护问题也变得愈发突出。为了保护用户的个人隐私不被滥用，需要建立合适的法律法规和技术措施，确保数据的安全性和隐私性得到有效维护。

在当前情报学领域，数据安全的热点问题涵盖了多个方面，呈现出丰富的发展脉络。

首先，大数据安全成为焦点。随着大数据时代的兴起，情报学领域面对着庞大数据的存储、处理和分析任务。大数据以其庞大的规模、多元的类型和高速的处理要求，对数据安全提出更高层次的要求。保障大数据的存储和传输安全成为当前亟须解决的问题，这需要全面考虑数据的完整性、机密性和可用性。

其次，人工智能安全备受关注。情报学领域广泛应用人工智能技术，但随之而来的是数据隐私泄露和算法攻击等安全隐患。确保人工智能算法的可靠性和对数据的隐私保护，是维护情报学领域可持续发展的必要条件。在这一领域，我们需要寻找创新的解决方案，以平衡技术的便利性和数据隐私的保护。

最后，网络安全问题备受重视。随着网络技术的飞速发展，网络安全问题在情报学领域愈发凸显。作为网络服务提供者和数据存储者，情报学领域需要强化网络安全意识，以确保网络系统的稳健性。防范网络攻击、数据泄露和恶意入侵是当务之急。

情报学领域的数据安全挑战需通过综合考虑数据的存储、传输、访问和隐私安全保护来解决。通过加强对这些方面的关注，可以更好地应对情报学领域数据安全的挑战，推动该领域的健康发展。

第四节 “颜色革命”与数据安全

一、“颜色革命”概况

“颜色革命”这一术语指的是21世纪初期在中亚和北非地区发生的一系列政权更迭运动，其特点是以颜色命名，并通过和平、非暴力的方式实现政权变革。

21世纪之交，中亚与北非发生了一连串的政治变革。2003年，格鲁吉亚发生了“玫瑰革命”。此后，中亚、北非等多个国家也相继出现了相似的变化：2004年乌克兰爆发“橙色革命”；2005年，伊拉克、黎巴嫩、吉尔吉斯斯坦先后发生“紫色革命”“雪松革命”“郁金香革命”，以“郁金香革命”为代表一系列变革，成为了全球范围内具有重要代表性的政治事件；2009 年，伊朗发生“推特革命”；2011 年，突尼斯发生了一场由“阿拉伯之春”引起的“茉莉花革命”。近 10 年来，“颜色革命”受到了世界各国的普遍重视与热议。表面上看来，这场革命是一群人自发的行动，但事实上，这场革命是经过周密的计划和长时间的准备的。

“颜色革命”发生在中亚与北非，有着深厚的历史渊源，同时也是各方在现实抉择上的博弈。其中，信息技术的推广与发展，对这场革命起到了推波助澜的使用。从根源上看，基恩·夏普的非暴力思想与兰德公司的群体思考是“颜色革命”的理论基础，是“颜色革命”得以顺利进行的理论支撑与指引①。

二、信息技术为“颜色革命”提供技术条件

法国学者塔尔德对冲突的发生与发展历程进行了深入的剖析，认为个人间的矛盾会逐步演变为家庭、邻里、区域，甚至是跨国的战争。但是，在社会范围之外，一旦发生冲突，就必须具备功能上的先决条件，也就是一个高效的沟通体系。这说明，当代的“群众”是一种“精神的聚合体”，虽然分布于各地，却被现代的大众传媒紧紧联系在一起。信息技术通过密切联系群体的思想，使个人意识与群众意识相融合，达到公共意志的统一，在一定程度上改变了人们的思想。

在当前信息技术飞速发展的今天，我们可以看出互联网的无所不在及其对社会的深远影响。所以，在形成个人思想和影响全球形势方面，现代资讯科技发挥了更大的作用。网络的建设、普及，新的媒介的出现，为“颜色革命”的发生提供了更方便、更广阔的支撑。

三、信息技术促进数据收集与针对性加工，助力“颜色革命”

在思想意识形态的斗争中，搜集数据是最重要的一环。美国学者奈伊于 1996 年发表了一篇《美国的信息前沿：权力的本质》指出：“美国的军力和经济生产率都很明显，但其更看不见的实力在于其搜集、处理、运用和散布数据的能力。这一信息优势有助于以更低的代价遏制或战胜传统的军事威胁，增强美国外交与军事实力的功能关联，并维持其在盟友及过渡

---

① 赵旭红：《情报视角下我国面临的颜色革命威胁及应对》，《中共中央党校》2019 年第 2 期。

同盟的领导地位。”尽管美国没有直接卷入越南和伊拉克的战争，但“颜色革命”已经变成了它的一种策略，而搜集数据则是它推动这场变革的最重要的一环。

随着信息技术的快速发展，数据的生产与膨胀速度也越来越快。数据规模的不断扩大，使信息资源日益多样化，信息的更新速率也在不断地提高。在这种情况下，广泛而具体地收集数据就显得越来越重要。由于数据的泄露会造成重大的战略损失，因此，在未来的信息战中，数据的安全性已成为一个关键问题。国家为保障数据安全，已将大量资源投入到研究与开发，建立强有力的数据安全体系，以保证自己能在这场数据争夺战中立于不败之地。在“颜色革命”中，对敏感数据的保护变得尤为迫切，因为这些数据的准确可靠与否直接关系到政权更迭的成败。因此，数据安全不仅是数据收集的一环，更是整个意识形态领域斗争的决定性因素之一。

新闻采访是获取信息的最直接方式，而媒介则是人们获取信息的重要途径。尽管传媒在总体上努力做到不偏不倚、客观公正，但在现实中，它们依然会被政府和军方所左右，而它们自身在制定议程时也起着至关重要的作用。美国国防部曾经采取过一种极其成功的嵌入策略，那就是让记者参加军事培训或行动，并主动向他们提供便利，看似让他们有机会接近军方，但实际上他们已经被军方控制，沦为军方的附属品，因此丧失了自主性。这样，在搜集这些数据时，必然会带有一定的主观意愿，若刻意寻找有利于达到某一目的的数据，则会有失公平。以“颜色革命”为例，只有很少的记者可以去事发地点进行采访，而由主流媒体派出的记者则更容易获得重要信息，因此，采访的大趋势和视角往往趋于一致。以美国、欧洲为例，对“颜色革命”多表现出正面和鼓励的姿态，如《荆棘中的玫瑰：格鲁吉亚做得好》《橙色革命：乌克兰民主突破的根源》。

美国学者艾略尔曾经说过：“一个宣传者不仅要运用各种手段，还要紧跟时代潮流，将不同的宣传方式融合在一起。世界上宣传手段繁多，而当前的趋势是将它们综合运用。”在信息技术的推动下，信息搜集的渠道也整合了许多不同的媒介，除传统的电视、电台、报刊外，还包括基于互联网的计算机、智能手机等新媒介，并辅以广告、公关等多种策略。据外国媒体报道，美国军队早就开始关心颠覆现政权的社会运动，美国国防部也资助了一个把全世界许多地方看作敌对领土的“智慧女神计划”，以探讨不同社会文化背景下的政治活动，而且美国许多大学和研究机构也都参加了这个计划。华盛顿大学也针对康奈尔开展跨国家调查，以理解民众的愤怒情绪是如何在互联网上传播并激化，并最终演变为街头政治，进而对当权者构成威胁的[①]。

第五节　国家层面的网络暗战

一、网络战的基本概念

网络战是一种政治性的黑客行为，它通过破坏对方的计算机网络和系统，刺探机密信息以达到自身的政治目的。

在 20 世纪 70 年代初，信息技术开始迅猛演进。到了 20 世纪 80 年代，计算机网络在社会各个领域开始广泛应用。1983 年，计算机病毒首次试验成功，而在 1988 年 11 月，“莫里斯”病毒的出现揭示了计算机网络的脆弱性和易受攻击性。计算机病毒的传播及其巨大威力引起了多国军方的重视，并被用于军事目的。20 世纪 90 年代初，美国国防部设立了专门研究计算机病毒的组织，旨在开发具有大规模破坏能力的恶性计算机病毒，以辅助进行计算机网络战。在 1999 年的科索沃战争中，美军首次执行了计算机网络战，通过网络战手段打击了南斯拉夫联盟共和国的网络信息指挥控制系统，导致南斯拉夫联盟共和国的信息资源和作战效能遭受了严重打击，对达成空袭目标起到了关键作用。南斯拉夫联盟共和国和俄罗斯的黑客也对北约的网络系统发动了连续攻击，导致北约通信控制系统、参与空袭的各作战单位的电子邮件系统都在不同程度上遭受了损失，部分计算机系统的软硬件遭到了破坏。由于网络战的强大威力和在未来战争中的显著地位，发达国家纷纷开始建设网络战力量，美军成立了网络司令部。网络战关键技术和理论研究受到了高度关注，网络威慑、网络攻击理论与实践也得以迅速发展。一些国家已经培养出高水平的网络战人才，并成功研发了多种破坏力强大的病毒和攻击性网络武器，使得网络战进入了飞速发展的时期。

网络战是以计算机和计算机网络为主要目标，运用计算机和网络通信技术作为基本手段的一种复杂形式的战争。其主要分为网络对抗侦察、网

---

① 蔡易坚：《信息技术在“颜色革命”中的作用》，国防科学技术大学硕士学位论文，2015 年。

络攻击和网络防御三个方面。网络对抗侦察通过计算机和网络等信息技术手段，获取有助于进行网络攻击的敌方网络信息。网络攻击则是在网络空间中采用计算机和网络通信等技术手段，旨在利用、削弱和破坏敌方计算机网络系统。而网络防御则主要通过计算机和网络通信等技术手段，在网络空间中保护己方网络系统，对抗敌方的网络攻击。

网络战的主要特点包括作战力量广泛，可涵盖所有精通网络技术的个体，且作战手段专业性强，而且技术更新迅速，要求网络战人员在平时持续学习和积累。互联网的开放性使得作战目标的定位模糊，作战空间延伸至全球。此外，网络战的作战模式呈非对称性，其作战进程具有突变性，需要灵活应对各种突发情况。因此，网络战的发展不仅需要高度技术的专业人才，还要求在战时保持高度的敏捷性和应变能力。

二、国家层面的网络暗战案例

（一）俄格战争中的网络攻防

2008 年俄罗斯与格鲁吉亚战争（以下简称“俄格战争”）中的网络攻防标志着网络空间作战在传统联合作战中首次规模化应用。虽然在作战主体、作战协同、作战效果上，它还远远达不到深入融合作战的需要，但作为一种典型的网络攻防模式，具有很强的借鉴意义和实用价值。

俄格战争还未完全打响，双方就展开了一场网络攻防战。当年 7 月 20 日，格鲁吉亚政府网站遭到了一次分散式的拒绝服务袭击，仅仅 10 个小时，就有数百万人要求访问政府网站，导致政府网站几乎瘫痪，外交部官网更是瘫痪了 24 个小时。当地面上的战争开始时，网络攻击变得越来越激烈，越来越复杂。大约在 8 月 8 日，俄罗斯部队进驻南奥塞梯，俄罗斯以格鲁吉亚政府及各大媒体站点为首要打击对象，通过使用“僵尸”网络的分布式拒绝服务，使格鲁吉亚的所有政府部门几乎全部丧失了网上办公的功能。格鲁吉亚前总统萨卡什维利的网页被更换，因为他的网页上出现了一幅精心设计的图片，上面写着“萨卡什维利与希特勒基本一致”。俄罗斯还不断地在格鲁吉亚各个社交平台上传播格鲁吉亚在前线伤亡的照片，还有他们撤离的消息，这些照片对格鲁吉亚人造成了极大的精神打击。另外，俄罗斯通过修改目标服务器网址，发布虚假消息，对格鲁吉亚的金融机构、公司、教育机构、一些媒体以及格鲁吉亚黑客网站发动了猛烈的网络袭击，造成格鲁吉亚的银行系统瘫痪，通信中断，格鲁吉亚军队无法依靠因特网进行相应的作战，打击了整个信息网络的使用能力。为避免金融体系中的关键资料及关键系统遭到破坏，格方不得不下令关闭其财务服务器。俄罗斯也采取了一些措施，比如封锁国际金融网络，把它伪装成从格鲁吉亚来的网络袭击，这使得大部分外资银行都无法进入格鲁吉亚的金融体系。由于不能与欧洲清算系统联网，格鲁吉亚的金融交易彻底崩溃，接着信用卡和手机系统也相继崩溃。在这一混乱局势下，格鲁吉亚被迫将其总统的网站从本国的服务器迁移到美国的服务器上，并且尽管格方采取措施关闭金融服务器，俄方迅速创建了多个虚假的格总统网站，并在多个重要网站设置链接，引导网络用户访问这些虚假官方网页。

格鲁吉亚一方也在积极地发动网络袭击，在某种程度上也打击了俄罗斯。当年 8 月 8 日，南奥塞梯政府和俄罗斯国营新闻机构俄新社都遭到了分布式拒绝服务攻击。在 8 月 11 日清晨，俄罗斯英文电视台“今日俄罗斯”被第比利斯的一群黑客集中袭击，致使该网站的资源被封锁，无法正常播放。但是，应当注意到，格鲁吉亚一方的网络攻击只是对俄罗斯的一些网站造成了较小的冲击，并没有给俄罗斯的网络系统带来严重损害，并且俄罗斯迅速采取了相应的对策。

最终，格鲁吉亚政府、传媒、金融和军队系统等 50 多家重要网站因大规模分布式拒绝服务攻击而直接陷入瘫痪，导致多个关键部门停摆，多支军队失去了控制，甚至外交工作一度中断，整个国家陷入了瘫痪和“失联”状态。由于这次攻击，俄罗斯军队取得了绝对的信息优势，成功调动兵力夺取关键地域，顺利实现了战略目标。

（二）伊朗核设施遭“震网”病毒攻击

伊朗核设施遭受“震网”病毒攻击事件，堪称全球首例在没有爆发武装冲突、没有造成人员伤亡的情况下，通过虚拟空间对实际世界实施物理攻击破坏，并成功达成战略目标的军事行动。这一事件不仅重新定义了人们对网络攻击破坏的认知，也标志着网络空间作战已经迈入全新的阶段。2006 年 1 月，伊朗宣布恢复核燃料研究工作，同时在纳坦兹核工厂大规模安装离心机进行浓缩铀的生产，为核计划的不断推进提供原料准备。在多方面的影响下，美国决定与以色列合作，运用计算机病毒对伊朗核设施进行攻击。美国研究人员发现，德国西门子公司的主流工业控制软件存在严重漏洞，而伊朗用于控制离心机运转的软件正是采用了德国西门子公司的相关产品。美以分析认为，将伊朗离心机作为网络攻击对象具有较强的可行性，于是研发了后来被外界命名为“震网”的高能病毒。

该计划的实施过程可以划分为三个精密设计的阶段，每个阶段都展现了高度谨慎和技术精湛。首先是隐蔽设伏和外围突破阶段，由于伊朗对核设施的安全高度重视，采取了物理隔离措施，将核设施内部网络与国际互联网隔离。为了规避这一限制，美军病毒研发团队巧妙地通过 U 盘“摆渡”方式，成功从互联网渗透至伊朗核工厂。在行动初期，他们极为谨慎，通过在互联网上释放经过伪装的病毒，仅感染了伊朗国内互联网计算机的少量目标。尽管在感染过程中被赛门铁克公司发现，但由于病毒采用了“零日漏洞”和巧妙的隐蔽技术，被认为只是一般的蠕虫病毒，没有引起更多的关注。这一阶段的成功为后续行动打下了坚实基础。

其次是精准定位和巧设桥接阶段。“震网”病毒的攻击目标是伊朗纳坦兹核工厂内安装有西门子的 STEP7 和 Win CC 软件的计算机。病毒在感染核工厂外的计算机时，首先检查该计算机是否安装有西门子的 STEP7 和 Win CC 软件，如果有则悄悄潜伏并感染，将“战果”汇报给指挥控制服务器，如果没有则主动进入休眠状态。此外，美以方通过调查发现，弗拉德科技公司、百坡炯公司、尼达工业集团和 CGJ 公司这四家承包商与纳坦兹核工厂业务紧密相连，且与核工厂的控制系统和某些处理过程有关。这一阶段展现了对目标的深刻理解和高度精准的定位，为接下来的行动奠定了基础。

为了实现更加精准的感染，“震网”病毒在 2009 年 6 月、2010 年 3 月和 2010 年 4 月的攻击过程中，先后成功感染了弗拉德科技公司、百坡炯公司、尼达工业集团和 CGJ 公司这四家承包商的计算机。通过巧妙的桥接摆渡方式，病毒最终成功渗透至核工厂内网。

最后是自主释能和攻击破坏阶段。“震网”病毒一旦进入伊朗纳坦兹核工厂网络，立即对控制软件的可编程逻辑控制器进行攻击。通过修改离心机变频器的参数，病毒使离心机在急速运转与暂停之间反复循环，导致离心机受到物理损坏，从而影响了浓缩铀的产量。在这一过程中，“震网”还采用中间人攻击手段对监控系统进行干扰，向设备管理员显示预先准备好的“正常数据”，以降低被发现的可能性。这次“震网”病毒攻击导致伊朗超过 1000 台离心机受损。尽管受损离心机的数量相对有限，但为了查找问题原因，伊朗不得不移除包括整个级联系统在内的大量设备，大大延缓了伊朗的核计划进程，使美以联合成功地达到了最初设定的战略目标，超出了预期效果①。

这么多现实的网络战案例告诉我们，如今网络领域已经成为国家之间交锋的重要战场，提升我国网络技术能力，维护国家网络安全成为网络时代的重要任务之一。网络暗战的交锋，不仅更加隐秘，而且危害巨大，需要建立高效安全的网络安全防护体系，以最大限度地保护我国国家及公民的网络安全。

思考题

1. “棱镜门”事件和“维基解密”事件的爆发给全球数据安全领域带来了哪些影响？

2. “颜色革命”的爆发是否具有必然性？

3. 面对网络暗战，如何做到有效地防范和反击？

① 高海鹏：《博弈背景下的经典战略网络战》，《军事文摘》2023 年第 21 期，第 13—16 页。

第十二章　数据安全治理的中国方案

第一节　人类命运共同体

当前国际形势的基本特点是世界多极化、经济全球化、文化多样化和社会信息化。粮食安全、资源短缺、气候变化、网络攻击、人口爆炸、环境污染、疾病流行、跨国犯罪等全球非传统安全问题层出不穷，对国际秩序和人类生存都构成了严峻挑战[①]。正如习近平总书记在党的二十大报告中所指出的[②]，“当前，世界之变、时代之变、历史之变正以前所未有的方式展开。一方面，和平、发展、合作、共赢的历史潮流不可阻挡，人心所向、大势所趋决定了人类前途终归光明。另一方面，恃强凌弱、巧取豪夺、零和博弈等霸权、霸道、霸凌、行径危害深重，和平赤字、发展赤字、安全赤字、治理赤字加重，人类社会面临前所未有的挑战。世界又一次站在历史的十字路口，何去何从取决于各国人民的抉择”。人类只有一个地球，各国共处同一个世界，国际社会已日渐成为一个你中有我、我中有你的“命运共同体”。

人类命运共同体的提出最早可追溯至2012年党的十八大的召开[③]。党的十八大报告呼吁世界各国“同舟共济，权责共担，增进人类共同利益”。习近平强调了全球化和国际合作的重要性，提倡建立一个相互依存、互利

---

① 曲星：《人类命运共同体的价值观基础》，《求是》2013年第4期，第53—55页。

② 《党的二十大报告要点》，《中国经济周刊》2022年第20期，第10—17页。

③ 刘昌明、杨慧：《构建人类命运共同体：从外交话语到外交话语权》，《理论学刊》2019年第4期，第5—13页。

共赢的国际社会。这个概念在之后的几年中逐渐得到了国际社会的认同和关注。2017 年 1 月，在联合国日内瓦总部，习近平在万国宫出席“共商共筑人类命运共同体”高级别会议，并发表题为《共同构建人类命运共同体》的主旨演讲，阐释了构建人类命运共同体的中国方案。联合国大会正式将“人类命运共同体”纳入决议文本，强调了国际社会应该加强合作，共同应对全球性挑战。人类命运共同体的发展历程还在不断演变中，各国都在积极探索如何加强跨国界的合作，推动全球发展和繁荣。这个概念在国际关系中继续发挥着重要作用，促进各国之间的互信与合作。

落实到数据安全治理领域，人类命运共同体的指向是在大数据战略的积极促动下，来实现一种包容各种意识形态的共同发展①。随着数字技术发展及第四次工业革命的到来，人类社会正在进入数字社会及智能社会时代，国际社会发展与演化表现出新特征，世界各国共同面临着数据与数字技术发展带来的新问题和新挑战，具体表现在以下五个方面。

第一，数字要素已经成为国际社会最为重要的生产要素之一。数字要素与资本、劳动力、土地、企业家及传统非数字技术相互融合，才能形成生产要素的数字化组合与配置，形成数字经济发展的生产要素基础。拥有强大数据资源和数字技术的国家拥有数字要素的禀赋优势，在数字经济发展与数字贸易竞争中拥有比较优势；反之，缺少数字要素禀赋及数字贸易比较优势的国家，则会在跨国竞争中处于不利地位。可以说，数字要素竞争已经成为当代国家竞争特别是大国竞争的重要内容。

第二，数字企业特别是大型数据及数字技术企业已经成为国际社会数字技术创新及先进生产力发展的主要推动者。世界各国之间的互联互通程度不断提高，数字要素跨国流动规模不断扩大，数字企业已经成为推动数字要素配置和数字技术创新的主要力量。

第三，数字产业成为国际社会产业链、供应链与价值链重构的关键领域和核心基础。不同类型的数字企业之间存在着密切的技术经济联系，由此形成覆盖上下游数字产品的数字企业集群及其网络体系，共同形成了数字产业。而数字产业作为新兴产业必然与传统非数字产业相互融合与渗透，由此对全球产业链、供应链和价值链的结构和运行产生系统性影响，

① 阙天舒、王子玥：《数字经济时代的全球数据安全治理与中国策略》，《国际安全研究》2022 年第 1 期，第 130—154、158 页。

推动全球产业链、供应链与价值链的重构与演化。

第四，数字大国成为国际社会数字技术与数字经济发展的主要推动者和规则制定者。拥有数字要素禀赋优势的国家，具有产生大型数字企业的要素基础和技术能力，能够为数字产业发展创造良好的市场条件和宏观环境，进而成为数字大国。这里的数字大国是指同时拥有大数据资源与先进数据处理技术的国家。

第五，数字竞争成为国家之间竞争的主要领域。大国竞争是国际秩序及国际政治经济格局演化的主导力量。在数字化时代，数字竞争不仅是国家之间竞争的主要领域，也是影响国家命运的关键要素①。

数据和数字技术的价值在全球经济中迅速增长，但由于以上种种原因，数据安全的治理问题陷入困境。当前，各国际行为体对全球数据安全并未形成统一的治理框架，全球数据安全治理规则是由未被普遍接受的或停留于单边、双边和多边框架以及贸易规则拼凑而成的②，相关治理议题涉及公民个人、社会、经济以及国家安全等层面。此外，多领域多维化的数据安全问题造成了多元数据主体的治理诉求差异，这也导致全球数据安全治理发展过程中出现规则碎片化以及机制效用不足、治理乏力等情况。多方面因素交织互构，使得各国际行为体治理难以达成共识，合作意愿持续降低，增加了全球数据安全治理的复杂性③。

中国以人类命运共同体为依托，给出了进行数据安全治理的中国方案，如共建“一带一路”倡议、上海合作组织成立、金砖国家合作等，下文对其进行详细介绍。

一、共建“一带一路”倡议

“一带一路”是“丝绸之路经济带”和“21 世纪海上丝绸之路”的简称。该倡议旨在通过促进基础设施建设、经济合作、贸易投资、人文交流等方式，加强中国与世界各国之间的互联互通，共同发展和繁荣，是中国

---

① 保建云:《世界各国面临数据与数字技术发展的新挑战》,《人民论坛》2022 年第 4 期，第 14—19 页。

② “Asia Pacific – Governing Data in the Asia – Pacific （CSIS）”，CSIS，Apr. 22，2021，https：//www. csis. org/analysis/governing – data – asia – pacific.

③ 阙天舒、王子玥:《数字经济时代的全球数据安全治理与中国策略》,《国际安全研究》2022 年第 1 期，第 130—154、158 页。

推动建设人类命运共同体的重要国际合作。这一倡议包含的两方面有不同侧重。其中，“丝绸之路经济带”主要关注于陆上合作，通过铁路、公路、能源管道等基础设施建设，连接中国与欧洲、亚洲和非洲等地，促进贸易、投资和经济合作。而“21 世纪海上丝绸之路”则强调海上合作，通过海港建设、海运合作等方式，促进中国与沿海国家之间的贸易和合作。

共建“一带一路”倡议被认为是中国积极推动全球化和区域合作的重要举措。然而，该倡议也引发了一些争议，其中包括数据安全、债务风险、环境影响和地缘政治等问题。2020 年 9 月，中国提出《全球数据安全倡议》①，对共建“一带一路”倡议推进和应对数据安全风险挑战方面提出了以下原则：一是秉持多边主义。各方应在相互尊重的基础上，加强沟通交流，深化对话与合作，共同构建和平、安全、开放、合作、有序的网络空间命运共同体，各主体秉持共商共建共享理念，齐心协力促进数据安全。二是兼顾安全发展。平衡处理技术进步、经济发展与保护国家安全和社会公共利益的关系。三是坚守公平正义。各国应致力于维护开放、公正、非歧视性的营商环境，推动实现互利共赢、共同发展。与此同时，各国有责任和权力保护涉及本国国家安全、公共安全、经济安全和社会稳定的重要数据及个人信息安全。

其具体内容包括：各国承诺采取措施防范、制止利用网络侵害个人信息的行为，反对滥用信息技术从事针对他国的大规模监控、非法采集他国公民个人信息；各国应要求企业严格遵守所在国法律，不得要求本国企业将境外产生、获取的数据存储在境内；各国应尊重他国主权、司法管辖权和对数据的安全管理权，未经他国法律允许不得直接向企业或个人调取位于他国的数据；各国如因打击犯罪等执法需要跨境调取数据，应通过司法协助渠道或其他相关多双边协议解决。国家间缔结跨境调取数据双边协议，不得侵犯第三国司法主权和数据安全等②。

根据以上原则，中国作为共建“一带一路”倡议的发起者，应当在跨境数据安全治理中起到表率作用，坚持以下做法。

（一）推动“数字丝绸之路”国际规则的制定

目前，“数字丝绸之路”建设已成为共建“一带一路”的重要组成部

---

① “The EDPS Strategy 2020 - 2024”, European Commission, Oct. 26, 2020.

② 李成斌：《跨境数据流动的法律风险及防范对策研究——以“数字丝绸之路”建设为中心》，《数据法学》2022 年第 2 期，第 155—171 页。

分，中国与埃及、老挝、沙特阿拉伯、塞尔维亚、泰国、土耳其、阿联酋等国家共同发起《“一带一路”数字经济国际合作倡议》，截至2022年底，中国与17个国家签署“数字丝绸之路”合作谅解备忘录。中国发布《标准联通共建“一带一路”行动计划（2018—2020年）》，并和49个国家及地区签署了标准化合作协议①。通过对“数字丝绸之路”国际规则进行制定，推动数据安全共享和流通，建立多边、民主、透明的全球网络空间命运共同体。

（二）构建跨境风险防范法律制度体系

目前中国已完成《网络安全法》《中华人民共和国电子商务法》《数据安全法》《个人信息保护法》等国内网络基础性立法，但共建“一带一路”倡议是全球化的合作，因此，仍需进一步构建国际国内相衔接的数据跨境流动风险防范法律制度体系，包括跨境数据流动的安全评估、认证认可和标准格式合同等配套法规规章。

（三）加强“一带一路”沿线国家司法协助，保障合法权益

包括以下三个方面：（1）积极探讨加强“一带一路”沿线国家区域的司法协助，配合有关部门推出新型司法协助协定，推动缔结双边或者多边司法协助协定，促进沿线国家司法判决的相互承认与执行。（2）若“一带一路”沿线的某些国家与我国未缔结司法协助协定，那么根据国际司法合作交流意向、对方国家承诺将给予我国司法互惠等情况，可以考虑由我国法院先行给予对方国家当事人司法协助，积极促进形成互惠关系，积极倡导并逐步扩大国际司法协助范围。（3）严格依照“一带一路”沿线各国共同参加的国际条约来积极办理司法文书送达、调查取证、承认与执行外国法院判决等司法协助请求，提供高效、快捷的司法帮助，保障合法权益。

二、上海合作组织

上海合作组织是一个地区性国际组织，成立于2001年。该组织旨在促进成员国之间的政治、安全、经济合作，以及在反恐怖主义、反极端主义、禁毒等领域的合作。成员国包括中国、俄罗斯、印度、巴基斯坦、哈

---

① 《共建“一带一路”倡议：进展、贡献与展望》，新华网，2019年4月22日，http://www.xinhuanet.com/2019-04/22/c_1124400071.htm。

萨克斯坦、吉尔吉斯斯坦、塔吉克斯坦、乌兹别克斯坦。此外，还有伊朗、蒙古国、阿富汗等国作为观察员国或对话伙伴参与。

随着数字信息技术的飞速进步，全球数字经济持续不断地发展。面对数字经济带来的巨大红利，上海合作组织成员国都将数字经济纳入国家发展战略，并表现出积极合作、包容开放的政策倾向。因此，数字经济领域的合作顺理成章地成为上海合作组织成员国谋求发展的新兴合作领域。

但数字经济红利背后所隐藏的，还有随之而来潜在的数据安全风险。根据美国联邦调查局统计，2020 年接到涉嫌网络犯罪的举报 791790 起，比 2019 年增长了 37%，损失超过 42 亿美元。与此同时，互联网企业识别网络漏洞的时间没有显著缩短。根据云计算公司 LOMART 的研究，2019 年，互联网企业识别漏洞的平均时间为 206 天，解决该问题则需要 73 天。因此，如何对数据进行有效治理，规避数据安全风险成为上海合作组织成员国发展数字经济领域合作必须要考虑的问题[①]。

而最大的挑战在于，上海合作组织相较于其他数字经济发达国家而言，数字技术以及基础设施较为落后。人工智能等数字经济新技术浪潮给上海合作组织带来的考验相当严峻。因为对上海合作组织成员国来说，除了中国、俄罗斯、印度等个别国家有所积累之外，大部分成员国在该领域的发展仍相当欠缺，应对数字经济新技术所引发的数据安全风险能力急待提高。并且，对上海合作组织的主要组成部分——中亚国家而言，由于仍处于广义的转型周期内，国内的数据治理工作还存在许多不足，在应对数据安全问题时缺乏经验，容易在实践中遭遇挫折，影响国家的稳定发展[②]。

因此，面对数字技术跃迁所带来的数据安全挑战，需要充分发挥上海合作组织的功能，广泛开展多边合作，保护成员国利益，实现共同发展。目前，上海合作组织成员国已经开始逐步重视人工智能等产业的发展，并且通过对话与合作，讨论应对新的安全挑战。习近平主席在参加上海合作

① 肖斌：《发展上合组织数字经济：基于数据安全合作的视角》，《中国信息安全》2021 年第 8 期，第 81—82、86 页。

② 封帅：《人工智能技术对上合组织成员国的安全新挑战》，《中国信息安全》2021 年第 8 期，第 83—86 页。

组织成员国元首理事会第二十次会议时明确提出，上海合作组织成员国要“加强数字经济、电子商务、人工智能、智慧城市等领域合作”，通过上海合作组织内的多边合作，缩小成员国之间在数字技术领域的差距，并且建立相关的协作和对话机构，针对数据安全问题挑战进行研究与讨论，制定符合上海合作组织区域特征的标准和规则，在打击运用数字技术进行窃密等危害国家安全行为方面展开广泛的合作。

三、金砖国家

金砖国家是指由巴西、俄罗斯、印度、中国和南非这五个新兴市场经济体组成的国际合作机制。这些国家因为其庞大的经济规模、快速的经济增长以及对全球经济格局的影响力而得名“金砖”。金砖国家合作机制的主要目标是促进成员国之间的政治、经济合作，增强发展中国家在国际事务中的话语权和地位。这个合作机制强调均衡、包容的全球经济治理，通过定期的高层会晤、部长级磋商和专家级会议等形式来推动合作。金砖国家合作机制已经举办了多届高峰会议，成为新兴市场经济体在国际事务中的重要平台之一，为促进全球多极化和多边合作作出了积极贡献。

近些年，金砖国家在人工智能、大数据与云计算等数字技术领域的研发取得较大进展，新一代信息技术为数字经济的发展提供了良好支撑，对推动产业数字转型和产业链完善具有重要作用。2020 年 11 月，金砖国家制订了《金砖国家经济伙伴战略 2025》，其中数字经济成为三大重点合作领域之一，提出要认识到数据治理在全球数字化时代的重要性，并在数字金砖国家工作小组等框架内就数字治理领域开展合作，消除“数字鸿沟”，弥合金砖国家人口在获取数字基础设施、数字技能和数字服务方面的差距①。在数据流动规则方面，金砖国家在数据保护规范和标准方面的合作意愿最早体现在 2017 年的《金砖国家领导人厦门宣言》。在该宣言中，金砖国家承诺共同“倡导在基础设施安全、数据保护、互联网空间领域制定国际通行的规则”。根据 2021 年 9 月 9 日习近平主席出席金砖国家领导人第十三次会晤时提出的举办“金砖国家可持续发展大数据论坛”这一倡

① 《金砖国家领导人第八次会晤果阿宣言（全文）》，新华网，2016 年 10 月 17 日，http：//www. xinhuanet. com/world/2016 – 10/17/c_1119727552. htm。

议，中国科学院于2022年4月发起了金砖国家可持续发展大数据论坛，旨在进一步推动金砖国家在科技创新领域的科技合作[①]。近年来，所有成员国数据监管体系都作了重大调整并对本国数字经济发展、数据跨境流动、数据安全等问题进行了具体的法律规则的设置[②]。

但与上海合作组织面临的困境类似，金砖国家逐步深入开展数字经济合作，推动全球经济治理体系变革的同时，也面临着数据安全治理的现实挑战。(1) 金砖国家内部“数字鸿沟”持续拉大。金砖国家部分成员国的数字基础设施仍比较落后，居民对数字价值和数据安全并没有形成正确的认识。(2) 网络安全形势严峻。金砖国家面临的网络安全风险正不断增加，根据威瑞森发布的《2021年数据泄露调查报告》[③]，Web应用攻击导致了2020年39%的数据泄露事件，而网络钓鱼攻击比上一年猛增11%，勒索软件增长6%，其中85%的数据泄露涉及人的因素。随着人们的生产生活越来越离不开互联网，对各类钓鱼软件、黑客攻击、病毒传播等威胁防范压力也日渐增大，云计算、大数据、人工智能等数字技术应用带来新的安全风险，用户数据安全保护的需求亟待满足。目前金砖国家的数据治理在关于数据本地化方面加快推进，但这些保护性措施也不同程度地形成了各国之间的贸易壁垒。

目前全球正处于新一轮科技及产业革命爆发期，为重构全球价值链、产业链、供应链提供了新机遇。在这种新机遇下，为解决当前困境，金砖国家需要在当前环境下深化数字经济合作路径，进行综合性的数据安全治理，为今后金砖国家在数字领域开展合作奠定基础。(1) 进一步完善金砖国家数据治理工作。在借鉴世界贸易组织、《美墨加三国协议》、国际服务贸易协定等多边或区域贸易协定的基础上，金砖国家可共同构建一套有效的监管与合作框架，并在此基础上提出互认的数字贸易规则，并避免规则的碎片化，从而确保成员国的数据隐私、保护数据安全、便利公民服务。(2) 增进政治互信，促进数据共享。目前，金砖国家的政府部门和企业数

---

① 高雅丽：《以金砖科技合作描绘人类命运共同体“蓝图”》，《中国科学报》2022年4月28日。

② 刘锦前、孙晓：《金砖国家数字经济合作现状与前景》，《现代国际关系》2022年第1期，第44—52、62页。

③ 《2021年数据泄露调查报告：85%的数据泄露涉及人的因素》，51CTO，2021年5月13日，https://netsecurity.51cto.com/art/202105/662815.htm。

据的开发、更新与公开还不够充足。为此，金砖国家政府需要推动大数据共享及相关安全标准制定，将数据产业与数据资源有效打通，实现数据的互联互通。此外，金砖国家之间需要增进互信，通过划定大数据开发利用边界等方式，消除壁垒，促进金砖国家间的功能性合作。(3）提高网络安全保障能力。迈克菲安全公司的研究显示，最严重的网络犯罪多发生在金砖国家[①]。金砖各国需要加强对数据安全的治理工作，加快完善法律法规，尤其是对个人数据的保护，进一步明确数据共享和确权规则，促进数字生态健康发展。(4）中国应起到在金砖国家中的引领作用。我国在数字经济领域和数据安全治理中已积累起了大量的相关工作经验，可推动金砖国家间数字经济领域的多功能式合作，为金砖各国提供解决数据安全治理的中国方案。此外，还要发挥金砖各国合作机制和共建“一带一路”倡议、上海合作组织建设的协同效应，承担大国责任，注重前沿治理引领，展现大国担当。

第二节　中国国内的数据治理

一、数据治理定义

“数据治理”的概念最早于2007年被提出。随着人工智能、5G、区块链技术等新兴技术的发展，数据所展现出的价值和生长速度对于数据的处理方式和方法提出了更高的要求。因此，数据治理的概念开始被广泛提及。对于数据治理的定义，目前还没有形成一个统一的标准，IBM认为数据治理是一种质量控制规程，用于在管理、使用、改进和保护组织信息的过程中添加新的严谨性和纪律性[②]。

数据治理的目标，总的来说是在提高数据质量、在降低企业风险的同时，实现数据资产价值的最大化，包括[③]：构筑适配灵活、标准化、模块

---

① Martti Lehto,“Cyber - security and the BRICS”, International Journal of Cyber Warfare and Terrorism, Vol. 3, No. 3, 2013, p. 18.

② Zhang S H, Pan R, Zong Y W,“Big Data Technology and Application Series”, Shanghai: Shanghai Scientific & Technical Publishers, 2016, pp. 1 - 224.

③ 吴信东、董丙冰、堵新政等:《数据治理技术》,《软件学报》2019年第9期，第2830—2856页。

化的多源异构数据资源接入体系；建设规范化、流程化、智能化的数据处理体系；打造数据精细化治理体系、组织的数据资源融合分类体系；构建统一调度、精准服务、安全可用的信息共享服务体系。

目前，国外数据治理侧重于企业数据治理，中国国内的数据治理则侧重从国家治理和大数据视角出发①。因此，本节对中国国内的数据治理主要从大数据和国家治理视角出发进行介绍。

二、大数据视角下的数据治理

近年来，随着信息爆炸时代的到来，大数据已成为国内外专家学者研究的热点话题。大数据时代下的数据本身表现出与传统数据不同的大数据化特点，目前基本上采用IBM的“5V”模型来描述大数据的特征：第1个V（Volume）是数据量大，包括数据采集、数据存储和数据计算的量都非常大；第2个V（Velocity）是数据增长速度快，处理速度也快，时效性要求高；第3个V（Variety）是数据的多源异构，包括结构化、半结构化和非结构化数据；第4个V（Value）是数据价值密度相对较低，需要研究人员从海量的数据中找到有价值的数据；第5个V（Veracity）是各个数据源的质量不一，需要研究人员进行甄别才能有效地对数据进行进一步的利用②。

我国国内学者从大数据的角度，基于大数据的异构数据源以及复杂的数据关联，提出了HACE定理③，从数据处理、数据应用和数据挖掘三个层次对大数据视角下的数据治理框架进行刻画，该框架主要分三层，包括大数据计算平台、大数据语义及领域知识和数据挖掘三个层次，如图12-1所示。其中，数据挖掘层次包含三类算法，并对应三个阶段：首先，通过数据融合技术对多源异构的数据进行数据预处理；其次，对预处理后的数据进行数据挖掘；最后，对知识通过模型进行测试并反馈给预处理阶段，从而进行模型和参数调整。

---

① 颜佳华、王张华：《数字治理、数据治理、智能治理与智慧治理概念及其关系辨析》，《湘潭大学学报》（哲学社会科学版）2019年第5期，第25—30、88页。

② Wu XD, He J, Lu RQ, Zheng NN, “From Big Data to Big Knowledge: HACE + BigKE”, Acta Automatica Sinica, Vol. 42, No. 7, 2016, pp. 965-982.

③ Wu X, Zhu X, Wu G Q, et al., “Data Mining with Big Data”, IEEE Transactions on Knowledge and Data Engineering, Vol. 26, No. 1, 2013, pp. 97-107.

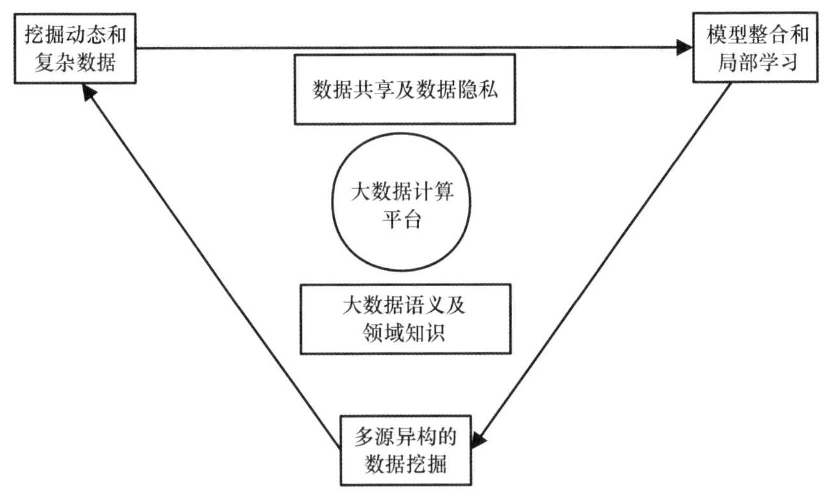

图 12－1　大数据治理框架①

目前，大数据的优化、隐私保护下的数据安全计算是中国国内大数据治理的重要领域，与传统的数据治理相比，大数据环境下各种需求的解决在大数据治理中变得愈发重要和具备挑战性②。

海量数据存储的需求：我国国内主要利用云计算③提供的动态可计算的数据存储服务来解决这一问题，云计算所提供的数据存储服务具有专业、经济和按需分配的特点，在当前环境下能够较好地满足大数据的存储需求。云计算可基于本地的实际数据量级和存储处理能力，结合集中式或分布式等数据资源存储方式进行构建，从而为大数据平台提供数据存储和备份能力的技术支撑。

数据处理效率问题的需求：对于大数据环境下的结构化、半结构化和非结构化数据，大数据治理提供多种类型的数据接入和处理能力，以对这些类型的数据提供快速的计算能力和搜索能力。同时，大数据治理对数据

---

① Wu X, Zhu X, Wu G Q, et al., "Data Mining with Big Data", IEEE Transactions on Knowledge and Data Engineering, Vol. 26, No. 1, 2013, pp. 97－107.

② Zhang SH, Pan R, Zong YW, "Big Data Technology and Application Series", Shanghai: Shanghai Scientific & Technical Publishers, 2016, pp. 1－224.

③ Armbrust M, Fox A, Griffith R, et al., "A View of Cloud Computing", Communications of the ACM, Vol. 53, No. 4, 2010, pp. 50－58. Feng DG, Min Z, Yan Z, et al., "Study on Cloud Computing Security", Ruan Jian Xue Bao/Journal of Software, Vol. 22, No. 1, 2011, pp. 71－83.

在云平台上的存储应用了可靠的加密技术来保证数据安全。因此，密码学家们设计了许多针对隐私保护的密文搜索算法[①]，其中，全同态加密[②]通常更多地用于解决云平台数据存储的计算安全问题。

数据可靠性需求：针对数据的可靠性需求，不仅需要通过对数据源遴选来确保数据源可靠，还需通过加密算法来保证数据在传输、存储等过程中的安全可靠。此外，大数据治理还需围绕行业数据元相关标准规定，基于行业元数据体系打造大数据平台全过程的、端到端的数据质量管控体系，从而确保数据准确可靠。

数据安全性需求：数据安全通常包括数据存储的安全、数据传输过程中的安全，数据的一致性、数据访问安全等。数据的安全性是大数据平台能够正常运行的基础。大数据环境下的数据安全保护措施主要包括数据的脱敏控制[③]、数据的加密控制、防拷贝管理、防泄露管理、数据权限管理、数据安全等级管理等。

三、国家治理视角下的数据治理

国家治理视角下的国内数据治理经历了不断演变的历史过程。早期阶段，数据治理主要集中在信息安全、隐私保护等方面，涉及法律法规的制定和执行。随着互联网的普及，数据的规模和种类急剧增加，国家开始加

---

① Bellare M, Fischlin M, O'Neill A, et al., "Deterministic Encryption: Definitional Equivalences and Constructions without Random Oracles." In: Proc. of the Annual Int'l Cryptology Conf. Heidelberg: Springer – Verlag, 2008, pp. 360 – 378. Xie X, Xue R, Zhang R, "Deterministic Public Key Encryption and Identity – based Encryption from Lattices in the Auxiliary – input Setting", In: Proc. of the Int' l Conf. on Security and Cryptography for Networks. Heidelberg: Springer – Verlag, 2012, pp. 1 – 18. Katz J, Sahai A, Waters B, "Predicate Encryption Supporting Disjunctions, Polynomial Equations, and Inner Products", In: Proc. of the Annual Int' l Conf. on the Theory and Applications of Cryptographic Techniques. Heidelberg: Springer – Verlag, 2008.

② Brakerski Z, Gentry C, "Halevi S. Packed Ciphertexts in LWE – based Homomorphic Encryption", In: Proc. of the Public – Key Cryptography (PKC 2013), 2013, pp. 1 – 13. Van Dijk M, Gentry C, Halevi S, et al., "Fully Homomorphic Encryption over the Integers", In: Proc. of the Annual Int'l Conf, 2010, pp. 24 – 43.

③ Luo C, He F, Yan D, et al., "Pspec: A Formal Specification Language for Fine – grained Control on Distributed Data Analytics", ACM 39th International Conference on Software Engineering Companion (ICSE – C), 2017, pp. 300 – 302.

强对数据的管理和监管，提出了一系列政策和措施来保障数据的合法使用和安全。近年来，国家更加强调数据的价值和利用，将数据视为经济发展的重要资源。大数据、人工智能等新技术的兴起，推动了数据治理进程的进一步加快。政府加强了数据收集、共享、开放的规范，鼓励跨部门、跨地区的数据融合和交换。同时，加强数据的分类、标准化、质量控制，以确保数据的准确性和可信度。

从政府所颁布的法律法规来看，随着数字经济的快速发展，国内正在加强对数据安全和隐私保护的立法和监管。《网络安全法》和《个人信息保护法》是构成国内数据治理法律框架的重要组成部分，它们规定了数据的合法收集、处理、传输和保护标准，确保了数据在国内的合规性和安全性，旨在从国家治理的角度实现个人信息保护和网络安全。

其中，2017 年起施行的《网络安全法》明确规定网络运营者在收集个人信息时需要获得用户的同意，同时要保障用户的知情权、选择权，从而保护用户的个人信息和其他关键数据，确保其不受到未经授权的访问、泄露或破坏。2020 年起实施的《个人信息保护法》侧重于强调对个人信息的保护要求，规定了个人信息的收集、使用、存储、传输等方面的法律义务，以及数据主体的权利。该法律强调了数据处理者的责任，并规定了对违法行为的处罚。

此外，国家和政府部门颁布的法律法规针对国内数据治理并不局限于对数据安全的保护，还对数据的跨境传输、数据安全评估、数据处理合法性、透明性等作出了规定。例如我国虽然提倡数据共享和跨境传输，从而推动数据在不同领域之间的流通与应用，但法律规定了跨境传输的条件，需要经过特定程序与安全评估，从而确保数据的安全传输。《网络安全法》和《个人信息保护法》都提到了对数据安全评估的要求，这涉及对数据处理活动进行风险评估，以确保数据不受到滥用或泄露的风险。例如《网络安全法》第五十四条规定，“组织有关部门、机构和专业人员，对网络安全风险信息进行分析评估，预测事件发生的可能性、影响范围和危害程度”。类似地，这两部法律都要求数据处理者明示数据处理的目的和方式，取得用户的明示同意，这有助于确保数据处理的合法性和透明性。例如《个人信息保护法》第七条规定，“处理个人信息应当遵循公开、透明原则，公开个人信息处理规则，明示处理的目的、方式和范围”。

为进一步有效地进行数据治理，政府机构也逐步建立起数据监管和执法机构，以监督数据治理的合规性，并能够进行必要的执法行动，以应对数据滥用和违规行为。

国家互联网信息办公室（CAC）成立于 2014 年，是中国政府的主管网络安全和信息化工作的主要部门之一，负责监督和管理互联网和数据安全事务，包括网络运营商、社交媒体平台、在线新闻机构和其他互联网相关企业的安全措施，以保护国家网络免受网络攻击和数据泄露的威胁。

国家市场监督管理总局（SAMR）成立于 2018 年，是中国国务院直属机构，负责监督市场竞争和消费者权益，对于不合法或不透明的个人信息处理和数据泄露的投诉进行调查，并对其进行执法。

国家标准化管理委员会（SAC）隶属于国务院，负责统筹协调全国的标准化活动。在数据治理上，它负责制定和管理数据安全和隐私保护的标准，从而确保数据处理的合法性、安全性和质量，促进数据互操作性，以及支持数据交换和分享。

第三节　中国在数据治理方面的国际合作

目前，全球数据治理面临多重挑战和复杂形势。数据保护法律和隐私保护标准在不同国家和地区存在差异，难以形成统一的全球性框架。同时，跨境数据流动的法律、政策和技术障碍也制约着国际数据治理的发展。此外，数据安全的威胁变得更复杂，更难以预防，迫切需要全球数据合作治理。

国际合作对于数据治理具有至关重要的意义和关键性。首先，数据具有无界限制的跨境特性，因此需要国际合作来实现全球数据治理的有效性。其次，国际合作还可以促进全球数据治理的规范和标准化。通过国家和组织之间的合作，可以共同建立规则，从而促进数据流动和交换的顺畅有序。最后，国际合作还可以应对共同面临的数据安全和隐私保护挑战，促进国际间的交流与协作，推动信息共享和技术创新。然而，建立国际数据治理的合作机制和强化参与主体之间的协调沟通需要实现共识并达成一致。因此，必须依靠适当的国际组织、平台和合作机制，例如联合国、国际标准化组织等，以实现这一目标。

数据安全风险是世界上所有国家都要面对的一个共同问题，世界各国都需要对数据安全进行有效治理。要想解决这一问题，就必须建立互信、深化合作。唯有在国际间的合作中，共同制订规范与标准，以保证数据的安全性与隐私性，并促进其合法使用与流通，才能更好地挖掘出数据的潜能，从而推动世界经济与社会的可持续发展。数据治理已成为当今世界经济与社会发展中的一个重大问题。中国作为数字经济大国，在数据治理方面积极发挥着自己的作用，与世界各国开展广泛合作。

目前，中国已积极参与了多个全球的数据治理平台和机制。当前，以联合国、二十国集团、世界贸易组织、亚太经济合作组织等为代表的多边合作机制，以《全面与进步跨太平洋伙伴关系协定》《区域全面经济伙伴关系协定》《数字经济伙伴关系协定》等为代表的区域性经贸合作协定均在积极探索数字经济治理相关工作，以制定网络空间国际规则、提升全球治理能力、促进经济文化和社会的可持续发展、消除“数字鸿沟”和数字壁垒为主要目标。2020 年以来，中国已相继签署《区域全面经济伙伴关系协定》和《中欧全面投资协定》，并向国际社会发起《全球数据安全倡议》，又积极申请加入《全面与进步跨太平洋伙伴关系协定》，全面提升中国参与全球数据安全治理的能力[①]。

（一）联合国

联合国负责协调全球数据治理的发展，主要通过联合国经济和社会理事会、联合国教科文组织和联合国开发计划署等机构来推进。2023 年 4 月中国成功举办第四届联合国世界数据论坛，聚焦“数据之治”，呼吁建立相一致的数据管理方法，加强低收入国家和脆弱国家的统计能力，缩小弱势群体的数据差距，为构建全球数据治理体系作出更加积极的贡献[②]。2023 年 5 月联合国发布了秘书长关于《全球数字契约》的政策简报，对此中国向联合国提供了《中国关于全球数字治理有关问题的立场》[③]，包括坚持团结合作、聚焦促进发展、促进公平正义、推动有效治理四项基本原

---

① 阙天舒、王子玥：《数字经济时代的全球数据安全治理与中国策略》，《国际安全研究》2022 年第 1 期，第 130—154、158 页。

② 刘馨蔚：《以“数据之治”助力 2030 可持续发展目标——第四届联合国世界数据论坛召开》，《中国对外贸易》2023 年第 6 期，第 67—69 页。

③ 《中国关于全球数字治理有关问题的立场》，外交部，2024 年 1 月，https：//www. un. org/techenvoy/sites/www. un. org. techenvoy/files/GDC – submission_China. pdf。

则，表达了中国对数字发展及解决全球数字治理突出问题的基本态度，是中国为国际数据治理合作所提出的真知灼见，为国际合作攻克数据安全治理难题提供了中国思路。

（1）确保所有人接入互联网。应加强各国数字能力建设，实现互联网接入、互联网技术的普及化，确保人人共享互联网和数字技术发展成果。同时，坚决反对利用互联网基础资源和技术优势，损害他国接入互联网的合法权益，危害全球互联网安全。

（2）避免互联网碎片化。应以联合国为主导，在成员国普遍参与的基础上，讨论制定一套全球可互操作性的网络空间规则和标准，推动构建多边、民主、透明的国际互联网治理体系。

（3）将数据保护起来。未经他国法律允许不得直接向企业或个人调取位于他国的数据；各国如因打击犯罪等执法需要跨境调取数据，应通过司法协助渠道或其他相关多双边协议解决。国家间缔结跨境调取数据双边协议，不得侵犯第三国司法主权和数据安全。信息技术产品和服务供应企业不得在产品和服务中设置后门，非法获取用户数据、控制或操纵用户系统和设备；产品供应方应承诺及时向合作伙伴及用户告知产品的安全缺陷或漏洞，并提出补救措施。

（4）保护线上人权。应通过数字创新和数字发展，弥合“数字鸿沟”；反对滥用单边强制措施，损害他国发展数字经济和改善民生的能力。

（5）制定针对歧视和误导性内容的问责标准。各国应采取适当举措，包括建立健全相关法律法规、鼓励互联网行业组织建立健全行业自律制度和行业准则、加强对互联网企业指导监督。

（6）加强人工智能治理。各国应坚持“以人为本”和“智能向善”理念，反对利用人工智能危害他国主权和领土安全的行为，反对以意识形态划线、构建排他性集团、恶意阻挠他国技术发展的行为，确保各国充分享有技术发展与和平利用权利，共享人工智能技术惠益。

（7）共享数字公共产品。各国可在尊重各国主权、数据安全、公民合法权益以及自愿原则的基础上，就开放数字产品的标准、范畴、管理方式、使用规范等进行讨论，逐步凝聚共识。各国应提升公共服务数字化水平，加强在线教育等领域国际合作，加强可持续发展目标监测评估数据合作与共享。

(二) 亚太经济合作组织

亚太经济合作组织于 1989 年由 12 个亚太地区经济体成立，包括美国、中国和日本等全球和地区主要国家。亚太经济合作组织的主要目标是为了促进亚太地区的工业化经济体和发展中经济体之间的自由、开放的投资和贸易。作为全球最大的区域性经济合作组织，亚太经济合作组织同样关注成员国之间的数据安全治理需要。亚太经济合作组织成员致力于制定和实施数据隐私和个人信息保护政策，以确保在数字经济中个人数据的合法和安全流动。

2012 年，亚太经济合作组织正式启动了《亚太经合组织跨境隐私规则》[①]，旨在建立跨境贸易中的个人信息保护规则。为了保证其宗旨的实现，《亚太经合组织跨境隐私规则》体系从隐私执法机构、问责代理机构和企业三方面进行了机制设计，有效地保证了加入《亚太经合组织跨境隐私规则》体系的成员隐私保护水平合乎标准[②]，主要包括九大原则，如表 12－1 所示。

表 12－1 《亚太经合组织跨境隐私规则》的九大原则

编号	中文	英文
1	防止伤害	Preventing Harm
2	通知	Notice
3	限制收集	Collection Limitation
4	个人信息使用	Uses of Personal Information
5	选择性原则	Choice
6	个人信息完整性	Integrity of Personal Information
7	问责制	Accountability
8	查询并修正	Access and Correction
9	安全保证	Security Safeguards

亚太经济合作组织总共包括 8 个发达国家（地区）和 13 个发展中国家（地区），其中 15 个国家都颁布了自己的个人信息保护法律。各国法律

① “CBPR”, APEC, Dec. 1, 2023, https://shoplineapp.cn/compliance－center/cbpr/.

② 弓永钦、王健：《APEC 跨境隐私规则体系与我国的对策》，《国际贸易》2014 年第 3 期，第 30—35 页。

的差异对于跨境数据的共享和保护带来了不便，也给跨境贸易的发展制造了障碍。《亚太经合组织跨境隐私规则》体系就是探索协调区域内经济体隐私保护政策折中方案，实现跨境数据有效治理的一个成果。此外，《亚太经合组织跨境隐私规则》体系还推动了亚太经济体个人信息保护立法进程，成员经济体可以借鉴隐私框架来完善国内的个人信息保护立法，促进不同国家间的法律交流，提高数据治理能力。

中国作为亚太经济合作组织成员国中的大国之一，也承担起了大国责任，提出"数字化绿色化协同转型发展""共同打造亚太数字化合作伙伴关系"等多项倡议，并积极参与亚太经济合作组织数字化领域的政策协调和数据治理，推动更加开放和便利的数据流通和信息技术标准化，促进区域经济一体化和创新发展。

亚太经济合作组织仍将持续重视隐私保护和数据安全治理，在全球化不断推进、人类命运共同体不断形成的背景下，主要有以下几个新兴的数据治理趋势：（1）数据安全监管机构更积极地推动隐私与个人信息保护。监管机构对个人信息保护条例进行更为细致的更新和完善，并对数据泄露进行严厉处罚。在这样一个动态变化的环境中，成员国企业的隐私与个人信息保护框架需快速更新，如未及时更新，不仅会被处以罚款，还会遭受财务损失、客户信任缺失及名誉受损。（2）建立可持续的个人信息保护框架。不同国家间的数据安全治理合作意味着仅从本地化和符合规则要求的角度被动地管控隐私与个人信息保护风险已无法满足要求。成员国必须调整并改进其隐私与个人信息保护计划，以确保这些计划能够适应区域数据治理合作的基本要求。（3）促进数据共享，谋求共同发展。当发生数据误用或数据盗用事件时，尽管有亚太经济合作组织隐私框架的支持，但成员国之间的信任依然很容易受影响。因此成员国需要明确数据共享的价值，正视数据泄露风险，对数据共享持积极态度。同时，组织也需要进一步明确数据共享的原则，防止核心数据的泄露，避免损害组织的共同利益和影响数据安全治理合作的推进。

（三）世界贸易组织

世界贸易组织负责管理全球贸易和投资，涉及跨境数据流通和交换的规则和协定也在其监管范围之内。数据是数字贸易的基础性资源，跨境数据流动是数字贸易流动的核心媒介，因此对跨境数据的管理是数据安全治理的主要任务之一。[①] 当前，中国对跨境数据的管理才刚刚起步，缺乏经验，在国际规则制定上缺少话语权。但是，政府现在已经开始重视数据跨境流动的问题，积极通过国际协调，利用世界贸易组织的平台，推动数据跨境流动规制共识和规则的形成。

除了各组织之外，联合国互联网治理论坛以及世界互联网大会等国际会议，成为各国就数据治理问题进行对话和交流的重要平台。中国作为其中的一员，先后在世界互联网大会上提出《携手构建网络空间命运共同体行动倡议》《"一带一路"数字经济国际合作倡议》等一系列国际合作倡议，为各国间就数据安全治理政策、规则以及其他相关议题对话提供了重要建议。通过这些平台，中国与其他国家分享了自身在数据治理方面的经验和思考，也与全球范围内的专家学者进行了广泛的交流与探讨，为全球数据治理提供了中国的智慧和观点。

另外，中国积极推动国际间数据治理的标准化工作。中国提出了"数字丝绸之路"的概念，并与多国签订了数字经济领域的合作协议。通过建立共享和互认数据流程的机制，中国致力于推动国际间数据交流与合作。这种机制可以为各国提供便利和保障，促进了跨国数据流动的发展。此举有助于推动数据治理标准的制定，确保数据流动的安全和合法性。截至2022 年底，中国已与 17 个国家签署"数字丝绸之路"合作谅解备忘录，与 23 个国家建立"丝路电商"双边合作机制，与周边国家累计建设 34 条跨境陆缆和多条国际海缆，中国与"一带一路"沿线国家和地区的数字经济合作正在不断深化。中国和欧盟还在数字经济领域签署了"数字合作伙伴关系联合声明"，通过加强数字技术标准等方面的合作，推动中欧数字经济的合作与发展。中国在这方面的积极举措为全球数据治理的国际标准制定提供了重要的参考和推动力。

不仅如此，中国还积极参与跨国数据流的谈判和协商，推动制定相关的国际法律法规，以保障数据流动的安全和合法性。中国主张建立跨国数据流的法律框架，以解决数据治理中的安全风险和挑战。早在 2016 年担任二十国集团轮值主席国时，中国就首次将"数字经济"列为二十国集团创新增长蓝图中的一项重要议题，牵头制定和发布了全球首个由二十国集团

---

① 刘典：《全球数字贸易的格局演进、发展趋势与中国应对——基于跨境数据流动规制的视角》，《学术论坛》2021 年第 1 期，第 95—104 页。

领导人共同签署的数字经济政策文件《二十国集团数字经济发展与合作倡议》，不仅提出促进数字经济发展与合作的共同原则，还鼓励成员加强数据治理政策制定、监管领域的合作。

2023 年，中共中央、国务院印发了《数字中国建设整体布局规划》，提出“构建开放共赢的数字领域国际合作格局”“统筹谋划数字领域国际合作”“高质量共建‘数字丝绸之路’”“拓展数字领域国际合作空间，积极参与联合国、世界贸易组织、二十国集团、亚太经合组织、金砖国家、上合组织等多边框架下的数字领域合作平台，高质量搭建数字领域开放合作新平台，积极参与数据跨境流动等相关国际规则构建”。这为我国未来打开数字领域国际合作新局面，加快构建国内国际双循环相互促进的新发展格局指明了道路和方向。

总的来说，中国在数据治理方面非常重视国际合作，以积极的态度参与全球性的数据治理框架和倡议。通过各种合作机制，中国推动数据流动与安全的合作与发展。中国的积极参与为国际间数据治理提供了重要的推动力，并为全球各国提供了一个共同合作的平台。通过国际合作，中国致力于推动数据治理的规范化和标准化，确保数据流动的安全性与合法性，为全球数字经济的发展作出了重要贡献。

思考题

1. 中国作为共建“一带一路”倡议的发起国，应当在跨境数据安全治理中起到表率作用，试简述中国可以实施哪些措施？

2. 试简述上海合作组织、金砖国家等合作机制在进行数据安全治理合作中遇到的共同困境。

3. 试简述中国在联合国中，为促进国际数据安全治理工作提出了哪些建议？

4.《中华人民共和国网络安全法》和《中华人民共和国个人信息保护法》在国内数据治理中起到了什么作用？

5. 请举出五个中国参与的全球数据治理平台或机制。